第2版

Webクリエイターボックス Mana

1冊ですべて身につく HTML & CSSと Webデザイン 入門講座

SB Creative

CONTACT

本書に関するお問い合わせ

この度は小社書籍をご購入いただき誠にありがとうございます。小社では本書の内容に関するご質問を受け付けております。本書を読み進めていただきます中でご不明な箇所がございましたらお問い合わせください。なお、お問い合わせに関しましては下記のガイドラインを設けております。恐れ入りますが、ご質問の際は最初に下記ガイドラインをご確認ください。

■ ご質問の前に

小社Webサイトで「正誤表」をご確認ください。最新の正誤情報をサポートページに掲載しております。

本書サポートページ

https://isbn2.sbcr.jp/18469/

上記ページの「正誤情報」のリンクをクリックしてください。なお、正誤情報がない場合、リンクをクリックすることはできません。

■ ご質問の際の注意点

- ご質問はメール、または郵便など、必ず文書にてお願いいたします。お電話では承っておりません。
- ご質問は本書の記述に関することのみとさせていただいております。従いまして、○○ページの○○行目というように記述箇所をはっきりお書き添えください。記述箇所が明記されていない場合、ご質問を承れないことがございます。
- 小社出版物の著作権は著者に帰属いたします。従いまして、ご質問に関する回答も基本的に著者に確認の上回答いたしております。これに伴い返信は数日ないしそれ以上かかる場合がございます。あらかじめご了承ください。

ご質問送付先

ご質問については下記のいずれかの方法をご利用ください。

▶Webページより

上記のサポートページ内にある［サポート情報］→［お問い合わせ］をクリックすると、メールフォームが開きます。要綱に従って質問内容を記入の上、送信ボタンを押してください。

▶郵送

郵送の場合は下記までお願いいたします。

〒105-0001
東京都港区虎ノ門2-2-1
SBクリエイティブ　読者サポート係

はじめに

Webサイトを作ってみたいという多くの方は、インターネットで「HTML」や「CSS」といった単語を検索したことがあるのではないでしょうか。そこには数多くの解説サイトが見つかったと思います。実際、私が長年運営しているブログでも、Webサイトの制作方法や最新技術、デザインのトレンドなどを紹介しています。

このようなWebサイトの解説でも特定の情報をかいつまんで学習することはできます。ただ、体系的に順序立てて学ぶことには向いておらず、とくに「これから学びはじめる人」にはわかりづらい内容になっていると思います。

本書はそういったWebサイト制作の初心者に向けて2019年に第1版を発売しました。それから5年が経ち、今では30万部近いベストセラーとなり多くの方々に利用いただいています。心よりお礼申し上げます。この度、Webサイト制作の手順やトレンドなどの変化に合わせて、全面的に改定することになりました。

本の前半ではWebの仕組み、HTMLとCSSの基本を学んでいきます。後半は学んだことをふまえ、1つのWebサイトを制作していきます。コードを見て、手を動かし、作りながら学べるので、Webサイト制作の現場の流れが体験できます。

基本的な知識はもちろん、「レスポンシブ」「モバイルファースト」「Flexbox」「CSSグリッド」といった最新の技術もきっちり紹介しています。従来の内容で学習をはじめた人よりも、一歩差がつく、これから先も長く使える**「今のスキル」**を身につけられるでしょう。

また、本書はHTMLとCSSの知識だけではなく、**「デザインの基礎」**もあわせて解説しているのが特長です。単にWebページの形を作るのではなく、見栄えよく整えて、使いやすいWebページを作成することができます。Webデザインの基礎知識はWebサイト制作にも必ず役に立ちます。この本だけで**「HTML」**も**「CSS」**も**「Webデザイン」**も一気に学べます。

昨今ではAIの進歩も目覚ましく、AIを使ったWebサイト制作の精度も向上しています。だからといってHTMLやCSSの学習が不要だとは思えません。AIはまだまだ改善の余地があり、間違った情報を提示することもあります。それが「間違っている」と判断できるのは、基本的な知識を持った人だけです。

Webサイト制作をする上で、知っておくべきことは本当にたくさんあります。一度にすべて覚えるのは簡単なことではありません。この先、様々なWebサイトを作っていく上で本書を見返していただけるよう、そっとパソコンの近くに置いていただけると幸いです。

Webクリエイターボックス　Mana

ABOUT THE CONTENTS 本書の内容について

前半のCHAPTER 1～3ではWebサイト制作をする上で必須となる基礎知識が学べます。
後半のCHAPTER 4～7では手を動かしながら実際にWebサイトを制作していけます。
最後のCHAPTER 8ではうまく表示されない時の解決方法をまとめています。

CHAPTER 4 シングルカラムのレイアウト　index.html

1カラムで作るシングルカラムは余白を十分に確保できるため、大きなデザインを用いて印象的なデザインを作ることができます。画面の小さなモバイルデバイスとも相性がいい方法です。

WCB CAFE
News Menu Contact
We'll Make Your Day
About Cafe
WCB CAFEは無添加の厳選食材とおしゃれな店内が魅力のカフェです。心と体に優しい、それでいて飽きのこない空間をご用意しています。素材の本来の美味しさを引き出したメニューを楽しみながら、癒しの時間をお過ごしください。
メニューを見る
Information
住所 東京都港区六本木 0-0 ○○○
電話 03-1111-XXXX
営業時間 10:00~20:00
店休日 水曜
© 2010 WCB Cafe

モバイルサイズ

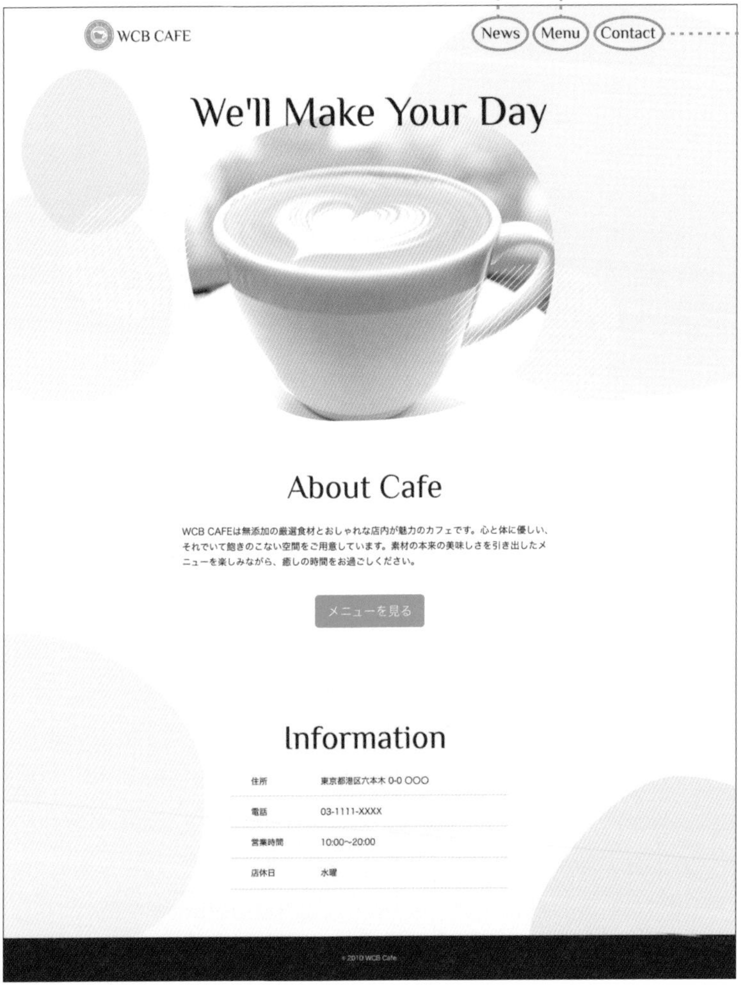

WCB CAFE
News
Menu
Contact
We'll Make Your Day
About Cafe
WCB CAFEは無添加の厳選食材とおしゃれな店内が魅力のカフェです。心と体に優しい、それでいて飽きのこない空間をご用意しています。素材の本来の美味しさを引き出したメニューを楽しみながら、癒しの時間をお過ごしください。
メニューを見る
Information
住所 東京都港区六本木 0-0 ○○○
電話 03-1111-XXXX
営業時間 10:00~20:00
店休日 水曜
© 2010 WCB Cafe

デスクトップサイズ

CHAPTER 5 2カラムのレイアウト

news.html

2カラムのレイアウトは2列に並べたレイアウトのことです。
コンテンツ量が多いニュースサイトやブログなどの見せ方に適しています。2カラムのレイアウトは昔よりよく使われている汎用性の高い方法です。

CHAPTER 6 タイル型のレイアウト

menu.html

タイル型のレイアウトは画像やテキストといった情報を整理して一度に見せることができます。
ショッピングサイトや画像のギャラリーサイトなどに適しています。

レスポンシブWebデザイン

現在のWebサイトはPCよりモバイルの利用が多いです。画面の幅によって見え方が変わるレスポンシブ対応は必須です。

アニメーションが学べる

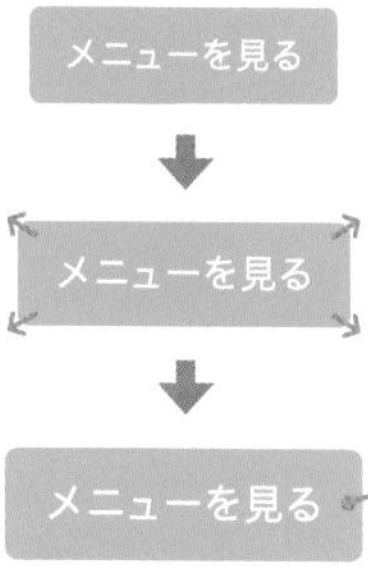

本書の内容だけでWebサイト制作に使える簡単なアニメーションの作り方が学べます。

デザインのトレンドが学べる

制作するWebサイトは流行を取り入れたデザインです。学習するだけでデザインのトレンドに触れることができます。

CHAPTER 7 お問い合わせページ

contact.html

フォームで作るお問い合わせページはユーザー自らがコンタクトを取るWebサイトならではの機能を持つページです。Googleマップ、SNS、YouTube動画といった外部メディアを導入する方法もあわせて解説します。

CONTENTS

目次

CHAPTER 1

最初に知っておこう！ Webサイトの基本

1-1 よいWebデザインとは 014
COLUMN デザインって、センスが必要？ 015
1-2 様々な種類のWebサイト 016
1-3 ユーザビリティとは 020
COLUMN コントラストを確認しよう 023
1-4 Webサイトの仕組み 024
1-5 デバイスの種類 026
COLUMN 「不明なデバイス」とは？ 027
1-6 ブラウザーの種類 028
1-7 制作の流れ 030
COLUMN サイトマップ作成ツール 033
COLUMN ギャラリーサイトを見てみよう 038
COLUMN 様々なテキストエディター 041
1-8 制作をはじめる前に 042
COLUMN AIを活用したWebサイト制作 048

CHAPTER 2

Webの基本構造を作る！ HTMLの基本

2-1 HTMLとは ······ 050

2-2 HTMLファイルを作ろう ······ 051

2-3 HTMLファイルの骨組み ······ 054

COLUMN 文字コードによる違い ······ 056

2-4 HTMLの基本の書き方を身につけよう ······ 057

2-5 見出しをつけよう ······ 059

2-6 文章を表示しよう ······ 061

2-7 画像を挿入しよう ······ 062

COLUMN 読みやすい行数・文字数は？ ······ 064

2-8 リンクをはろう ······ 065

COLUMN リンク先のページを別タブで表示するには ······ 066

2-9 リストを表示しよう ······ 067

COLUMN HTMLのソースコードを見る方法 ······ 068

2-10 表を作ろう ······ 069

COLUMN コメントアウトを使おう ······ 072

2-11 フォームを作ろう ······ 073

COLUMN フォームを動作させるにはプログラミングが必要 ······ 080

2-12 より使いやすいフォームにしよう ······ 081

2-13 グループ分けをしよう ······ 082

2-14 練習問題 ······ 086

CHAPTER 3

Webのデザインを作る！ CSSの基本

3-1 CSSとは …… 088

3-2 CSSを適用させる方法 …… 089

3-3 CSSファイルを作ろう …… 092

3-4 CSSの基本の書き方を身につけよう …… 094

3-5 文字や文章を装飾しよう …… 097

3-6 Webフォントを使おう …… 104

3-7 色をつけよう …… 106

COLUMN 無彩色をカラーコードで表すと？ …… 109

3-8 上手に配色しよう …… 110

3-9 各色をメインで使ったWebサイト …… 122

3-10 背景を彩ろう …… 124

COLUMN 画像のファイル容量を調整しよう …… 131

3-11 幅と高さを指定しよう …… 132

COLUMN 配色ツール …… 135

3-12 余白を調整しよう …… 136

COLUMN CSSでもコメントアウトを使おう …… 139

COLUMN 余白を上手に使ったWebサイト …… 141

3-13 線を引こう …… 142

3-14 リストを装飾しよう …… 146

3-15 クラスとIDを使った指定方法 …… 149

COLUMN IDを使ってページ内リンクを作成できる …… 153

3-16 レイアウトを組もう …… 154

3-17 CSSグリッドでタイル型に並べよう …… 160

COLUMN 「float」を使った要素の横並びについて …… 168
3-18 デフォルトCSSをリセットしよう …… 169
COLUMN CSS Flexboxチートシート …… 171
3-19 練習問題 …… 172

CHAPTER 4

シングルカラムのWebサイトを制作する

4-1 シングルカラムとは …… 174
4-2 シングルカラムページの制作の流れ …… 176
4-3 「head」を記述しよう …… 178
4-4 モバイルファーストで作成する準備 …… 180
COLUMN デベロッパーツールの日本語化の方法 …… 182
4-5 「header」部分を作ろう …… 184
4-6 キャッチコピーとカバー画像を作ろう …… 188
COLUMN うまく表示されない時に確認したいチェックリスト …… 191
4-7 コンテンツ部分を作ろう …… 192
4-8 ボタンにアニメーションを加えよう …… 197
COLUMN 「単純な動き」の程度 …… 197
COLUMN 心地よいアニメーションのデザインとは？ …… 200
4-9 「footer」部分を作ろう …… 201
COLUMN 記号・特殊文字 …… 205
4-10 レスポンシブに対応させよう …… 206
4-11 ファビコンを用意しよう …… 215
4-12 ボタンアニメーションのカスタマイズ例 …… 218

CHAPTER 5

2カラムのWebサイトを制作する

5-1 2カラムのレイアウトとは …… 222
5-2 2カラムページの制作の流れ …… 224
5-3 ページ全体の見出しを作成しよう …… 226
5-4 メインエリアを作ろう …… 230
COLUMN 代表的なリセットCSS …… 234
5-5 サイドバーを作ろう …… 237
5-6 レスポンシブに対応させよう …… 240
5-7 カラムページのカスタマイズ例 …… 245
COLUMN HTMLでコンテンツの順序を変えないのはなぜ？ …… 248

CHAPTER 6

タイル型のWebサイトを制作する

6-1 タイル型レイアウトとは …… 250
6-2 タイル型レイアウトの制作の流れ …… 252
6-3 ページ全体の見出しを作成しよう …… 254
6-4 タイル型レイアウトを設定しよう …… 258
6-5 レスポンシブに対応させよう …… 260
COLUMN 画像を効果的にトリミングしよう …… 263
6-6 タイル型レイアウトのカスタマイズ例 …… 264
COLUMN CSSで画像をトリミングする「object-fit」プロパティ …… 268

CHAPTER 7

外部メディアを利用する

7-1 お問い合わせページの制作の流れ ………… 270
7-2 ページ全体の見出しを作成しよう ………… 274
7-3 地図を表示しよう ………… 278
7-4 メールアドレス宛のリンクを用意しよう ………… 282
COLUMN mailtoリンクのオプション設定 ………… 285
7-5 Instagramの投稿を挿入しよう ………… 286
7-6 Xプラグインを挿入しよう ………… 290
7-7 YouTube動画を挿入しよう ………… 292
7-8 レスポンシブに対応させよう ………… 295
7-9 OGPの設定をしよう ………… 298
7-10 外部メディアのカスタマイズ例 ………… 301

CHAPTER 8

うまくいかない時の解決方法

8-1 チェックリスト一覧 ………… 306
8-2 エラーメッセージを読み解く ………… 307
8-3 制作に関する質問ができるサイト ………… 310
8-4 よく使うHTMLタグ一覧 ………… 312
8-5 よく使うCSSプロパティ覧 ………… 313

索引 ………… 316
次は何をしよう？ ………… 319

SAMPLE DATA & QR CODE

サンプルデータとQRコードの使い方

本書には学習の手助けをするサンプルデータとQRコードがあります。サンプルデータは学習する上で必須となるデータです。以下のURLよりダウンロードすることができます。

URL https://www.sbcr.jp/support/4815617811/

サンプルデータは、本書で解説しているHTML、CSS、画像、デモデータ、完成データなどのデータが多数収録されています※。フォルダの構成とファイルの場所の指定は以下になります。

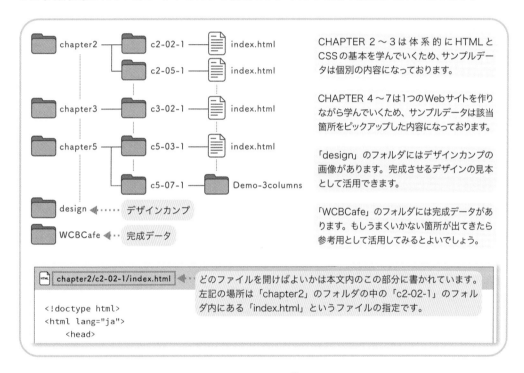

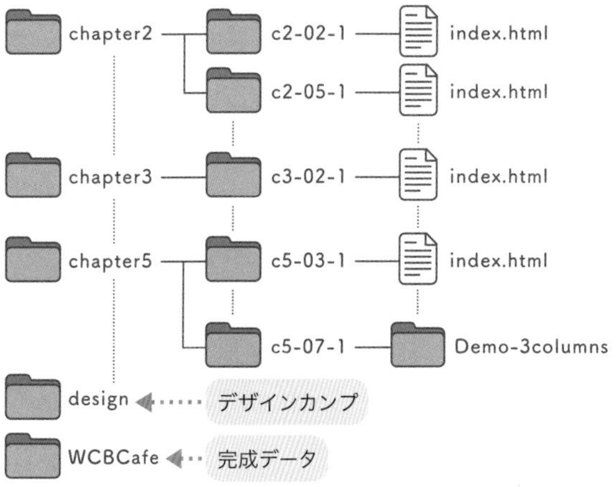

CHAPTER 2～3は体系的にHTMLとCSSの基本を学んでいくため、サンプルデータは個別の内容になっております。

CHAPTER 4～7は1つのWebサイトを作りながら学んでいくため、サンプルデータは該当箇所をピックアップした内容になっております。

「design」のフォルダにはデザインカンプの画像があります。完成させるデザインの見本として活用できます。

「WCBCafe」のフォルダには完成データがあります。もしうまくいかない箇所が出てきたら参考用として活用してみるとよいでしょう。

chapter2/c2-02-1/index.html

```
<!doctype html>
<html lang="ja">
    <head>
```

どのファイルを開けばよいかは本文内のこの部分に書かれています。左記の場所は「chapter2」のフォルダの中の「c2-02-1」のフォルダ内にある「index.html」というファイルの指定です。

本文ページにあるQRコードは動画の補助特典です※。初学者が特につまづきやすいHTMLとCSSの導入部分（CHAPTER 2、3）に用意があります。お手持ちのスマートフォンなどからアクセスすることで利用することができます。なお、本書は動画がなくてもサンプルデータさえあれば学習が完結できるように作られております。

※サンプルに収録しているコードは、個人・商用を問わず、自由にご利用いただけます。ただし、テキスト原稿と画像素材については、本書での学習以外の目的で利用しないでください。テキスト原稿と画像素材を差し替えれば、オリジナルサイトとして利用していただいてもかまいません。

※本書の補助特典の動画は「YouTube」という外部サービスを利用しております。本書とは別のサービスであり、今後変更される可能性があります。また、本書の内容とは異なっていることもありますので、あくまで学習を補助する特典となりますことご了承ください。また、スマートフォンでの動画の視聴には別途通信費がかかることがあります。Wi-Fi環境で利用するなどしてご対応ください。

CHAPTER

1

最初に知っておこう！ Webサイトの基本

いざ、Webサイトを作ろうと思っても、何から始めればよいか悩んでしまいますね。まずはWebサイトの基本的な構成やWebサイトを制作する流れをしっかりおさえておきましょう。

WEBSITE | DESIGN | HTML | CSS | SINGLE | MEDIA | TROUBLESHOOTING

HTML & CSS & WEB DESIGN
INTRODUCTORY COURSE

1-1
CHAPTER

よいWebデザインとは

デザインと聞くと、多くの人が「かっこいい」とか「可愛い」などの見栄えのことを思いがちです。しかし、本当によいデザインというのは、単に見栄えがよいだけではありません。デザインの意味を考えていきましょう。

デザインの目的は相手に伝えること

「伝える」といっても、文章で何かを伝えるだけではありません。伝えたいことについて、時に写真やグラフ、表などを使って文字だけでは伝えきれない要素をうまく操り、視覚的にアプローチしていくのがデザインです。デザインを通して「何を伝えたいか」ということが大切で、相手にうまく伝わらなかったり、誤解されてしまったりすることは、そのデザインはよいデザインとは言えません。

つまり、デザインはあくまで「**伝えるための手段**」であり、「**美しく装飾すること**」ではないのです。

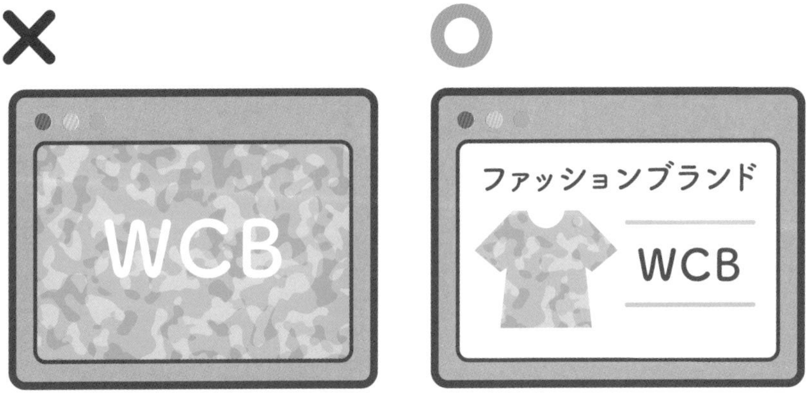

かっこいいけど、どんなコンテンツなのかわからない左のサイトよりも、ひと目でなんのサイトなのかわかる右のデザインの方がユーザーに好まれます。

使いやすいことが重要

ユーザーは何らかの目的があってWebサイトのコンテンツを見ます。例えばイベント会場の場所が知りたい、今上映している映画が知りたい、人気のゲームアプリの内容が知りたいなどです。それにもかかわらず、その目的の情報がどこにあるのかわからなかったり、内容を理解できないと、ユーザーは簡単にWebサイトから離れていってしまいます。

例えば、小さい子供を対象にしたゲームの広告なら難しい漢字を使わない、動画コンテンツには耳の聞こえない方のために字幕をつけるなど、様々な工夫ができます。そういった点もふまえて設計されたWebデザインは、誰にでも使いやすい、よいデザインと言えます。

よりよい生活を提供すること

「デザインは問題解決の手段である」とも言われます。例えば、オーストラリアの人はサーフィンをはじめ海遊びが大好きで、ポケットにお金を入れたまま海で遊ぶことも多々あります。しかし、そのたびに紙幣が破れて困っていました。そこで考案されたのがプラスチック製の紙幣です。これは偽造防止の目的ともされ、1988年に世界で初めて発行されました。

実はこれもデザインの1つです。素材を変えることでサーフィンをする人達の問題を解決できました。デザインはよりよい体験、よりよい生活を提供する、ということでもあるのです。本当に良いデザインは見た目だけではなく、そのデザインを見たユーザーに心地よく目的を達成してもらえるもの。それを提供することと言えます。

COLUMN ｜ デザインって、センスが必要？

「デザインのセンスがある」「料理のセンスがある」「ビジネスのセンスがある」、このような言葉を耳にすることもあるかと思います。この「センス」とは一体何でしょうか？

私はセンスというのは知識だと思っています。「デザインの知識がある」「料理の知識がある」「ビジネスの知識がある」、そう言い換えるとなんだかホッとしますね。センスと聞くと、先天的で、生まれつき持っているものと感じてしまいますが、そうではありません。デザインはセンスではなくて知識が必要。つまり、勉強すれば**誰でも身につきます。**

センスがある人というのは、その分野の基礎や基本的なやり方を熟知していて、どんな案件に対してもその方法にもとづいて実践できる人と言えます。基本的な理論やポイントさえ押さえておけば、革新的なことはできなくても、誰が見ても見やすい、意味のあるデザインは作成できるのです。

1-2 CHAPTER 様々な種類のWebサイト

Webサイトは目的によって様々なタイプに分類されます。ここでは大きく分けて6つの種類とし、参考サイトと共に紹介します。これから自分で制作していくWebサイトはどの分類に入り、どんな目的で作るのか知っておきましょう。

コーポレートサイト

企業の情報を掲載している公式サイトのことを**コーポレートサイト**と呼びます。会社概要や自社製品の紹介、採用情報など、企業についての情報を発信するWebサイトです。

- 自社製品を紹介したい
- ライバル社との違いを説明したい
- 優秀な人材を社員として迎え入れたい

https://www.sekisui.co.jp/

積水化学工業株式会社のWebサイトでは、自社が取り組んでいる活動を「ものがたり」としてまとめ、他社との差別化を図っています。

プロモーションサイト

特定の商品やサービス、イベントの告知に使うWebサイトが**プロモーションサイト**です。**特設サイト**とも呼ばれます。コーポレートサイトに比べて紹介する情報の範囲が狭く、ターゲットとなるユーザー層を絞って制作されます。期間限定で公開することも多くあります。

- 期間限定のイベントを告知したい
- 新たにスタートしたサービスを広めたい
- お問い合わせの数を増やしたい

2023年に開催されたWordCamp Tokyoというイベントの特設サイトです。イベントスケジュールやアクセス情報がまとめられています。

https://tokyo.wordcamp.org/2023/

ポートフォリオサイト

ポートフォリオサイトは、主にデザイナーやアーティスト、フォトグラファーが自身の作品や制作実績を掲載しているWebサイトです。

ここで言う「ポートフォリオ」とは、個人や企業がこれまでに作ったWebサイトやイラスト、写真などの作品や実績を集めて掲載したものです。多くは就職活動などで自分を売り込むために活用したり、作品の発表の場として作られています。

- これまでに作った作品を見てもらいたい
- 就職活動で自分のスキルを紹介したい
- 新規案件を受注したい

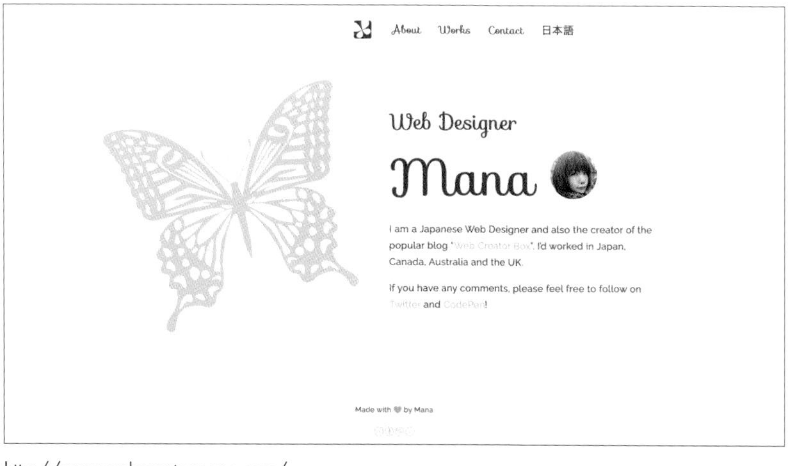

筆者のポートフォリオサイトです。これまでに制作したWebサイトの他、経歴や趣味なども掲載し、筆者に興味を持ってもらえるよう工夫しています。

http://www.webcreatormana.com/

ショッピングサイト

インターネット上で商品を販売する**ショッピングサイト。ECサイト**、**オンラインストアサイト**とも呼ばれます。商品一覧ページや商品詳細ページ、買い物かごページ、決済画面等、多くのページで構成されています。単に商品を掲載するだけではなく、どうやったら買ってもらえるかを考え、様々な工夫が必要とされます。

- 商品をオンラインで販売したい
- 自作の楽曲をダウンロード販売したい
- 実店舗の商品を海外展開したい

無印良品のWebサイトでは商品の説明だけではなく、使い方や着こなしの提案を通して売上げアップやファンの獲得を目指しています。ネット限定販売もあり、ショッピングサイトのメリットをうまく使っています。

https://www.muji.com/jp/ja/store

メディアサイト

メディアサイトはニュースや読み物記事で構成されるサイトです。ブログもメディアサイトの1つです。特定の分野に特化して情報を配信するパターンがほとんどで、その情報を通じて自社の紹介や商品購入などに誘導していきます。

- 自社サービスの情報を提供したい
- 広告で収入を得たい
- 自分の考えを伝えたい

POINT

Webサイトは特徴ごとに様々な種類に分類される。

POINT

目的に合わせてタイプに合ったWebサイトとして構成することが大切。

広島の観光情報を掲載しているWebサイト。旅行客向けの観光スポットから、現地の人も気になるイベント情報まで、様々な記事が掲載されています。

https://dive-hiroshima.com/

SNS

SNSはソーシャル・ネットワーキング・サービスの略で、ユーザーとリアルタイムでコミュニケーションが取りやすく、情報を拡散しやすいという特徴があります。記事として掲載するほどでもない短文や、画像・動画をメインとした情報配信に向いています。

- ユーザーに親近感を持ってもらいたい
- ユーザーと直接コミュニケーションをとりたい
- リアルタイムでサポートをしたい

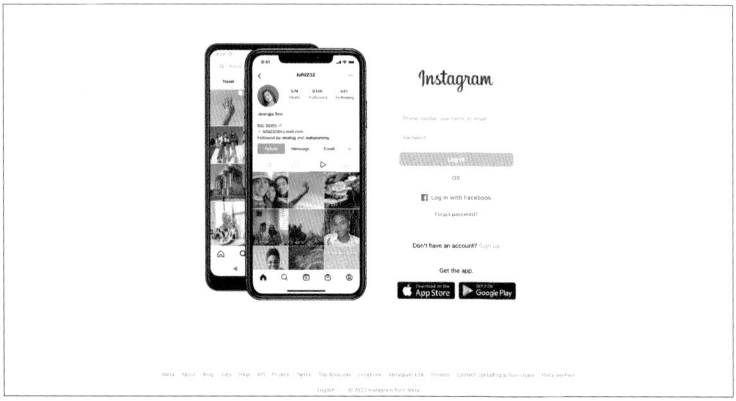

Instagramは画像や動画を配信できるSNSです。企業用のアカウントも作成できるので、アパレル業界を中心に活用している企業が増えています。

https://www.instagram.com/

他にも細かく分けるともっと多くの種類に分けられますし、1つのWebサイトでも複数のタイプを組み合わせ持つものもあります。目的に合わせてどんな種類のWebサイトに構成にするのかを考えることが大切です。

また、目的に合わせて制作することにより、ユーザーにとってはわかりやすいものになり、運営側にとってもサイトの改善がやりやすくなるなどのメリットがあります。

1-3 CHAPTER ユーザビリティとは

様々なWebサイトを見ていると、時々どこにメニューがあるのか迷い、サイトが使いにくいと感じたことはありませんか？ ユーザーにそんな思いをさせないように、勉強しておいてほしいのがユーザビリティです。

「使いやすさ」を考える

ユーザビリティとはWebサイトの「使いやすさ」のことです。Webサイト上の機能を簡単に使える、使っていてストレスを感じない。そんなWebサイトは「ユーザビリティが優れている」と言えます。

Webサイトを作っていく上では、実際にWebサイトを訪れてくれたユーザーの立場になって制作することが大切です。ユーザーが何を求めているかを考え、求めている情報へとスムーズに案内するための構成を作る必要があります。

見やすいデザインにする

サイト全体を容易に見渡せる、目的の情報を簡単に発見できるような「見やすさ」を作ることが重要です。ユーザビリティの優れたWebサイトの作り方を考えていきましょう。

色使いに注意する

色と見やすさは非常に関係が深いです。一番のポイントは背景色と文字色のコントラストです。例えば下図のように背景が黒、文字色が濃いグレイのページを想像してみてください。色の明るさがほとんど変わらず、非常に読みにくいものになってしまいます。また、明るい色同士でも派

背景色と文字色では明るさに大きく差をつけ、見やすい画面を心がけます。配色は長時間見ていても疲れない目にやさしいものを選びましょう。

手な配色を揃えてしまうと読みづらく、目が疲れてしまいます。ユーザビリティでは身体的な部分への配慮も必要です。できるだけ見やすく、目にやさしい配色を心がけましょう。

目立たせたいものを明確にする

サイトの一番の目的であるページには、ひと目でわかるよう目立つボタンを設置します。ボタンのサイズを他より大きくしたり、配色で差をつけたり、テキストの大きさを調整し目立たせましょう。ページを開いた瞬間に目に付くくらい、他の要素と差別化させる必要があります。

レイアウトを統一する

同じWebサイト内なのに、ページごとにレイアウトが変わってしまっては、ユーザーは混乱してしまいます。基本的にロゴやナビゲーションメニュー、フッターなどの共通部分はデザインを統一しましょう。

読みやすい文章にする

続いて、どのような文章だと読まれやすいかを考えてみましょう。

結論を先に書く

Webサイトでは文章を最後まで読んでくれるユーザーはさほど多くありません。なかなか本題に入らず、まえがきの長い文章は嫌われる傾向があります。文章のわかりやすさというのは最初の2文で判断されるそうです。読みやすい文章にするには結論から先に書き、それに関する情報を続けて書いていくとよいでしょう。

専門用語を使わない

専門的な内容の記事であったとしても､ユーザー全員がその単語を知っているとは限りません。わからない専門用語を見た瞬間に読むのを諦めてしまうユーザーもいます。使用には注意しておくとよいでしょう。どうしても専門用語が必要になる場合は補足説明も加えておくとよいです。また、どの程度の単語から専門用語としてみなすかは、そのWebサイトのメインターゲット層から考えておきましょう。

簡潔にまとめる

文章が長ければ長いほど何が言いたいのかわからない記事になりがちです。大見出しや小見出し、改行や箇条書きリストを使うことも大切です。ユーザーはページを流し読みする傾向にあるので、見出しをシンプルで簡潔にし、見出しのキーワードだけでも流し読みできるように工夫しましょう。

使いやすい操作性にする

本やチラシなどの紙面とは違い、Webサイトにはクリックやスクロールなどユーザーが能動的に操作することがあります。ユーザーが使いやすいように操作できるか、操作面も考える必要があります。

予想ができるようにする

クリックした時の挙動や、購入時のプロセスなど、ユーザーに何か行動をしてもらう時は、その後に起こる事柄を予想できるよう工夫します。例えば、テキストリンクで「こちらのサイト」と書かれているリンクはどこへジャンプするのか予想できませんが、「配色について詳しく紹介している記事へのリンク」と書かれていれば予想できます。

なお、「ロゴをクリックするとホームページに移動する」「下線のある青いテキストはリンクを意味する」など、一般的に多くの人に「これはこう動作するだろう」と認識されているアクションを変える場合は注意が必要です。

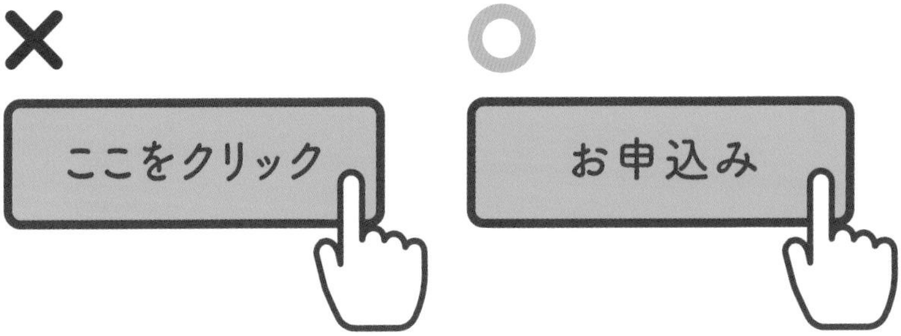

ボタンのラベルにはクリックした時にどんな動作をするのかを書いておくとよいでしょう。

動作を速くする

ページの読み込みやクリックしたあとのレスポンスの速さも重要です。なかなか表示されない、動かないサイトでは、別のサイトへと離れていくユーザーがどんどん増えてしまいます。大きな画像や動画をたくさん使う場合はなるべくファイルサイズを小さくする工夫が必要です。こういった利用する上での**効率の良さ**もユーザビリティの１つになります。

POINT

Webサイトを制作する上で配色やレイアウトに少し気を使うだけで圧倒的に使いやすくなる。

一目見てわかるようにする

リンクがはられているのかわからないテキストや画像を一度は見たことがあると思います。リンクがはられている場合は色や線を工夫して他のものと差別化するとよいでしょう。派手な装飾で目的となる要素が見失われないよう、配慮する必要があります。

POINT

情報を提供する側とユーザー側とで、様々な角度から使い勝手の構成を考えてWebサイトを作る必要がある。

COLUMN ｜ コントラストを確認しよう

デザインをする上で、配色は非常に大切な要素の1つです。しかしその配色を間違えるとテキストや画面全体の視認性が下がり、ユーザーにコンテンツの内容をうまく伝えられない時があります。視認性は「コントラスト」が関係してきます。配色のコントラストは色の明度によるところが大きいため、白黒で作られる「グレースケール」にすることでデザインのコントラストの差が確認できます。

コントラストの確認の方法は簡単です。まず、Webサイトやバナー広告のスクリーンショット画像を撮ります。次に、グラフィックツールを使ってグレースケールに変換します（Photoshopの場合だと［イメージ］→［モード］→［グレースケール］を選択することでグレースケールにすることができます）。これでグレースケール画像で見えづらくなっている場所を確認できます。

配色次第でコンテンツの視認性が大きく変わります。多くの色を取り入れる際は、特にコントラストの確認をするとよいでしょう。

花の背景画像にテキスト、ボタンが配置されています。花や緑の色を使い、全体の配色に統一感があります。

グレースケールにするとテキストの色が背景色に溶け込み、見えづらくなっているのがわかります。全体、沈んで見えます。

テキストを白にしてコントラストをつけました。ボタンの色を明度の高い黄色にし、テキストを背景色にしました。

テキスト、ボタンともにコントラストがついたのがわかります。配色の統一感を保ったまま、視認性が高まりました。

1-4 CHAPTER Webサイトの仕組み

いつも何気なく見ているWebサイトですが、どのような仕組みで公開されているのでしょうか？ Webサイトを作り始める前に、「そもそも」のお話から学んでみましょう。

インターネットとは？

インターネットとは、世界中のコンピューター同士でいろいろな情報を交換できる仕組みのことです。例えば自宅のパソコンでメールを受け取ったり、スマートフォンでWebサイトを閲覧することなどが可能です。

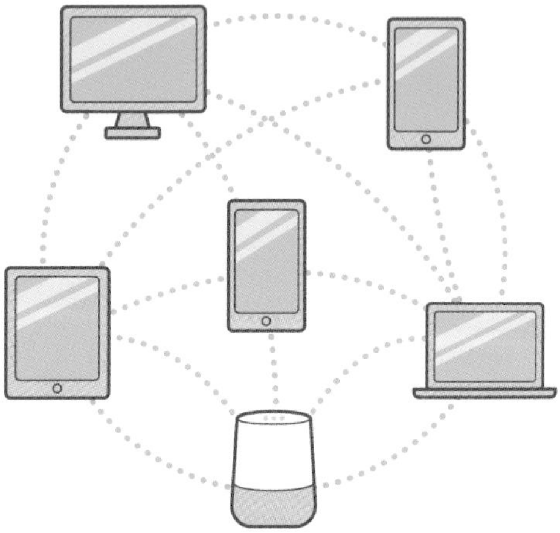

インターネットには世界中のコンピューターがつながっています。パソコンに限らず、スマートフォンやタブレット、スマートスピーカーなどもインターネットを利用しています。

Webとは？

よく混同されがちなのですが、実は「**Web**」と「インターネット」は別のものです。Webは正式には「World Wide Web（ワールドワイド ウェブ）」と言い、世界中のコンピューターと通信できるインターネットの仕組みを利用して、Webサイトから情報を発信したり閲覧したりするためにできた仕組みのことです。インターネットにはメールやファイル転送など様々な機能があり、そのたくさんある機能のうちの1つがWebということになります。

POINT

インターネットとはネットワークのこと。Webはそのネットワークを利用してWebサイトを公開したり閲覧したりできる仕組みのこと。

Webページの仕組み

Webページを閲覧する上で必要なものが、「**Webサーバー**」と「**Webクライアント**」です。

Webサーバーは、パソコンやスマートフォンと同じくコンピューターの一種です。Webサーバーは Web上で情報を公開しており、ファイルを保存するなどの機能がありますが、画面やキーボードなど、直接触って操作するための装置はついていません。制作者が作成したWebサイト上で利用するファイルはこのWebサーバーの中に保管されます。
Webクライアントは Webサーバーから情報を受け取る側、つまり私たちユーザーが利用するコンピューターになります。
Webクライアントが欲しいWebページの「要求（リクエスト）」をして、Webサーバーがそれに「応答（レスポンス）」することでユーザーはWebページを閲覧できます。

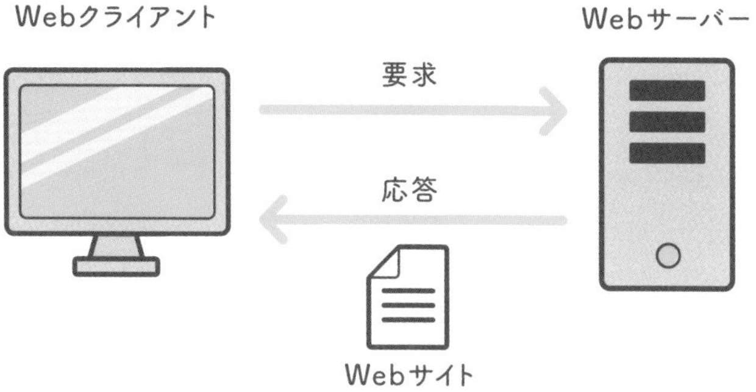

例えばパソコンからX（旧Twitter）のWebサイトを閲覧する時、Webサーバーに「XのWebサイトが見たい」という要求が送られています。Webサーバーはそれに対して「XのWebサイトはこちらです」と応答し、ユーザーへとページが表示されていきます。

URLとは？

URL（ユーアールエル）は「http://example.com/sample/index.html」のように書かれ、閲覧したいWebサイトにたどり着ける住所のようなものです。Webサイトはおのおの固有のURLを持っています。
ただ、このURLを毎回入力してWebサイトを表示させるのはとても大変です。そこでWebページの中のテキストや画像などにURLの情報を設置し、それらをクリックすることで別のWebページを表示することができます。これを**「ハイパーリンク**（または**リンク**）」と呼び、URLを指定することなく手軽にWebページ間を移動できるようになっています。

URLは1つひとつのパーツごとに役割があります。見ているWebサイトのURLはブラウザーのアドレスバーに表示されるので、どんな構成になっているのか確認してみましょう。

1-5
CHAPTER

デバイスの種類

デバイスは英語で「装置」を意味しますが、一般的にパソコンやスマートフォンを含む、様々な電子機器のことを指しています。このデバイス、実は2種類の意味があります。

端末

スマートフォンを使っている時や使い方を調べている時に**「デバイス」**という単語を聞いたことがあると思います。デバイスの1つ目の意味はスマートフォンやタブレットなど、インターネットに接続し、その物だけで動いてくれる端末のことです。端末という意味だけでも多くの「○○デバイス」が存在します。

iOSデバイス

Appleが開発しているシステムである「iOS」を使ったデバイスのことです。具体的には、「iPhone」や「iPad」などのApple製品のことをiOSデバイスと呼びます。

Androidデバイス

Googleが開発したAndroid OSを使ったデバイスです。iOSデバイスとは異なり、Googleが販売している製品だけではなく、様々な企業がAndroidを搭載したデバイスを販売しています。日本ではXperiaやGalaxyといったスマートフォンが有名です。

モバイルデバイス

携帯して持ち運びできる電子機器のことです。スマートフォンやタブレット、ノートパソコン、デジタルカメラもモバイルデバイスです。ポータブルデバイスとも呼ばれます。

スマートデバイス

スマートは「賢い」という意味です。明確な定義はありませんが、一般的にはインターネットに接続でき、様々なアプリケーションを利用できる端末のことを言います。多くの場合スマートフォンやタブレット端末のことを指します。

ウェアラブルデバイス

ウェアラブルは「身につけられる」という意味です。メガネや腕時計、指輪など、身につけて利用できる端末です。身体の動きや健康状態などを記録するために利用されることが多いです。

IoTデバイス

IoT（アイオーティー）とは「Internet of Things」の略で、モノのインターネットと呼ばれます。身の回りの様々なものにインターネット通信機能を搭載した端末のことです。これから先、増えていくと予想されるデバイスです。

周辺機器

デバイスの2つ目の意味はパソコンに接続する周辺機器のことです。プリンターやキーボード、マウス、モニターも周辺機器としてのデバイスです。

USBデバイス

世界中で普及している接続規格である、USBに対応した機器を指します。マウスやキーボード、USBメモリーなどはHTMLを書く上でも日々、目にするデバイスです。

ストレージデバイス

ストレージは英語で「保管」を意味します。SDメモリーカードやハードディスクなど、データを保存しておく機器のことです。

オーディオデバイス

スピーカーやマイク、ヘッドセットなど、音声を入力したり、出力するための機器のことです。「サウンドデバイス」とも呼ばれます。

COLUMN ｜「不明なデバイス」とは？

パソコンを操作していると、「デバイスが見つかりません」「不明なデバイスです」などのメッセージが表示されたことがありませんか？ これは、その時使おうとした周辺機器が接続されていなかったり、利用できない状態であることを意味します。

パソコンで周辺機器を利用するには、デバイスドライバーと呼ばれるソフトウェアをインストールする必要があります。もしそのようなメッセージが表示されたら、デバイスドライバーが正常にインストールされているか、ケーブルがはずれていないか、すべての電源がオンになっているかを確認するとよいでしょう。

1-6 CHAPTER ブラウザーの種類

Webサイトを閲覧するにはブラウザーと呼ばれるソフトウェアが必要です。人はブラウザーを通してWebサイトを見ることではじめて快適に閲覧できるようになります。ここではブラウザーの役割と種類を紹介します。

Webページはブラウザーを通して閲覧する

Webサーバーから送られてくるWebページのデータは、アルファベットや記号から成り立つ暗号のような「**コード**」で書かれています。そのため、そのままの状態では人はWebページを快適に閲覧できません。そこで利用するのが**Webブラウザー**です。Webブラウザーは単に「**ブラウザー**」とも呼ばれています。ブラウザーはWebサーバーから送られてきたデータを解読し、Webページとして快適に閲覧できるよう手伝ってくれるソフトウェアです。

ブラウザーを利用することで、文字の大きさや画像の配置、色、レイアウトなどを整え、普段私たちが目にしているようなWebページの形で閲覧できるようになります。

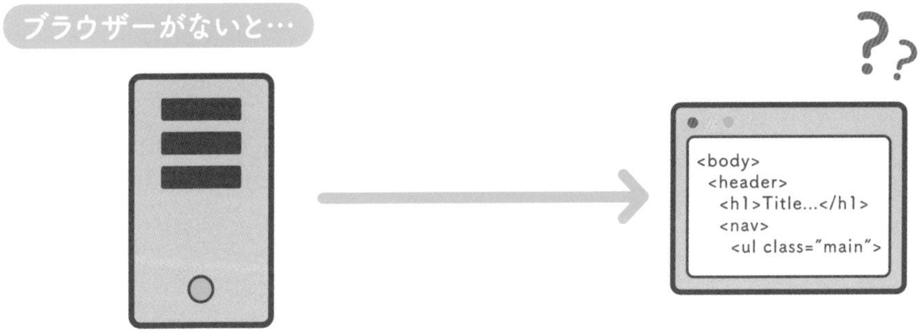

Webサーバーから送られてきたデータを直接見ると、何やら暗号のような記述がギッシリ…。

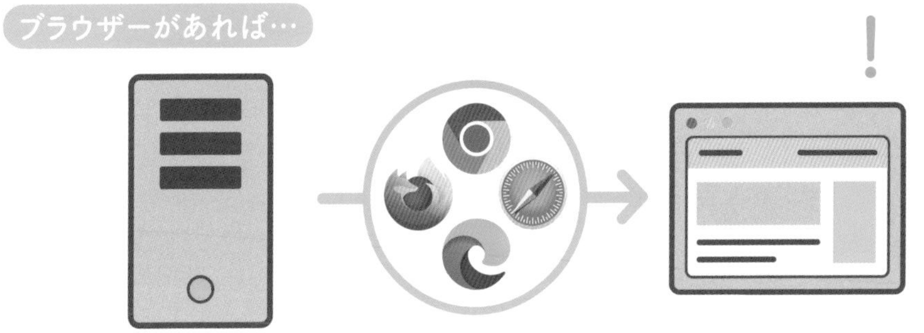

ブラウザーを使うことで快適にWebページとして閲覧できるようになります。

ブラウザーには様々な種類があり、主に利用されているブラウザーは以下になります。

- Google Chrome（グーグル クローム）
- Safari（サファリ）
- Microsoft Edge （マイクロソフト エッジ）
- Firefox（ファイヤーフォックス）

この中に皆さんがいつも使っているブラウザーもあるかもしれません。特にSafariやChrome（Google Chrome）はiPhoneやAndroidスマートフォンで標準搭載されているアプリケーションなので、ご存知の方も多いでしょう。

ブラウザーの役割は「Webページのデータを見やすく表示する」ことなので、ブラウザーの種類によって動作が変わることはほとんどありません。ただ、微妙にブラウザーの解釈や表現方法が異なるので、「Chromeではきれいに表示されているのに、Microsoft Edgeではレイアウトが崩れている」「SafariとFirefoxで見た目が少し違う」ということも起こります。

Webサイトを作り始める前には、ページの表示確認をするための標準ブラウザーを決めておくとよいでしょう。なお、Webサイトの制作会社では、打ち合わせの段階で対応させるブラウザーを事前に決める場合がほとんどになります。

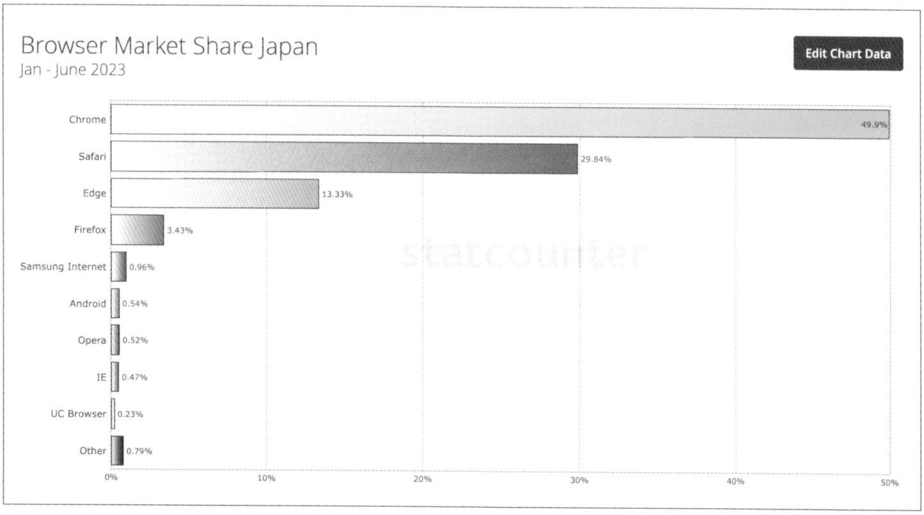

StatCounter … http://gs.statcounter.com/

国別のブラウザー利用数をまとめているWebサイト。2023年1月から6月までの統計を見ると、日本ではChromeが一番利用されているのがわかります(49.9%)。次にSafari(29.84%)、Microsoft Edge(13.33%) と続いています。

1-7 CHAPTER 制作の流れ

Webサイトを作成するには、様々な工程を必要とします。ここではWebサイトを制作するまでの一般的な流れを大まかに解説します。

制作の流れ

Webデザイナーは単に見た目を作るだけではなく、企画から設計、デザイン、そして**コーディング**と呼ばれるファイル作成までを行います。特にフリーランスで働きたいという人は、すべての作業を一人で行う必要があります。そのためには以下の工程を理解し、できるようになっておかなければなりません。

01 PLAN 企画を立てる

まずは作ろうとしているWebサイトの目的や、どんなコンテンツが必要なのかを考えていきます。メインターゲットとなるユーザーも考え、「誰がどのようにこのサイトを使うのか」をまとめます。

02 SITE MAP サイトマップを作る

サイトマップとはWebサイトの構成を表したものになります。必要なページを書き出し、どのページがどこにリンクしているのかなどを図にまとめます。

03 WIREFRAME ワイヤーフレームを作る

Webサイトの骨組みとなるワイヤーフレームを作っていきます。テキストや画像、仕切り線などを簡素なラインとボックスで作成し、必要な項目や優先順位、配置などを確認します。

04 DESIGN デザインする

デザインツールを使って本格的にデザイン作業を行います。制作する見本は「デザインカンプ」と呼ばれ、Webサイトとして表示された時と同じ状態になるよう、細かいところまで作り込みます。

05 CODING コーディングする

HTMLやCSSといった言語を使って、デザインを動作する形に作り上げていく作業です。画像や文章も実際に使用するものを用意し、リンクをクリックしたらそのページが表示されるように設定します。

06 WEBSITE Web上に公開する

作成したファイルをWebサーバー上にアップロードし、全世界に公開します。公開後はすべてのページがきちんと表示されているか、クリックできるかなどの確認を行います。

企画を立てる

P.016「1-2 様々な種類のWebサイト」でも紹介したとおり、Webサイトには様々な種類があります。このように種類がわかれるのは、Webサイトの目的によって構成が変わるからです。まずはWebサイトを作る目的を明確にする必要があります。「ユーザーが求めている情報」や「ユーザーにそのサイトで何をしてほしいのか」を洗い出します。

目標を設定する

最初に、主軸となる**目標**（**メインゴール**）と、それに伴う目標（**サブゴール**）を考えましょう。

メインゴールの例

- 商品の売上げを伸ばす
- 資料を請求してもらう
- 作った作品を見てもらう
- 自社にあった人材を獲得する
- 新規サービスのPRをする

メインゴールが決まったら、それを達成するためのサブゴールを1～3つ程度考えます。

サブゴールの例

- 商品の特徴を知ってもらう
- 会員登録をしてもらう
- 動画を見てもらう
- 商品をSNSで広めてもらう
- レビューを書いてもらう

目標達成したかをどのように計測するのかも考えておきましょう。例えば売上金額やアクセス数、会員登録数、SNSの「いいね」の数のような、数字でわかる目標だとわかりやすいです。

ターゲットユーザーを決める

目標を決めたら、次に「**ターゲットユーザー**」を決めます。ターゲットユーザーとは目標を達成するために核となるユーザー層のことです。ターゲットユーザーを具体的に考えておけばデザインのイメージがしやすいので、スムーズにデザインを作れるようになります。以下の項目を細かく考えておきます。

- 性別
- 年齢層
- 職業
- 趣味
- 悩み
- 収入
- 国や地域

もしターゲットが「10～40代の女性、主婦や会社員や学生」だと、範囲が広すぎて曖昧なので、ターゲットユーザーとして設定できているとは言えません。年齢層は10歳前後の幅で設定するとよいでしょう。

ターゲットユーザーをより具体化した「**ペルソナ**」と呼ばれる人物像を設定するのもよいでしょう。例えば「23歳の女性。新しいものや流行に敏感で、おしゃれなカフェが好き。入社3ヶ月目で、収入は月収20万円。低コストで楽しめるイベントが好き」というくらい、かなり具体的なものです。そうすることでデザインの方向性が定まってきます。

ペルソナは実在する人物のように考えます。Webサイトの利用場面も思い浮かべてみましょう。

サイトマップ制作

Webサイトの目的やターゲットユーザーが決まったら、Webサイトの設計に入ります。必要なページを書き出し、ページ同士のつながりや重要度などの構成を図にまとめていきます。この構成図を「**サイトマップ**」と呼びます。

ページをグループ分けする

構成をうまくまとめるコツは、関連するページをグループ分けすることです。必要だと思うページを書き出した後、関連性のあるページ同士を1つのグループとして分けていきましょう。この時できたグループが「階層」となります。

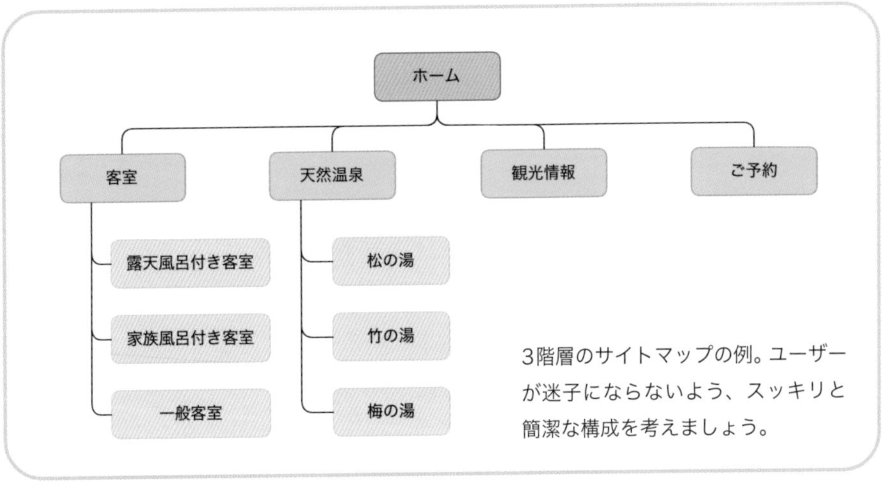

3階層のサイトマップの例。ユーザーが迷子にならないよう、スッキリと簡潔な構成を考えましょう。

階層が深いほど、ユーザーは何度もクリックして目的のページに進まなければいけません。Webサイトの中で迷子にもなりかねないので、必要なページを絞り、なるべく2階層以内におさめることをおすすめします。ページ数が多くなる場合でもどんなに多くても3階層以内におさめましょう。

ページの優先順位

特に見て欲しいページと、付加情報として用意しているページなど、サイトの中でも優先順位があります。ユーザーが求めているであろうページは何かを考え、優先順位の高いページはすぐに目につくようにナビゲーションメニュー内に配置します。

COLUMN | サイトマップ作成ツール

サイトマップはペンと紙があれば手書きですぐに作成できます。手書きでOKです。ただ、手書きだと変更が入った場合に修正がしづらいため、ツールを使って手軽に管理できるようにするのもよいでしょう。私はいつもCacoo（https://cacoo.com）というブラウザー上でサイトマップやワイヤーフレームが作成できるツールを使って作成しています。これなら変更も可能です。またこの他にもAdobe IllustratorやExcelなども大丈夫です。自分の使いやすいツールで作成してみてください。

Cacooでは無料で6枚までシートが作成できます。有料版は月額660円〜。

https://cacoo.com

ワイヤーフレーム制作

ページの構成ができたら、ホームから順に全ページのレイアウトを考えていきます。ここで作成するデザインの骨組みのことを「**ワイヤーフレーム**」と言います。色や装飾などは加えず、テキストやライン、ボックスのみで作成します。ワイヤーフレームをしっかり作っておくと、顧客との打ち合わせもスムーズに行え、デザイン制作の段階でも作業が進めやすくなるでしょう。

サイトマップではWebサイト全体で必要なページを考えましたが、ここでは1つのページで必要なコンテンツを考えます。

コンテンツの優先順位

まずはサイトマップを作った時と同じように、ページの中にどんな要素が必要かを書き出しましょう。次にその要素のうち、どれを一番に見てもらいたいのかを考え、優先順位をつけます。

この優先順位をもとにレイアウトを考えます。順位が高いものほどページ上部に配置し、表示面積も大きくします。ページを開いた時に最初に見える範囲内（**ファーストビュー**）に、これが何を伝える目的のサイトなのかわかるようにレイアウトを組むとよいでしょう。

例

1. メイン画像
2. ロゴ
3. ナビゲーションメニュー
4. タイトル
5. 紹介文
6. 商品写真

視線の動きを考える

一般的に、ユーザーの視線は上から下、左から右に移動します。ほとんどのWebサイトが左上にロゴを配置しているのは、左上はページを開いた時に最初に目につく位置だからです。優先順位の高いコンテンツほど、ページの上部、左側に順に配置しましょう。ナビゲーションメニューでも、重要なページへのリンクを左側へ設置します。

ワイヤーフレーム作成ツール

ワイヤーフレームはペンと紙があれば手書きですぐに作成できます。手書きでOKです。ただ、手書きだと変更が入った場合に修正がしづらいため、ツールを使って手軽に管理できるようにするのもよいでしょう。次にツールを紹介しておきます。

オンラインツール（ブラウザー上で利用）

Figma	世界的に利用者の多いツール。無料で3つのファイルを作成可能。アプリをインストールして利用することもできる https://www.figma.com/ja/
Cacoo	無料で6枚までシート作成が可能 https://cacoo.com/ja
Moqups	豊富なアイコンが用意されている。無料プランでは1つのプロジェクトが作成できる https://moqups.com
Wireframe.cc	画面をドラッグしながら図形を描画できる。より直感的な作成が可能 https://wireframe.cc
InVision	主に海外で人気のツール。複雑なプロトタイプ制作にも適している https://www.invisionapp.com

オフラインツール（アプリをインストールして利用）

Figma	世界的に利用者の多いツール。無料で3つのファイルを作成可能。ブラウザー上で利用することもできる https://www.figma.com/ja/
Adobe Illustrator	イラスト描画用のグラフィックツール。細かい作り込みも可能 https://www.adobe.com/jp/products/illustrator.html
Sketch	軽快な使い心地が人気。拡張機能を使ってカスタマイズできるMac専用のアプリケーション https://www.sketchapp.com
Justinmind	スマートフォンサイトやアプリ用のテンプレートが豊富。無料で利用できる。英語のみ https://www.justinmind.com

POINT

Adobe社からも、かつてはXDというワイヤーフレームやデザインを制作するツールがリリースされていたが、現在はメンテナンスモードとなり、新規インストールはできない。ただ、今後、開発が再開される可能性もある。

ワイヤーフレームの作成例

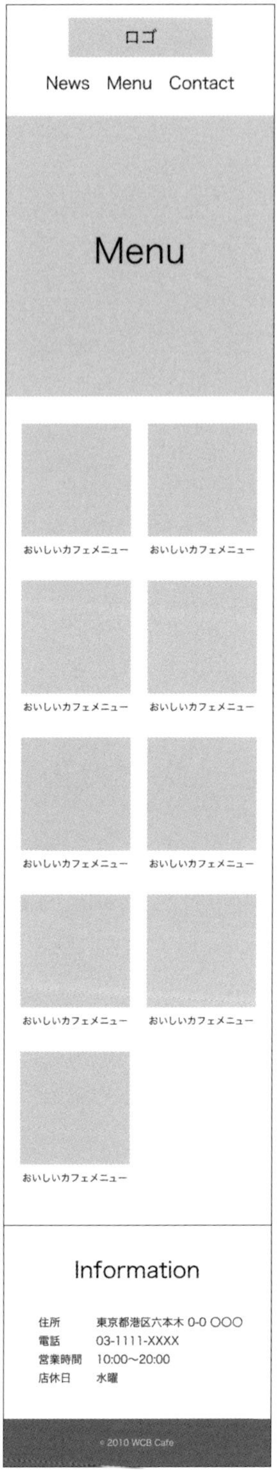

ワイヤーフレームの例。装飾は極力加えず、必要なコンテンツをどう配置するかを重点的に考えます。

モバイル版ではレイアウトが変わる場合がほとんどです。モバイルサイズでのワイヤーフレームも作成しておきましょう。

そしてワイヤーフレームができたら、いよいよデザインの開始です！ 右ページの画像のような**デザインカンプ**と呼ばれる、実際にWebページとして表示されるものと変わらないデザインをグラフィックツールを使って作成していきます。

デザインカンプの作成例

ワイヤーフレームをもとに完成したデザイン。画像を配置するだけでグッと雰囲気が変わります。

デザインカンプを作ることで、最終的なWebページのイメージをしやすくし、これをもとにコーディング作業が行えます。ユーザーの目に留まるよう、画像の配置、配色や書体、余白などにも気を配りながら作っていきましょう。

なお、CHAPTER 4から作成するサイトのデザインカンプはサンプルデータとしてダウンロードすることが可能です。

COLUMN ｜ ギャラリーサイトを見てみよう

実際にデザインカンプを作ろうとしても、何も思いつかない…ということもあります。そんな時は様々なWebサイトのデザインを集めた**ギャラリーサイト**が便利です。様々なデザインを見てインスピレーションをいただきましょう。以下にいくつかのギャラリーサイトを紹介いたします。

SANKOU!

https://sankoudesign.com/
国内のWebサイトを中心に美しいデザインを集めています。カテゴリーやレイアウトから検索も可能です。

I/O 3000

https://io3000.com
日本のWebサイトも多く扱っています。配色でWebサイトを絞り込むことも可能です。

Awwwards

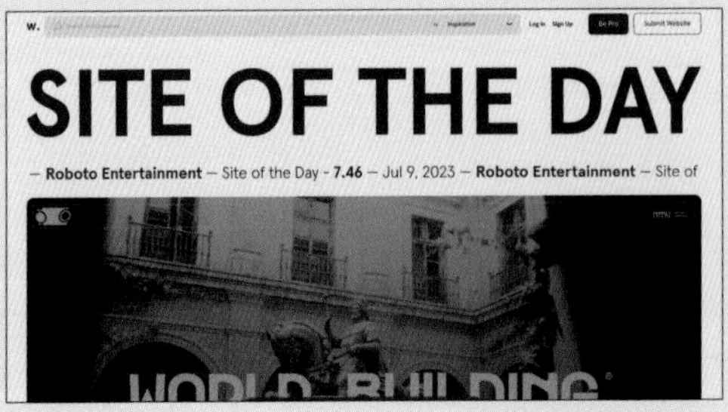

https://www.awwwards.com
管理者の審査を通過したWebサイトのみが掲載されているので、どれもレベルの高いものばかりです。ユーザーによる投票もあります。

ファイルを用意する

デザインカンプが完成したら、実際に稼働するWebサイト制作に取り掛かります。主に必要なのは**「HTML」**と**「CSS」**、そして**「画像のファイル」**です。なお、ファイル名はすべて半角英数字にしましょう。全角や日本語のファイル名をつけると、ファイルがうまく認識されず、ページが表示されなくなります。

HTMLでWebサイトのコンテンツを記述する

実際にWebページに表示したい文章や画像などをHTMLという言語で記述します。ページごとにそれぞれのHTMLファイルが必要です。ファイルの拡張子は**「.html」**です。

CSSでWebサイトを装飾する

HTMLだけでは色や文字サイズ、配置などは反映されません。装飾はすべてCSSファイルに記述します。大規模なWebサイトでは複数のCSSファイルに分けることもありますが、ページ数が少ないWebサイトであれば1つのCSSファイルで対応できます。ファイルの拡張子は**「.css」**です。

画像ファイルを用意する

使用する画像を「images」などのフォルダーにまとめて保存しましょう。Webで使える画像の種類は**JPG, PNG, GIF, SVG, WebP**などです。

JPG	データが軽く、写真やグラデーションなどの色数の多い画像に適している。拡張子は「.jpg」
PNG	データが軽く、イラストやロゴなど色数の少ない画像に適している。背景などを透過させたい場合に使える。拡張子は「.png」
GIF	使える色数が256色と少ないので、単色や簡単なイラストに向いている。透過可能。アニメーション画像も作成できる。拡張子は「.gif」
SVG	ベクター形式の画像を扱えるので、拡大縮小しても画質が劣化しない。高解像度ディスプレイに対応させたい時に活躍する。拡張子は「.svg」
WebP	画像サイズを軽量化できるため、表示速度の向上が期待できる。背景透過やアニメーションの作成が可能。Internet Explorerなど、古いブラウザーには対応していない。拡張子は「.webp」

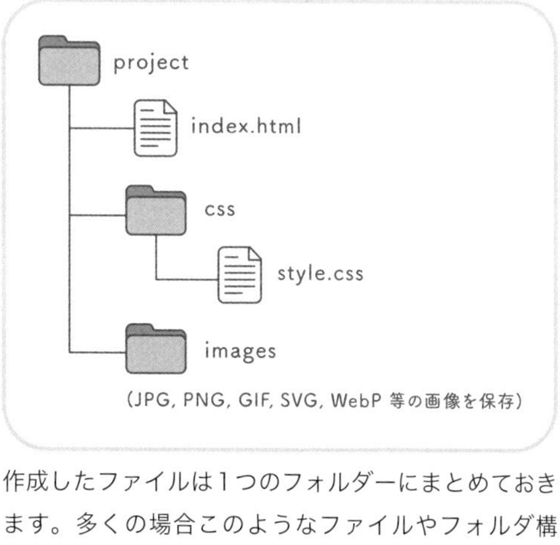

作成したファイルは1つのフォルダーにまとめておきます。多くの場合このようなファイルやフォルダ構成になります。

Web上に公開する

自分のパソコンの中にファイルがあるだけでは、そのWebサイトが閲覧できるのは自分だけになります。世界中の人に公開するためには、Webサーバーにファイルを転送する「アップロード」をする必要があります。

サーバーを用意する

Webサーバーは一般的にサーバー会社からレンタルして利用します。レンタルサーバーの会社によって料金やサービス内容も違うので、自分のサイトに合ったものはどれか比較して選択しましょう。多くの場合、月額500円程度で十分なサーバーをレンタルできます。

ロリポップ！レンタルサーバー	月額99円から使えるレンタルサーバー。ドメインの設定も簡単 https://lolipop.jp
さくらインターネット	個人用の簡易Webサイトからビジネス用サイトまで、幅広いプランが用意されている https://www.sakura.ne.jp/

ドメインを取得する

ドメインとはWebサイトの場所を表す「住所」のようなものです。「○○.com」とか「○○.jp」というものです。同じ住所が存在しないのと同じで、ドメインの名前も世界に1つだけです。つまりドメイン名の取得は早い者勝ちになります。多くのサーバー会社ではサーバーを申し込んだ時にドメイン取得の手続きも同時に行えるので、利用してみるとよいでしょう。

お名前.com	「.com」や「.jp」など、人気のドメインを多数扱っている https://www.onamae.com
ムームードメイン	「ロリポップ！レンタルサーバー」とセットで申し込むと、設定も簡単 https://muumuu-domain.com

https://muumuu-domain.com

ムームードメイン

ドメイン管理会社のWebサイト上で、希望するドメインが取得できるかチェックできる。

Webサーバーにファイルをアップロードする

用意したWebサーバーにファイルをアップロードします。多くのレンタルサーバーではWeb上でファイルをアップロードすることができます。しかし、ファイルの数が多い場合は、ファイル転送ソフト（＝**FTPソフト**）を用意した方がスムーズにアップロードできるでしょう。なお、FTPソフトでアップロードするにはFTPサーバーアドレスやユーザー名、パスワードが必要になります。これらはサーバーを契約した時にサーバー会社から用意されるので、確認しておきましょう。

URLを入力してWebサイトを表示

ここまでの作業が終われば、用意しておいたURLをWebブラウザーに入力することでWebページにアクセスできるようになります。

POINT

Webサイトを公開するまでには企画、構成、デザイン、コーディングなど多くの作業がある。

POINT

必要な工程やツールを確認し、実際の作業を滞りなく進められるように用意しておく。

COLUMN ｜ 様々なテキストエディター

次のページで紹介しているVSCode以外にもWebサイト制作で使えるテキストエディターはたくさんあります。有料のものでも無料トライアルができるのもあります。まずは試してみて自分に合ったテキストエディターを見つけてみてください。

Dreamweaver	ファイルをWebサーバーに転送する機能や、データベースなど、高度な開発に必要な機能が揃っている。日本語対応 https://www.adobe.com/jp/products/dreamweaver.html
Nova	ファイル転送など多くの機能がありながら、サクサクと動く使い心地が人気 https://nova.app/jp/
Sublime Text	素早い動きやカスタマイズ性から、主に開発者が好んで利用しているエディター https://www.sublimetext.com

1-8 CHAPTER 制作をはじめる前に

前のページまででWebサイトを作る手順を解説してきました。続いて実際に制作に必要なツールや環境設定について紹介します。

テキストエディターをインストールする

HTMLやCSSファイルの作成は、WindowsやMacに標準でインストールされている「メモ帳」や「テキストエディット」などのテキストアプリケーションでも可能です。

しかし多くのWebデザイナーやコーダーはコーディングに特化した**テキストエディター**を使用しています。これはなぜかと言うと、制作する上で役立つ「補完機能」が備わっているからです。例えばそれぞれのファイルの種類によってコードを予測して入力できたり、ショートカットキーで簡単に記述できたりします。さらによく使うコードを登録する機能があるなど、作業スピードが格段にアップします。また、コードの役割ごとに色を変えて表示してくれるので、単純なミスを防ぐことができます。

多くのテキストエディターがありますが、本書ではマイクロソフト社が開発した「**Visual Studio Code**」、通称「**VSCode**」を使って作業していきます。VSCodeはシンプルで使いやすく、WindowsでもMacでも利用でき、しかも無料です。さらに拡張機能を利用して機能の追加も可能です。右ページにVSCodeの拡張機能の追加手順を解説します。

もし他にすでに使い慣れたテキストエディターがあるなら、乗り換える必要はありません。また、P.041のCOLUMNで紹介しているテキストエディターのいずれかを利用してもよいでしょう。

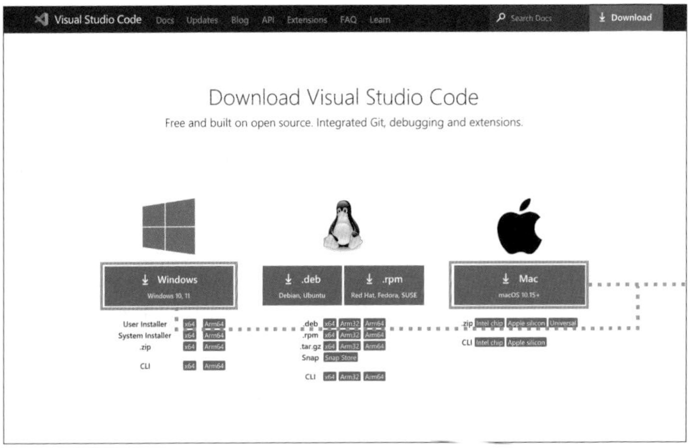

https://code.visualstudio.com/download

VSCodeのWebサイト（https://code.visualstudio.com/download）へアクセスする

WindowsやMacなど、お持ちのパソコンの環境に合ったものをクリックしてダウンロードする。

ダウンロードが完了したらインストーラーをダブルクリック（圧縮されている場合は解凍する）。後は表示画面に従ってインストールする

VSCodeを日本語化する

VSCodeは最初の状態では英語表示になっています。[拡張機能] の追加の例として、日本語化して使ってみましょう。

01 拡張機能の画面を表示

画面左端にあるブロックのようなアイコンをクリックして [拡張機能] の画面を開きます。

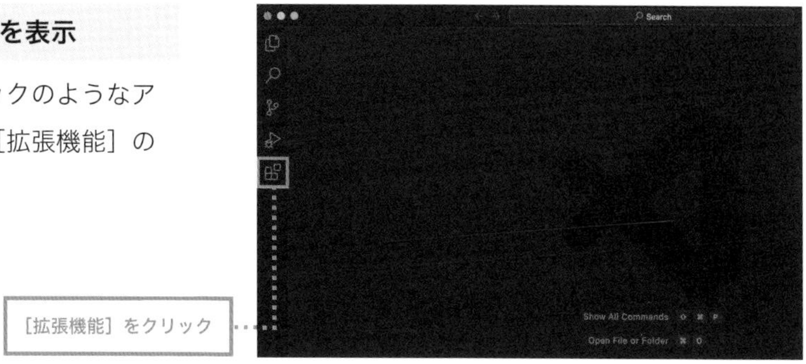

02 拡張機能をインストール

左上にある [Search Extensions in Marketplace] と書かれた入力欄に「japanese language」と入力します。検索結果に「Japanese Language Pack for Visual Studio Code」拡張機能が表示されるので選択し、[Install] ボタンをクリックしてインストールしましょう。

03 画面が日本語になった

VSCodeを一度終了し、再起動すると日本語表示になります。

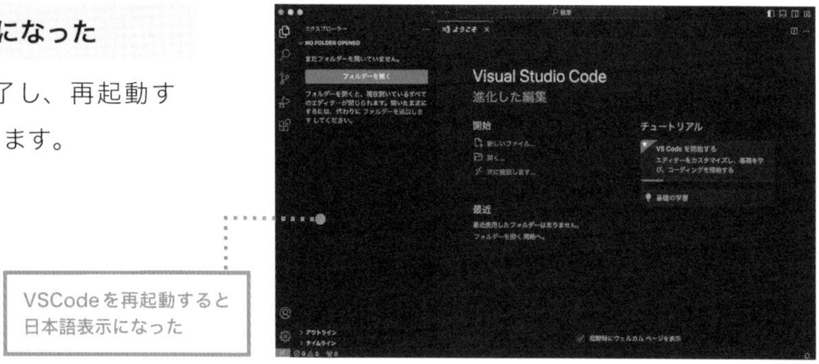

※この他にも便利に使える拡張機能はたくさんあります。気になる方はWebサイトで検索して最新の情報を仕入れるとよいでしょう。

ブラウザーをインストールする

P.028「1-6 ブラウザーの種類」でも紹介したとおり、Webサイトを閲覧するためのブラウザーも用意しましょう。ブラウザーごとに表示が異なる場合もあるので、すべてのブラウザーをインストールしておくことをおすすめしますが、まずは本書の解説で利用していくデフォルトブラウザーである「**Google Chrome(Chrome)**」を用意しましょう。

なお、Google Chrome は、Googleが開発したWebブラウザーです。最新のWeb環境に対応しており、高速で、シンプルな動きが人気です。拡張機能を追加して、使いやすくカスタマイズすることも可能です。

Google Chromeのインストールの仕方

01 インストーラーのダウンロード

Google ChromeのWebサイト（https://www.google.com/intl/ja/chrome/）から「Chromeをダウンロード」ボタンをクリック、「同意してインストール」ボタンをクリックし、インストーラーをダウンロードします。

「Chromeをダウンロード」をクリックする。

02 画面に従いインストールする

ダウンロードしたZIPファイル（Macならdmgファイル）をダブルクリックして解凍し、表示画面に従ってパソコンにインストールします。

［同意してインストール］をクリックする。

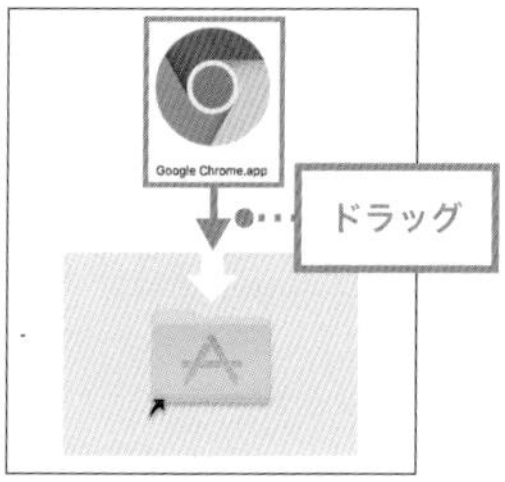

MacではChromeのアイコンをアプリケーションへドラッグする。

03 Google Chromeを立ち上げる

インストールが完了したら、Google Chromeを立ち上げてみましょう。

このような画面が開いたらインストール完了です。

その他のブラウザー

他にも様々なブラウザーがあります。最終的にはGoogle Chrome以外のブラウザーでもきちんと表示されているか確認するので、インストールできるものは用意しておくとよいでしょう。なお、Windowsだと「Safari」が対応していないのでインストールできません。

Safari	MacやiPhone、iPadでおなじみの、Apple開発のブラウザー https://www.apple.com/jp/safari/
Firefox	拡張機能も多く揃っていて、カスタマイズしやすい https://www.mozilla.org/ja/firefox/
Microsoft Edge	Microsoftが開発したWindows 10、11の標準搭載のブラウザー https://www.microsoft.com/ja-jp/edge

グラフィックツールを確認する

Webページの見本となるデザインカンプは、グラフィックツールと呼ばれる描画アプリで作成します。

主に使われているグラフィックツール

Figma	デザインカンプが作成できるだけではなく、クリックやタップで次の画面に移動し、実際に動作しているような「プロトタイプ」と呼ばれる試作品も作成できる。シンプルかつ高性能で、無料で使える。ただ、画像の加工や編集は苦手なので、他のアプリケーションを併用する必要がある。アプリをインストールせず、ブラウザー上で操作も可能。 https://www.figma.com/ja/
Adobe Photoshop	昔からWeb制作業界ではデザインカンプ制作にPhotoshopが使われていた。もともとは画像加工や補正をするためのアプリケーションなので、レイアウトを組んだりするためのものではなかったが、今ではWebやアプリデザインに対応した機能もどんどん追加されている。Creative Cloudのフォトプランなら月額2728円〜で利用できる https://www.adobe.com/jp/products/photoshop.html
Adobe Illustrator	ロゴやアイコンなど、写真以外の画像を作成する時によく使われるアプリケーション。雑誌やポスターなどのレイアウトを組んだりする時にも活躍する。複雑な色の表現が苦手なので、輪郭のはっきりしたイラスト制作に主に利用される。Creative Cloudの単体プランなら月額2728円〜。コンプリートプランは月額6480円〜 https://www.adobe.com/jp/products/illustrator.html
Sketch	Illustratorと同様、写真の編集はできず、イラストやアイコンの扱いが得意。サクサクと動く軽快な使い心地が人気。ただしMacにのみ対応しており、Windowsでは利用できないので注意が必要。月額$10〜 https://www.sketchapp.com/

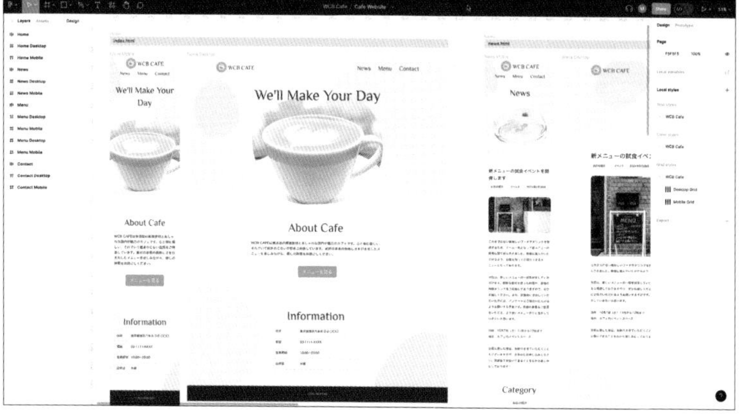

Figmaを使って作成したデザインカンプの例。本書で作成するデモサイトのデザインカンプはFigmaを使いました。

POINT

Web制作をする上で必要なツールの種類はたくさんある。紹介しているものから使っていこう。

POINT

慣れてきたら他のツールも試してみて、自分好みのものを探してみよう。

その他のグラフィックツール

他にも多くのグラフィックツールがあります。テキストエディターと同様、ぜひ自分に合ったツールを探して使ってみてくださいね。

Affinity Designer	イラスト描画ツール。iPadにも対応している。ズームで細かい調整も簡単 https://affinity.serif.com/ja-jp/designer/
Affinity Photo	画像の補正や加工がワンタッチで可能。iPadにも対応 https://affinity.serif.com/ja-jp/photo/
Pixelmator	本格的な画像編集機能が低価格で利用できる。Mac専用 https://www.pixelmator.com/mac/
GIMP	簡単な補正やレイヤーを使った加工などを無料で使えるツール https://www.gimp.org/

COLUMN ｜ AIを活用したWebサイト制作

近年、人工知能（AI）技術はWebデザインにも影響を与えています。自動Webデザインという手法が開発され、Webサイトのデザインを自動的に行うことが可能になりました。

自動Webデザインの最も大きなメリットは、専門知識や技術を持っていない人でも簡単にWebサイトを作成することができるということです。さらに、自動Webデザインは高速であり、コスト削減ができます。また、自動Webデザインソフトウェアは、デザインの一貫性を保つことができます。これは、ユーザーが望むスタイルに合わせて、サイト全体のレイアウトを統一的に保つことができるためです。

ただし、自動Webデザインは、人間デザイナーのクリエイティブなセンスや経験を反映することができません。また、一般的なテンプレートに基づいて作成されるため、ユニークなデザインを作成することができません。

結論として、自動Webデザインは、Webサイトを作成することを求められていない人々にとって有用な選択肢の1つです。ただし、高品質でユニークなデザインを望む場合は、人間のデザイナーに頼ることが最善のオプションです。

—

…ここまで読んでみていかがでしょう？ もっともらしいことを書いているのですが、上記の文章はChatGPTというAIにより生成されたものです。筆者も文章作成からコーディング、プログラミング、画像生成など、あらゆる場面でAIを試しているところですが、雑感としてはどれも「可もなく不可もない」内容だなと思います。もちろん短時間で様々な制作物が完成するのは素晴らしいのですが、特にデザインに関してはどれも誰でも作れそうな、どこにでもあるような、無難なものが多い印象です。

AIはプログラミングやコーディングにおいて「副操縦士」と位置づけられているところがあります。あくまで操縦するのは人間であり、それをサポートするのがAIであるという考えですね。AIを脅威に思うのではなく、サポート役として、うまく付き合っていきたいと思います。

CHAPTER

2

Webの基本構造を作る！ HTMLの基本

Webサイトはコンテンツを掲載する「HTML」というファイルを土台として作成していきます。HTMLはただアルファベットの記号を組み合わせているだけではなく、1つひとつに役割があります。それらをきちんと理解して、正しいページ構造のWebサイトを作成しましょう。

WEBSITE | DESIGN | HTML | CSS | SINGLE | MEDIA | TROUBLESHOOTING

HTML & CSS & WEB DESIGN
INTRODUCTORY COURSE

※本章では補助特典としてQRコードからアクセスできる動画の解説も用意しています。もしテキストでわかりづらい場所がありましたら、補助特典の動画で確認し学んでいくこともできます。

2-1 CHAPTER HTMLとは

HTMLはWebページを作る上で土台となる言語です。HTMLを使ってそれぞれの文章や文字列が何を表しているのかを、コンピューターがわかるように指定していきます。

コンピューターに指示を出すのがHTML

HTMLとは「Hyper Text Markup Language（ハイパー・テキスト・マークアップ・ランゲージ)」の略で、Webページの土台となるファイルを作成する言語です。Webページに表示したい文章などを「 < 」と「 > 」で挟まれた**「タグ」**と呼ばれる特殊な文字列で囲んで書いていきます。

「タグ」には様々な種類があり、それぞれに意味を持っています。タグで文字列を囲むことで、「ここは見出しです」「これはリンクで、クリックするとこのページに移動します」という指示をしています。そうやって、コンピューターがそのページの構造を理解できるようにすることがHTMLタグの役目です。インターネット上に存在する多くのWebサイトがHTMLを使って作られています。

HTMLでどの部分が何を表しているのかを指示していく。

POINT

本書は初学者が特につまずきやすいHTMLとCSSの導入部分（CHAPTER 2と3）に動画の補助特典をご用意しています※。節タイトルの右側にあるQRコードからアクセスし、ご視聴ください。

※本動画は外部のサービスを利用しており、今後変更される可能性があります。本書は動画がなくても学習が完結できるように作られておりますので、あくまで補助特典としてお使いください。また、動画によっては途中からの再生になっていることがありますが、これはすぐ学習できるように内容に沿う開始位置に合わせているためであり、正しい仕様になります。

2-2 CHAPTER HTMLファイルを作ろう

それでは実際にHTMLファイルを作成してみましょう。サンプルデータの用意はありますが一字一句、自分で入力していくことでHTMLがどんなものかわかってくると思います。

テキストエディターを起動

まずはHTMLを書いていくテキストエディターを開きます。VSCodeを起動し、上部メニューにある［ファイル］→［新規ファイル］をクリックしましょう。ショートカットキーを使う場合は、Windowsなら Ctrl ＋ N キー（Macなら ⌘ ＋ N キー）を押します。

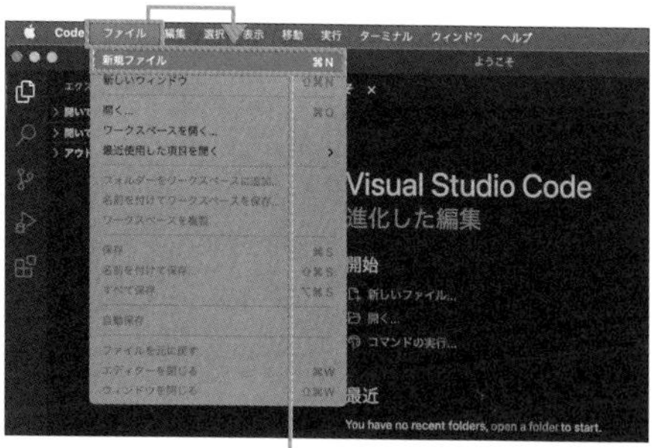

［ファイル］→［新規ファイル］をクリック

コードを書く

次にこちらのサンプルコードを書いてみましょう。

chapter2/c2-02-1/index.html

```
<!doctype html>
<html lang="ja">
    <head>
        <meta charset="UTF-8">
        <title>猫の実態</title>
        <meta name="description" content="猫の好きなもの、日々の生活をご紹介">
    </head>

    <body>
        <h1>猫の一日</h1>
        <p>ひたすら寝ています。</p>
    </body>
</html>
```

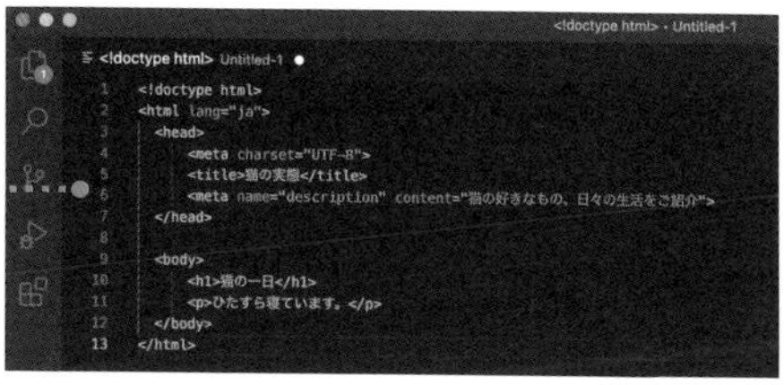

コードを書いた

ファイルを保存

上部メニューの［ファイル］→［保存］をクリックします。ショートカットキーを使う場合はWindowsならCtrl+Sキー（Macなら⌘+Sキー）を押しましょう。

ファイル名は「index.html」とします。保存先はわかりやすくデスクトップにしておきましょう。

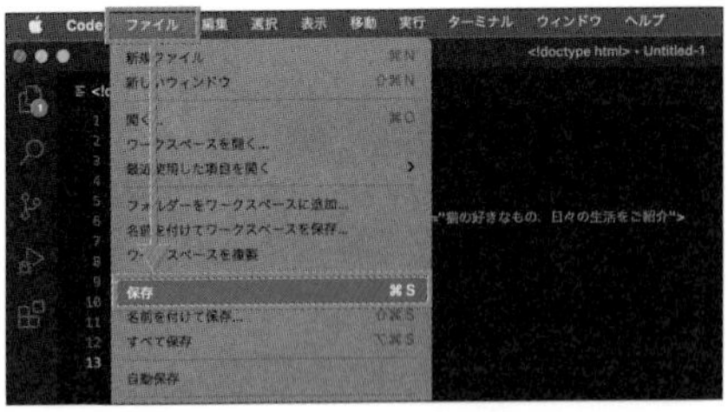

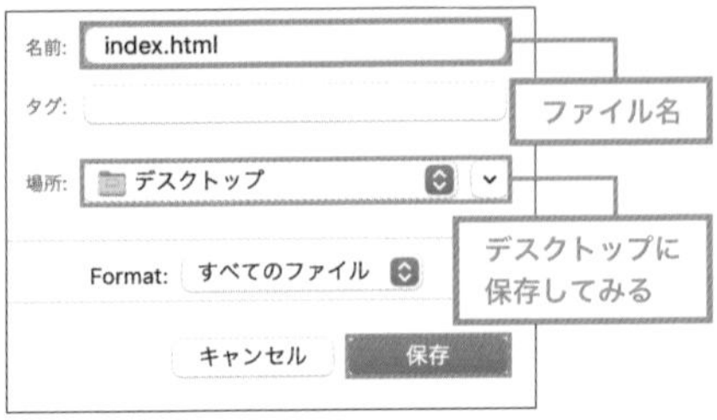

POINT

テキストエディターによっては保存したタイミングでHTMLだと認識し、コードの色分け機能や入力補完機能が使えるようになる。

Webブラウザーで開いてみる

デスクトップに作成したindex.htmlのファイルをダブルクリックすると、Webブラウザーが立ち上がり、右のように表示されます。

初めてのWebページが表示されました。

HTMLのファイル名のルール

HTMLのファイル名はどんなものでもよいわけではありません。まずはファイルを作成する時のルールを確認しておきましょう。

ファイル名には拡張子をつける

拡張子とは、そのファイルの種類をあらわす文字列のことです。ファイル名の中で「.（ピリオド)」より右側の部分です。Webで扱うファイルでは「.html」「.css」「.jpg」などのファイルをよく目にします。

良い例	悪い例
mypage.html（拡張子あり）	mypage（拡張子なし）

日本語は使えない

ファイル名やフォルダー名は半角英数字のみ使用できます。これはこの後の工程でファイルを保存するWebサーバーが半角英数字以外に対応していないからです。最初の段階から半角英数字でファイルを保存するくせをつけておきましょう。

良い例	悪い例
mypage.html（半角英数字）	ｍｙｐａｇｅ．ｈｔｍｌ（全角英字）、マイページ.html（日本語）

使えない記号に注意

ファイル名には使えない記号があります。「 \(バックスラッシュ)」「 :(コロン)」「 ,(カンマ)」「 ;(セミコロン)」「 "(ダブルクォーテーション)」「 <(小なり)」、「 >(大なり)」「 |(パイプライン)」「 *(アスタリスク)」 などは使えません。また、「 /(スラッシュ)」 はファイルを保存しているフォルダーを区別する時に使うので、ファイル名には使用しません。基本的に「 -(ハイフン)」と「 _(アンダースコア)」 以外は使わないようにしましょう。

良い例	悪い例
my-page.html、my_page.html	my*pgae.html、my/page.html

空白は使えない

ファイル名の中に空白（スペース）を入れることもできません。ファイル名の途中で区切りをつけたい時は、「 -(ハイフン)」 などの記号を使いましょう。

良い例	悪い例
my-page.html	my page.html

小文字に統一する

ユーザーがWebページを閲覧する環境によっては、ファイル名の大文字と小文字を区別して、違うファイルと判断される場合があります。基本的にはすべてのファイル名を小文字で表記しておくとよいでしょう。

良い例	悪い例
mypage.html	MyPage.html、maypage.HTML

ホームページは「index.html」にする

Webサイトにアクセスし、一番はじめに表示されるページは「**index.html**」という名前で保存するのが基本です。index.htmlというファイル名なら、URLで入力を省略することもできます。例えばWebサイトのホームページのURLが「http://example.com/index.html」だった場合、「http://example.com/」と入力しても同じページが表示されます。

POINT

テキストエディターで「.html」という拡張子をつけたファイルを作成すると、Webブラウザー上で表示されるようになる。

POINT

Webサイト用のファイルには様々なルールがある。それらを守った上で、短く、どんな内容なのか想像できるファイル名をつける。

2-3 CHAPTER HTMLファイルの骨組み

初心者が初めてHTMLを見た時は、まるで呪文のように思えてしまうかもしれません。しかし、1つひとつ理解していけば大丈夫です。まずは前節で記述したコードの内容を解読していきましょう。

<!doctype html>とは

「<!doctype html>」は**Doctype（ドクタイプ）宣言**と言い、そのページがどのバージョンのHTMLで、どの仕様に合わせて作られているのかを書いています。HTMLのバージョンには「HTML 4.01」や「XHTML 1.1」、「HTML5」などがありますが、本書では現在主流になっている「**HTML Living Standard**※」に基づいた仕様で解説していきます。

<html>〜</html>とは

Doctype宣言のすぐ後に記述します。これはHTMLの文書だということを表しています。「lang」はWebページの言語を設定できる部分で、「ja」はJapaneseの略です。つまり日本語の文書であることを示しています。

<head>〜</head>とは

この部分はページのタイトルや説明文、使用する外部ファイルのリンクなど、ページの情報を記述しています。ブラウザーには表示されません。「head」は「ヘッド」と言います。

<meta charset="UTF-8">とは

これは文字コードを「UTF-8」にするという指定です。これが正しく表記されていないと文字化けをしてうまく文字が表示されない場合もあるので、必ず記述しましょう。「meta」は「メタ要素」と言います。

※HTMLの開発は元々W3Cによって行われていたが、2004年に開発に関する意見の相違から、Apple、Mozilla、Operaの開発者らがW3Cから分離し、WHATWGを設立。WHATWGはWebアプリケーションの要求により適切に対応するために、HTMLを継続的に進化させる「生きている標準」（Living Standard）の概念を提唱した。現在、HTML Living StandardはHTMLの開発の主流となり、最新の需要に応じて進化している。https://html.spec.whatwg.org/

<title>〜</title>とは

ページのタイトルを記述します。この名前がブラウザーのタブや、ユーザーがWebサイトをブックマークしたり、検索した時のページタイトルとして表示されます。

ブラウザーでページを表示した時、タブの部分にタイトルとして表示されます。

<meta name="description" content="〜">とは

このページについての説明文を書きます。検索エンジンでページタイトルとともに表示される部分です。ユーザーが検索した時にどんなサイトなのかを瞬時に判断できるよう、必要なキーワードを混ぜて記述するとよいでしょう。

<body>〜</body>とは

HTML文書の本体部分です。ここにコンテンツを入力することで、実際にブラウザー上で表示されます。「body」は「ボディ」と言います。

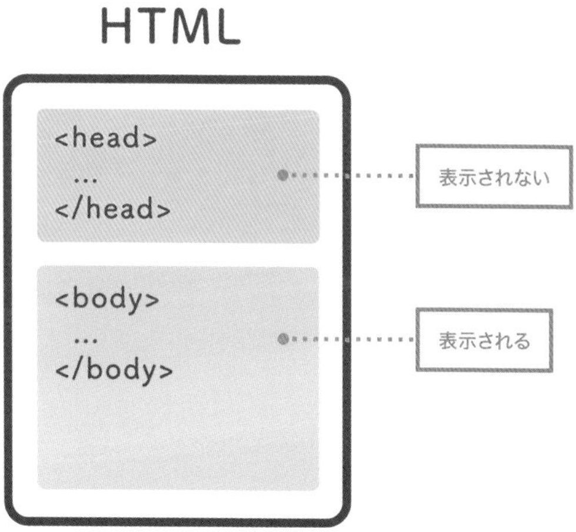

HTMLの全体像です。実際にWebブラウザー上に表示されるのは「<body>」内のコンテンツのみ、<head>内は表示されません。

POINT

<head> 内にはページの情報を、<body> 内には実際に表示したいコンテンツを書く。

POINT

この節で説明している情報はWebページとして表示するための必須要素。これらがないと環境によってはうまく表示されないので、必ず記述しよう。

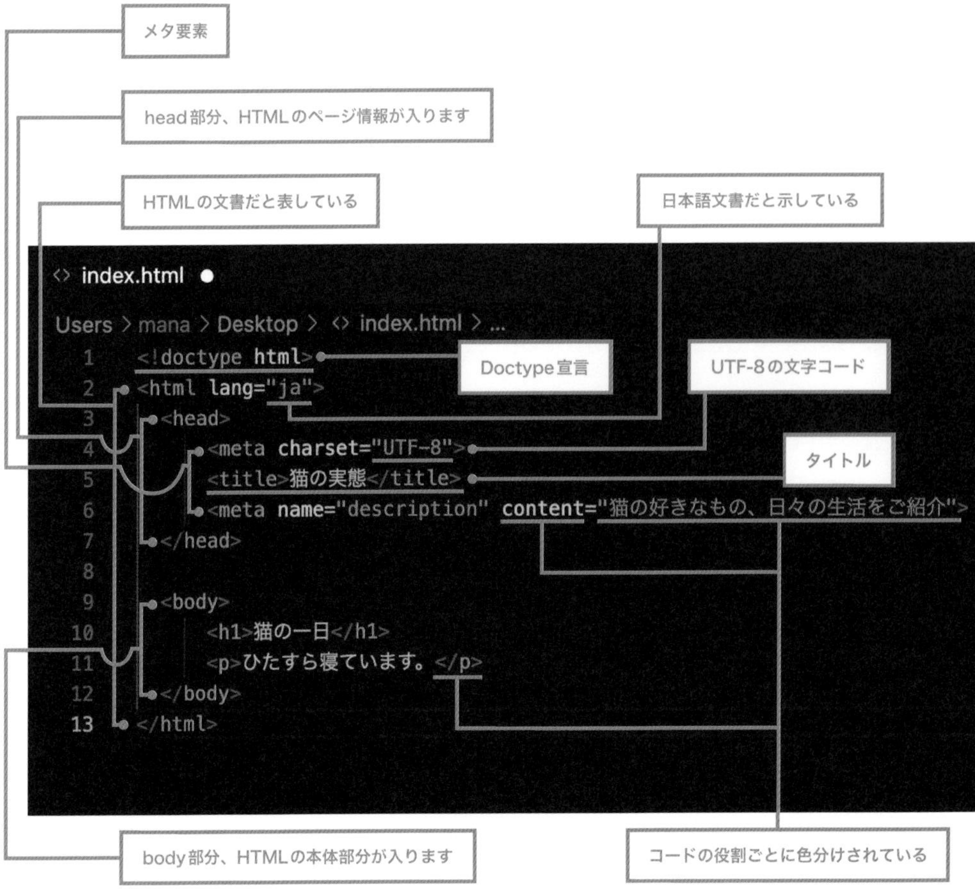
メタ要素
head部分、HTMLのページ情報が入ります
HTMLの文書だと表している
日本語文書だと示している
index.html
Users > mana > Desktop > index.html > ...
<!doctype html>
<html lang="ja">
<head>
<meta charset="UTF-8">
<title>猫の実態</title>
<meta name="description" content="猫の好きなもの、日々の生活をご紹介">
</head>
<body>
<h1>猫の一日</h1>
<p>ひたすら寝ています。</p>
</body>
</html>
Doctype宣言
UTF-8の文字コード
タイトル
body部分、HTMLの本体部分が入ります
コードの役割ごとに色分けされている

COLUMN | 文字コードによる違い

文字コードはコンピュータ上で文字列を表現するために用いられる表示方法で、多くの規格があります。

以前は主にWindowsで用いられていた「Shift_JIS」方式が主流でしたが、iPhoneなどのiOSデバイスでは文字化けしてしまいます。現在は世界中で広く使われている「**UTF-8**」を使うことがほとんどです。

2-4 CHAPTER HTMLの基本の書き方を身につけよう

サンプルコードを使ってHTMLファイルを作成しましたが、今度はそのHTMLをどんなルールで書き進めていくのかを覚えていきましょう。

HTMLの基本文法とタグ

サンプルコードでは「<〇〇>」や「</〇〇>」という呪文のようなものが使われていました。これらは**タグ**と呼ばれるもので、HTMLでは基本的に文字列をこのタグで挟んで記述していきます。タグにはたくさんの種類があり「どのタグで挟むか」によってその部分の役割が変わってきます。

また、「<」と「>」で囲まれた最初に書かれる方を**開始タグ**、それに「/」が加えられた、後から書かれる方を**終了タグ**と言います。この開始タグと終了タグは基本的にセットで使われますが、場合によっては終了タグのないものもあります。開始タグから終了タグまでの1つのかたまりを**要素**と言います。

要素

<タグ名> コンテンツ内容 </タグ名>

開始タグ　　　　終了タグ

HTMLは文字列を開始タグと終了タグで囲みながら記述していく。

タグを書く時のルール

半角英数字で書く

ファイル名と同じように、タグに全角文字を使うことはできません。

良い例	悪い例
<p>Webサイト制作</p>	＜ｐ＞Webサイト制作＜／ｐ＞

大文字と小文字

基本的に大文字と小文字の区別はありません。ただし、バージョンによっては小文字で記述する必要がある場合もあるので、小文字で統一するとよいでしょう。

タグの中にあるタグ

HTMLでは開始タグと終了タグの間に別のタグが入っていることも多くあります。先ほどのサンプルコードを見てみると、<html>タグの中に<head>タグが、さらにその中に<title>タグが入っています。このような書き方を**入れ子**と呼びます。入れ子にする場合は必ず手前にあるタグから順に終了タグを書きます。

良い例	悪い例
<p><strong>入れ子</strong>の書き方</p>	<p><strong>入れ子</p>の書き方</strong>
入れ子になっている	入れ子になっていない

タグに情報を書き加える

タグによっては、開始タグの中にそのタグについての付加情報を書くこともあります。この情報の種類のことを**属性**と言い、タグ名のあとにスペースを空けてから書いていきます。

また、その情報の内容のことを**値**と言い、「"(ダブルクォーテーション)」で囲んで記述します。属性はタグによって違うので注意が必要です。

例えばaタグはリンクを作るためのタグですが、リンク先のURLは開始タグの中にhref属性を使って記述します。

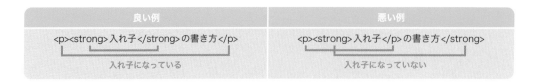

about.html へのリンクを指定した時の例

POINT

タグには様々な種類があり、役割によってタグが変わる。開始タグに属性を加えることで付加情報を与えられる。

2-5 CHAPTER 見出しをつけよう

それでは実際にHTMLのタグを使ってみましょう。まずは見出しをつけるタグから始めます。

見出しタグ<h1>〜<h6>タグ

見出しには<h1>〜<h6>タグを使います。「h」は英語で「見出し」を意味する「heading」の略です。<h1>、<h2>、<h3>、<h4>、<h5>、<h6>と6種類のタグがあり、<h1>が一番大きな見出しで、Webページのタイトルや記事のタイトルなどによく使われます。「h」の後の数字が大きくなるほど小さい見出しになっていきます。

chapter2/c2-05-1/index.html

```
<h1>1番大きな見出しを表示</h1>
<h2>2番目の見出しを表示</h2>
<h3>3番目の見出しを表示</h3>
<h4>4番目の見出しを表示</h4>
<h5>5番目の見出しを表示</h5>
<h6>6番目の見出しを表示</h6>
```

1番大きな見出しを表示
2番目の見出しを表示
3番目の見出しを表示
4番目の見出しを表示
5番目の見出しを表示
6番目の見出しを表示

<h1>〜<h6>まで実際に作った図。見出しタグを使うとテキストのサイズが変化し、太字になり、上下にスペースが空きます。

見出しタグを使う順番

見出しタグは大見出しとなる<h1>から順に使っていき、次の中見出しには<h2>、小見出しには<h3>…のように、大きな見出しから数字の順で使っていきます。文字の大きさなど、見た目を理由に突然<h5>を使ってはいけません。順序を守ることで、筋道の整ったWebページを構成できます。

また、大見出しとなる<h1>は基本的には1つのWebページにつき一度の利用が良いとされています。記事のタイトルなど、「そのページに何が書かれているか」という文章にだけ利用するとよいでしょう。

記事の中で書かれている内容をいくつかのまとまりに分け、そのまとまりごとに見出しをつけていくとわかりやすくなります。多くの場合、1つのWebページ内で使用するのは<h4>くらいまでですが、必要であれば<h5>や<h6>などの小さな見出しも追加してもよいでしょう。

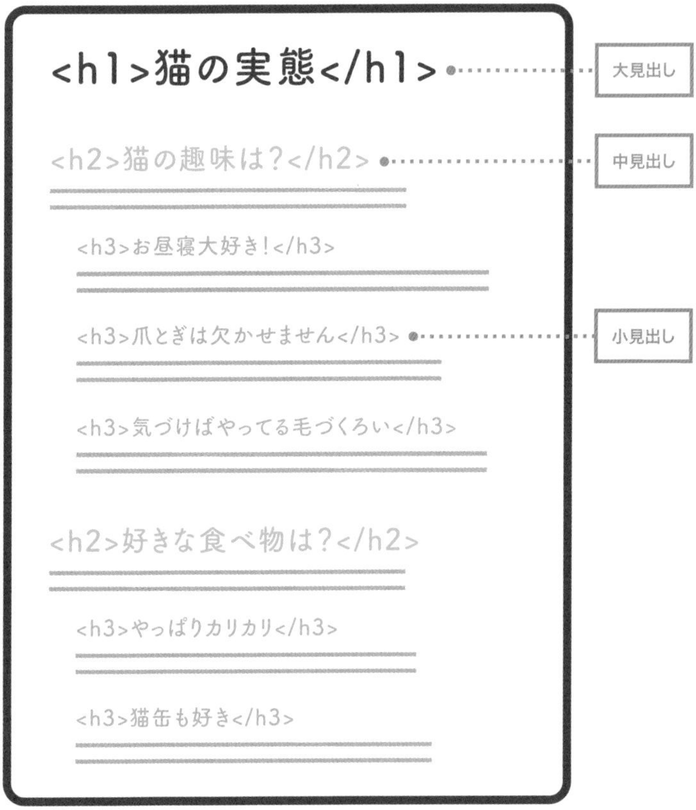

2-6 CHAPTER 文章を表示しよう

続いて文章を囲む<p>タグです。このタグはWebページの中でも最も使われているものの1つです。

段落を表示する<p>タグ

<p>タグは文章の段落を表すタグです。「p」は英語で段落を意味する「Paragraph」の「p」からきており、文章のまとまりを表示する時はこのタグを使います。<p>タグを使うと囲まれた文章が段落になります。ブラウザーの表示でも段落ごとに改行され、段落の間には少しスペースができます。改行がされない長い文章は読みにくくなるので、<p>タグを追加し、段落を分けて表示するとよいでしょう。

chapter2/c2-06-1/index.html

```
<p>体に優しい自然食を提供する、WCB CAFE。無添加の食材を利用したメニューが特徴です。</p>
<p>おいしいブレンドコーヒーとヘルシーなオーガニックフードで体の内側から癒やされてください。</p>
```

体に優しい自然食を提供する、WCB CAFE。無添加の食材を利用したメニューが特徴です。

おいしいブレンドコーヒーとヘルシーなオーガニックフードで体の内側から癒やされてください。

<p>タグが連続すると自動的に改行される。

2-7 CHAPTER 画像を挿入しよう

画像はWebページを彩ってくれる要素の1つです。正しく記述しないとうまく表示されないこともあります。挿入する書き方の基本をおさえましょう。

画像を表示する<img>タグ

画像には<img>タグを使います。通常のタグのように終了タグがないので、文字列を囲まず単独で使うのが特徴的です。

属性を指定しよう

HTMLコード内に<img>と書くだけでは画像は表示されません。「どの画像を表示するのか」を**src属性**という場所を設定する属性を使って指定します。画像がHTMLファイルと同じフォルダー内にある場合は表示させたい画像のファイル名を書き、違うフォルダーにある場合はフォルダー名を含めたその画像へのパスを記述します。

また、指定の際は**alt属性**も必須です。alt属性とはWebブラウザーで画像がうまく読み込めなかった場合に、画像に代わって表示するテキストになります。alt属性を記述することで画像の意味を正しく伝えることができるようになります。指定する画像は何の画像なのかをわかりやすく書くとよいでしょう。

chapter2/c2-07-1/index.html

```
<img src="sakura.jpg" alt="美しい桜">
```

src属性　alt属性

<img>タグとsrc属性の指定で画像が表示されました。

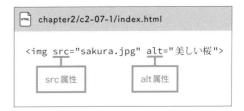

画像が読み込めなかった場合はalt属性のテキストが表示されます。

ファイルパスを指定しよう

ファイルパスとは、HTMLやCSS、画像などのファイルを呼び出すために、それらのファイルがどこにあるのかを指定するためのものです。呼び出し元のページ（例えばindex.html）から見て、対象のファイルの保存場所を書きます。

相対パス

基本的なパスの書き方で、呼び出し元のファイルから見た、対象のファイルの位置を指定します。どちらも同じフォルダー内に保存されている場合は、単純にファイル名を記述します。例えば「index.html」に「sakura.jpg」を表示させたい時はsrc属性に「sakura.jpg」と書けば大丈夫です。

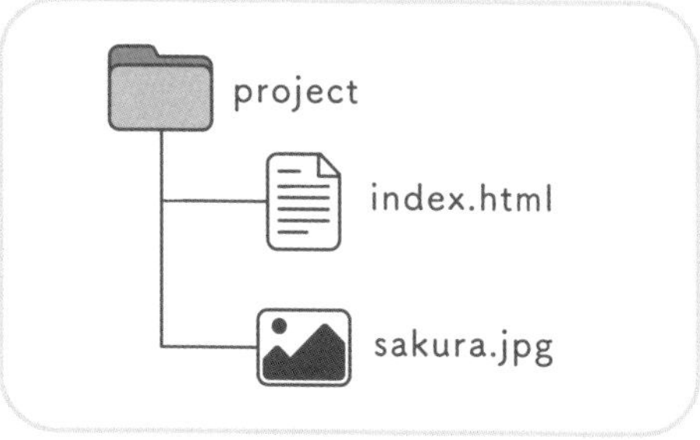

<img src="sakura.jpg" alt="美しい桜">とHTMLに書く

では、別のフォルダーにあるファイルを呼び出す時はどうでしょうか？ 呼び出し元のファイルと同じ階層にあるフォルダー内のファイルを指定する時は、「 / 」を使って「フォルダー名/ファイル名」と書きます。例えば「index.html」と同じ階層にある「images」フォルダー内の「sakura.jpg」を呼び出す時は「images/sakura.jpg」と書きます。

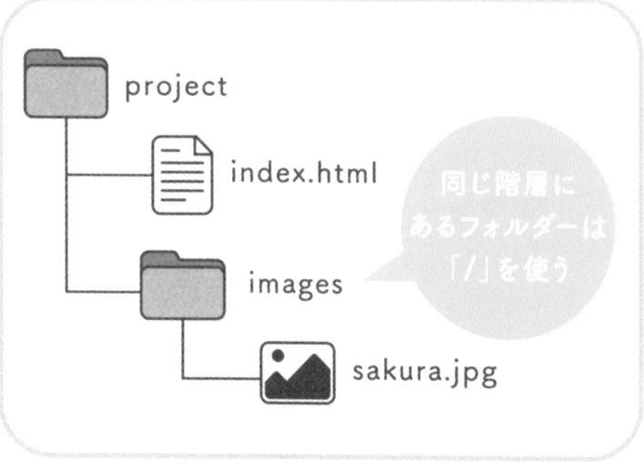

<img src="images/sakura.jpg" alt="美しい桜">とHTMLに書く

呼び出し元のファイルも、対象とするファイルも、別のフォルダーにある場合は、「../」を使って**1つ上の階層にいく**という指定をします。例えば「top」フォルダー内にある「index.html」に、「images」フォルダー内にある「sakura.jpg」を表示させる場合は「../images/sakura.jpg」と書きます。

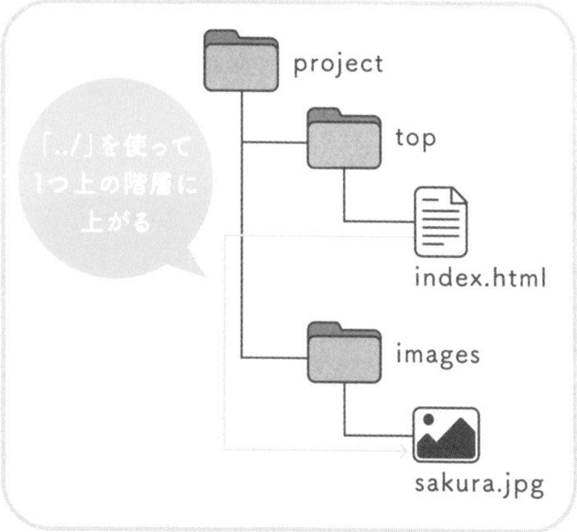

<img src="../images/sakura.jpg" alt="美しい桜">とHTMLに書く

POINT

うまく画像が表示されない場合はパスの記述を間違えている可能性が高い。もう一度ファイルの位置関係を確かめてみよう。

絶対パス

絶対パスは呼び出したいファイルが別のWebサイトで公開されている場合などに指定します。相対パスのように保存されている位置は関係ありません。「http://」や「https://」などから始まり、ドメイン名に続くファイルへのURLを書きます。例えば「http://example.com/images/sakura.jpg」というような書き方になります。

POINT

リンクの指定も同じようにファイルパスの指定が必要。書き方をしっかり覚えておこう。

POINT

画像を表示するには<img>タグにsrc属性とalt属性の指定が必要。ファイルパスをきちんと指定していないとうまく表示されない。

COLUMN ｜ 読みやすい行数・文字数は？

1つの段落の行数があまり多くなると、ユーザーは集中して読み続けるのが困難になってきます。目安として、文章を1段落で3～5行程度にまとめ、簡潔に説明すると読みやすくまとまるでしょう。

また、1行の文字数についてもあまり多くなると、ユーザーの目線の動きが大きくなり読みにくくなってきます。おおよそ、30～45文字程度に収めるのが読みやすい行になるのかと思います。

行数や文字数の表示はユーザー側のブラウザの設定や幅によっても変わってきますが、ある程度目安を持って制作していくとよいでしょう。

2-8 CHAPTER リンクをはろう

リンクはWebページの必須要素とも言えます。テキストや画像をクリックして、ユーザーを別ページに移動し、Webサイトを広げていきましょう。

リンクをはる<a>タグ

リンクを作るにはリンクさせたい部分を<a href="">と</a>タグではさみます。リンク先はhref属性で指定します。同じフォルダー内の違うファイルへリンクする場合はファイルパスを指定するだけでリンクをはることができますが、別のWebサイトのURLを指定する場合は「http://」や「https://」を先頭に付けることを忘れないようにしましょう。「google.co.jp」や「www.google.co.jp」といった書き方だけではページを移動できません。

chapter2/c2-08-1/index.html

```
今すぐ<a href="https://google.co.jp">Google</a>で検索！
```

href属性の値

Googleを<a href=""></a>で囲んだ

今すぐGoogleで検索！

デフォルトではリンク部分が青文字になり、下線がつきます。

画像にリンクをはろう

前節で出てきた<img>タグと組み合わせて、画像にリンクをはってみましょう。<img>タグを<a>タグで囲めばリンクが作れます。ユーザーが画像をクリックすると指定したページにジャンプするように設定できます。

chapter2/c2-08-2/index.html

```
<a href="https://google.co.jp">
<img src="sakura.jpg" alt="美しい桜">
</a>
```

<img>タグを<a>タグで囲んだ

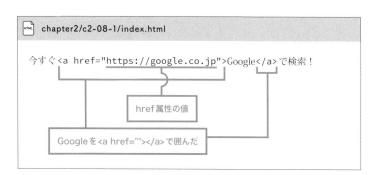

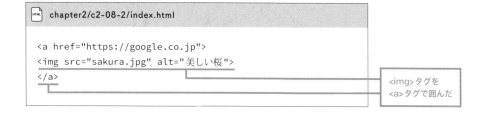

メールアドレス宛てのリンク

メールアドレスへリンクをはる時はhref属性に「mailto:」と記述し、続けて送り先のメールアドレスを入れましょう。ユーザーがリンクをクリックすると使用しているメールクライアントが立ち上がり、送信先にそのメールアドレスが入力されます。

chapter2/c2-08-3/index.html

```
<a href="mailto:info@example.com">お問い合わせ</a>
```

mailto:と記述

送り先のメールアドレス

COLUMN | リンク先のページを別タブで表示するには

通常、リンク先のページは同一タブ内で表示されますが、target属性の値を「_blank」にすることで、リンク先を別タブで表示できます。

例

```
<a href="https://google.co.jp" target="_blank">Google</a>
```

ただし、リンク先を別タブで表示する実装については賛否があります。ユーザー側がリンクをどのように開くかという選択はユーザーに委ねるべきという考えがあるためです。target属性でリンクの開き方を指定すると、ユーザーはその選択ができなくなってしまいます。実装するのであれば、使い勝手についてもしっかり考えておきましょう。

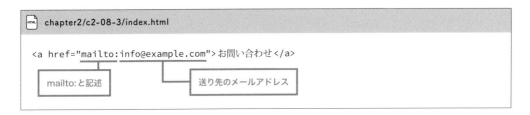

2-9 CHAPTER リストを表示しよう

Webサイトで使われている黒丸付きの箇条書きや番号付きリストはこの節で紹介するリストタグを使って作成されています。

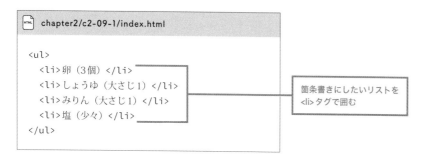

箇条書きリストを作る「<ul>タグ + <li>タグ」

箇条書きリストを表示するには<ul>タグを使います。「ul」は「Unordered List」の略で、「順序の決まっていないリスト」を意味します。リストの表示は<ul>タグだけでは機能せず、<ul>タグ内に<li>タグを使ってリスト項目を追加していきます。「 li 」は「List Item」の略で、箇条書きにするリストアイテムを意味します。

<li>タグは何個でも入れられます。リストとして表示したい項目数分、増やしましょう。

chapter2/c2-09-1/index.html

```html
<ul>
  <li>卵（3個）</li>
  <li>しょうゆ（大さじ1）</li>
  <li>みりん（大さじ1）</li>
  <li>塩（少々）</li>
</ul>
```

箇条書きにしたいリストを<li>タグで囲む

- 卵（3個）
- しょうゆ（大さじ1）
- みりん（大さじ1）
- 塩（少々）

先頭に黒丸が付き、箇条書きの項目が表示されます。

番号付きリストを作る「<ol>タグ + <li>タグ」

番号のついたリストにするには<ol>タグを使います。「ol」は「Ordered List」の略で、「順序立てたリスト」の意味です。書き方は<ul>タグと同様、<ol>タグの中に<li>タグでリストの項目を追加していきます。

chapter2/c2-09-2/index.html

```
<ol>
  <li>卵を割りほぐし、調味料を加える</li>
  <li>卵焼き器に卵液を1/4量を入れて広げる</li>
  <li>半熟状になったら箸で手前に巻き、奥に移動させる</li>
  <li>これを繰り返し、最後まで焼けたら完成</li>
</ol>
```

番号付きリストにしたい項目を<li>タグで囲む

1. 卵を割りほぐし、調味料を加える
2. 卵焼き器に卵液を1/4量を入れて広げる
3. 半熟状になったら箸で手前に巻き、奥に移動させる
4. これを繰り返し、最後まで焼けたら完成

先頭が数字の箇条書きになりました。

COLUMN ｜ HTMLのソースコードを見る方法

どのWebサイトでもHTMLのコードを閲覧できます。Webページを開き、右クリックで「ページのソースを表示」や「ソース」を選択します。すると別タブでHTMLコードが書かれたページが表示されます。どんな構成になっているのか確認できるので、制作時の参考になるでしょう。

2-10 CHAPTER 表を作ろう

時間割や料金表など、様々な表を作成するために使えるのが<table>タグです。少し複雑な作りになりますが、基本の構造をしっかりマスターしておきましょう。

表組みの基本

表組みは複数のタグを合わせて使用します。まずは主なタグを確認しましょう。

タグ	目的
<table>	表を示すタグ。表全体を囲む
<tr>	「Table Row」の略で、表の1行を囲む
<th>	「Table Header」の略で、表の見出しとなるセルを作成
<td>	「Table Data」の略で、表のデータとなるセルを作成

<table>タグ内に<tr>タグで横の行を追加し、さらにその中に<th>タグまたは<td>タグでセルを作り、表を作成していきます。<tr>内のセルは同じ数にしましょう。そうしないとレイアウトが崩れてしまいます。なお、見出しがいらない場合は、<th>タグは省略できます。

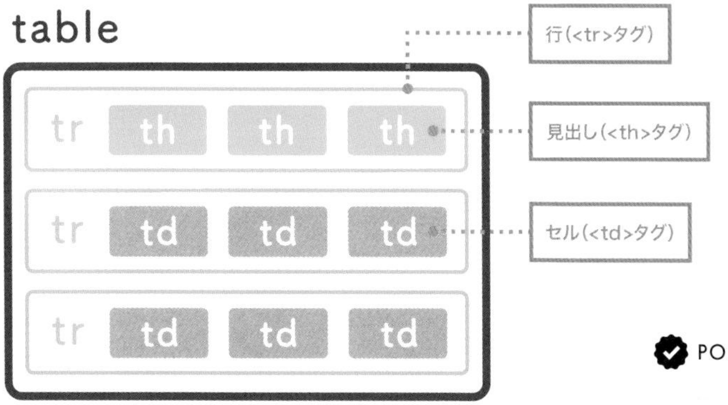

POINT

表全体を<table>で囲み、行は<tr>タグ、見出しは<th>タグ、セルは<td>タグを使う。

それでは簡単な表を作ってみましょう。

chapter2/c2-10-1/index.html

```
<table border="1">
  <tr>
    <th>プラン名</th>
    <th>料金</th>
  </tr>
  <tr>
    <td>わくわくプラン</td>
    <td>月額 2,900円</td>
  </tr>
  <tr>
    <td>にこにこプラン</td>
    <td>月額 1,900円</td>
  </tr>
</table>
```

行(<tr>タグ)

見出し(<th>タグ)

セル(<td>タグ)

プラン名	料金
わくわくプラン	月額 2,900円
にこにこプラン	月額 1,900円

3つの行、横に2つの列を持つ表が表示されました。

※デフォルトでは仕切りの線がなく見づらいので、わかりやすいよう<table>タグに「border="1"」を加えています。なお、通常はこういった線はCHAPTER 3で解説するCSSで装飾します。

セルをつなげる

複数のセルをつなげて1つのセルとして表示することもできます。まずは基本となる表を作成しましょう。

chapter2/c2-10-2/index.html

```
<table border="1">
  <tr>
    <th>セル 1</th>
    <th>セル 2</th>
  </tr>
  <tr>
    <td>セル 3</td>
    <td>セル 4</td>
  </tr>
  <tr>
    <td>セル 5</td>
    <td>セル 6</td>
  </tr>
</table>
```

セル 1	セル 2
セル 3	セル 4
セル 5	セル 6

結合前の表はこのように6つのセルが表示されています。

横方向につなげる

セルを横につなげたい時は、つなげたいセルの<th>タグまたは<td>タグに**colspan属性**を追加します。「colspan」にはつなげたいセルの数を書きましょう。

この例で最初の見出しの２つのセルをつなげたいとすると、<th>タグに「colspan="2"」と加え、２つある<th>タグを１つに減らします。

chapter2/c2-10-3/index.html

```
<table border="1">
  <tr>
    <th colspan="2">セル 1＋2</th>
  </tr>
  <tr>
    <td>セル 3</td>
    <td>セル 4</td>
  </tr>
  <tr>
    <td>セル 5</td>
    <td>セル 6</td>
  </tr>
</table>
```

<th>タグを１つ減らし
見出しを１つにした

colspan="2"で
２つのセルを横につなげる

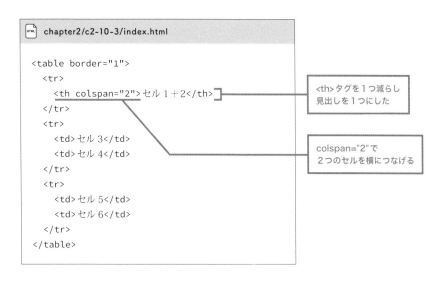

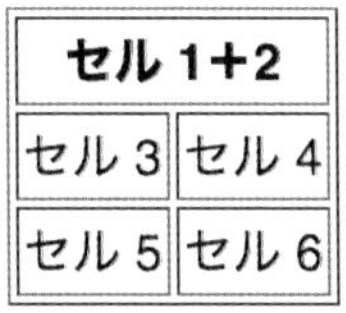

見出し部分のセルが横方向に
つながりました。

縦方向につなげる

セルを縦につなげる場合は**rowspan属性**を加えます。こちらも横方向の場合と同様、つなげたいセルの数を書きます。

この例でセル３とセル５の縦に並んだセルを結合したいとすると、セル３の<td>タグに「rowspan="2"」を加え、セル５の<td>タグを削除します。

chapter2/c2-10-4/index.html

```
<table border="1">
  <tr>
    <th>セル 1</th>
    <th>セル 2</th>
  </tr>
  <tr>
    <td rowspan="2">セル 3＋5</td>
    <td>セル 4</td>
  </tr>
  <tr>
    <td>セル 6</td>
  </tr>
</table>
```

rowspan="2"で2つのセルを縦につなげる

セル 5の<td>タグを減らした

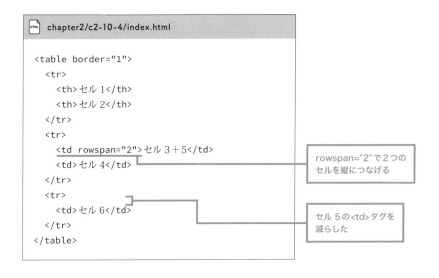

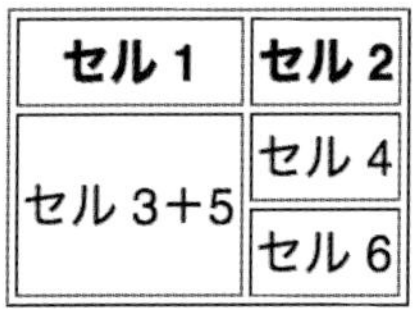

3つ目と5つ目のセルが縦に結合しました。

COLUMN ｜ コメントアウトを使おう

HTMLのコード内にコメントを残せます。テキストを「<!--」と「--> 」の文字で囲めばOKです。このコメントはブラウザー上では表示されないので、制作中に気になったところや注意点などを書き添えられます。「制作者のメモ書き」といったところです。

また、コメント内にコードも書きこむことができるので、一時的に一部のコードを非表示にしたい時にも使えます。

```
<!-- メインコンテンツ部分 ここから↓ -->

<!-- <h2>最新機種の情報</h2> -->

<!-- 複数行でも
問題なく
コメントを書けます -->
```

2-11 CHAPTER フォームを作ろう

お問い合わせや検索ボックス、会員登録など、日頃から様々な場面でフォームを見ることがあります。ユーザーがテキストを入力したり、選択したりするフォームを表示してみましょう。

複数のパーツを組み合わせる

Webサイトで見かける**フォーム**ではテキスト入力欄やボタンなど、多くのパーツが用意されています。HTMLのタグを用いて必要なパーツを組み合わせてフォームを作成します。

お問い合わせフォームの例。お名前やメールアドレスといった1行のテキスト入力欄と、メッセージといった複数行のテキスト入力欄、送信ボタンを組み合わせています。

フォーム欄を作る<form>タグ

<form>タグはフォームを作成するためのタグで、フォームで使用するすべてのパーツを<form>タグで囲みます。記述する主な属性は次の通りです。

主な属性

属性	用途
action	データの送信先ページを指定
method	データの転送方法の指定。主にgetかpostを入力
name	フォームの名前を指定

```
chapter2/c2-11-1/index.html

<form action="example.php" method="post" name="contact-form">
    ここにフォームの部品が入ります。
</form>
```

この例だと入力した内容が example.phpへ送信され、処理されます。

POINT

<form>タグは入力、送信フォームを作成する際に使用する要素だが、その中で使う各パーツはHTMLやCSSで動作するものではない。実際にデータを受け渡しするプログラム処理はPHPなどのプログラムと連携して動作する。
それらを解説するのは今の段階では簡単ではないので、本書ではHTMLとCSSの範囲での書き方を紹介している。

フォームで使うパーツ

フォーム内で使う各パーツを設置するためのタグを紹介します。多くのものが<input>タグを使い、type属性で用途別に表示するパーツを変えます。

1行テキスト入力欄 <input type="text">

<input>タグにtype属性でtextの値を指定すると、1行のテキストを入力するエリアを設置できます。コンタクトフォームでいう名前や検索ボックスの語句を入力できる部分になります。

```
chapter2/c2-11-2/index.html

名前： <input type="text">
```

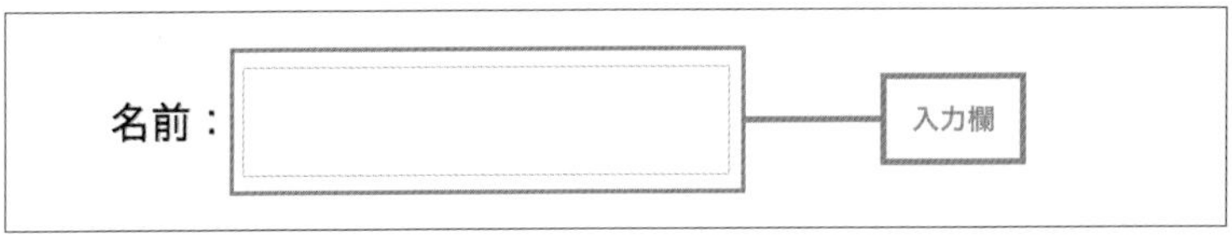

入力欄をクリックすると、実際に文字が入力できるようになっています。

入力欄に最初からテキストを表示するには

入力欄にあらかじめテキストを用意することも可能です。その場合、**placeholder属性**を使います。

chapter2/c2-11-3/index.html

```
名前：<input type="text" placeholder="名字 名前">
```

入力欄にあらかじめ入るテキスト

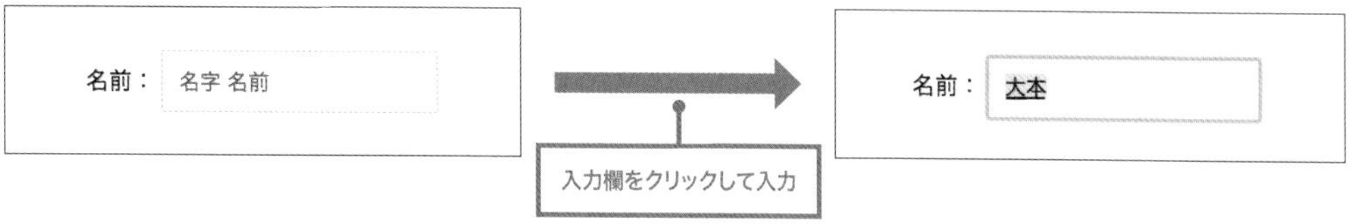

ユーザーが入力欄をクリックし、文字を入力しようとするとplaceholderの値（名字 名前）は消えてユーザーが文字を入力できるようになります。

いろいろな種類の1行テキスト入力欄

1行のテキストには入力する内容が多々あります。例えばメールアドレスの入力欄であれば「type="email"」、WebサイトのURLなら「type="url"」などを指定しておけば、この属性値をサポートしているブラウザーで正しい書式かをチェックしてくれます。

主な1行テキスト入力欄の属性値

属性値	用途
text	1行のテキスト（初期値）
search	検索する時のテキスト
email	メールアドレス
tel	電話番号
url	WebサイトのURL

ラジオボタンを作る<input type="radio">

複数ある選択肢のうち、1つのみを選択してもらいたい時には**ラジオボタン**を使用します。ユーザーが1つをクリックして選択すると、その他の選択肢は自動的に選択できなくなります。

主な属性

属性	用途
name	ラジオボタンの名前
value	送信される選択肢の値
checked	最初から選択されている状態にする時に指定

複数の選択肢があるラジオボタンでは、それぞれに同じname属性の値をつけることで1つのグループとしてまとめることができ、ユーザーはそのグループの中から1つだけ選択することができます。**checked属性**を指定したラジオボタンは、最初から選択された状態になるので、よく選択される項目や選択してほしい項目に入れておくとよいでしょう。

chapter2/c2-11-4/index.html

```
性別：
<input type="radio" name="gender" value="男"> 男
<input type="radio" name="gender" value="女" checked> 女
<input type="radio" name="gender" value="その他"> その他
```

女のラジオボタンにchecked属性を指定

それぞれに「name="gender"」をつけてグループ分けしている

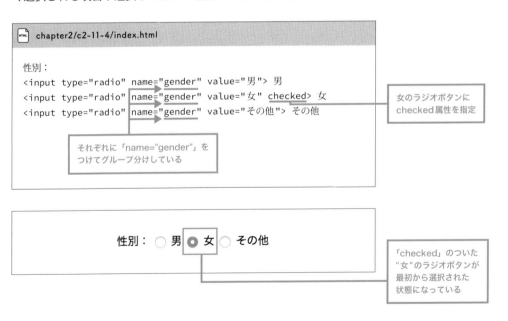

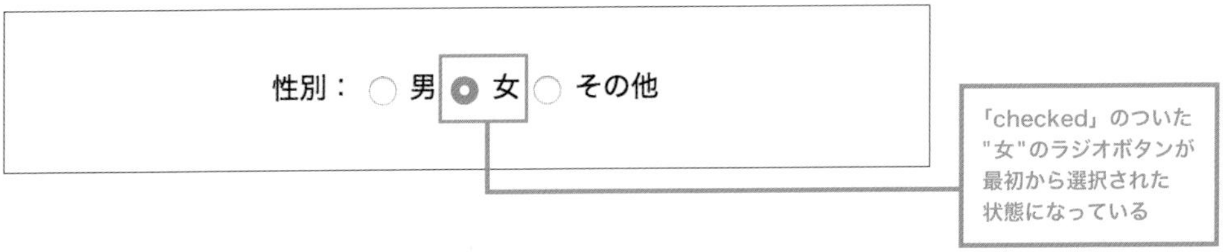

チェックボックスを作る<input type="checkbox">

チェックボックスはラジオボタンのようにユーザーに複数ある選択肢から選んでもらうパーツですが、ラジオボタンと違い複数の項目を選択可能です。

主な属性

属性	用途
name	チェックボックスの名前
value	送信される選択肢の値
checked	最初から選択されている状態にする時に指定

ラジオボタンと同じく、それぞれに同じname属性の値をつけることで1つのグループとしてまとめることができます。また、checked属性も同様に指定したものが最初から選択された状態になります。

chapter2/c2-11-5/index.html

```
好きな色：
<input type="checkbox" name="color" value="赤" checked> 赤
<input type="checkbox" name="color" value="青"> 青
<input type="checkbox" name="color" value="黄"> 黄
<input type="checkbox" name="color" value="緑"> 緑
```

赤のチェックボックスにchecked属性を指定

それぞれに「name="color"」をつけてグループ分けしている

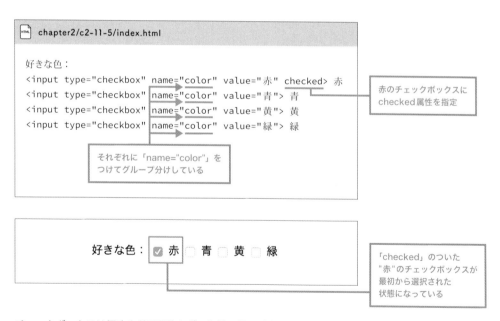

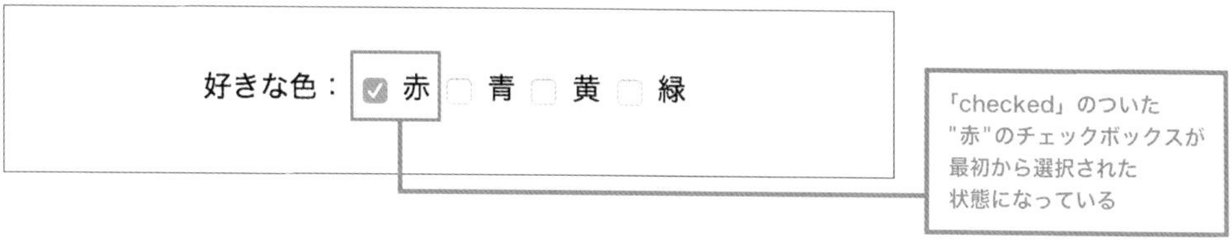
好きな色：
赤
青
黄
緑
「checked」のついた"赤"のチェックボックスが最初から選択された状態になっている

チェックボックスは趣味や利用目的など、複数の答えが考えられる時に利用しましょう。

送信ボタンを作る<input type="submit">

フォームに入力した内容を送信するパーツです。ボタン上に表示させるテキストは「送信」でなくても大丈夫です。例えば検索フォームなら「検索」、会員登録フォームなら「登録」など、用途に合わせて変えるとよいでしょう。

主な属性

属性	用途
name	ボタンの名前
value	ボタンに表示するテキスト

chapter2/c2-11-6/index.html

```
<input type="submit" value="送信する">
```

これがボタン上に表示されるテキストになる

デフォルトだと意外と小さく表示されます。文字サイズや背景色などはCHAPTER 3で学ぶCSSで変更できます。

ボタンに画像を使いたい場合

送信ボタンに画像を使いたい場合は、type属性をimageにして、画像のファイルを指定します。

主な属性

属性	用途
name	ボタンの名前
src	ボタンに使用したい画像のファイルパス、ファイル名
alt	画像を説明するテキスト

chapter2/c2-11-7/index.html

```
<input type="image" src="images/button.png" alt="送信する">
```

ボタンに「button.png」の画像を指定した

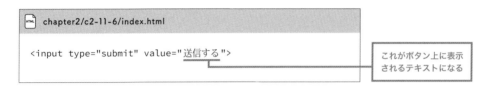

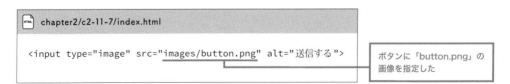

CSSでの装飾が難しい場合は、画像を使ったボタンにするとよいでしょう。

セレクトボックスを作る<select>タグ＋<option>タグ

セレクトボックスをクリックすると選択肢が表示されるパーツです。ユーザーに都道府県を選択して欲しい時などによく使われます。選択肢全体を<select>タグで囲み、選択項目はそれぞれ<option>タグで囲みます。

<select>タグの主な属性

属性	用途
name	セレクトボックスの名前
multiple	Shift または Ctrl キー（Macの場合は ⌘ キー）で複数の項目を選択可能にする

<option>タグの主な属性

属性	用途
value	送信される選択肢の値
selected	最初から選択されている状態にする時に指定

chapter2/c2-11-8/index.html

```
血液型
<select name="bloodtype">
  <option value="A">A</option>
  <option value="B">B</option>
  <option value="O">O</option>
  <option value="AB">AB</option>
  <option value="不明" selected>不明</option>
</select>
```

選択肢を<option>タグで囲む

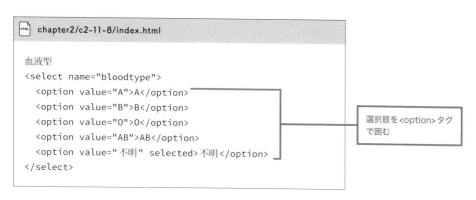

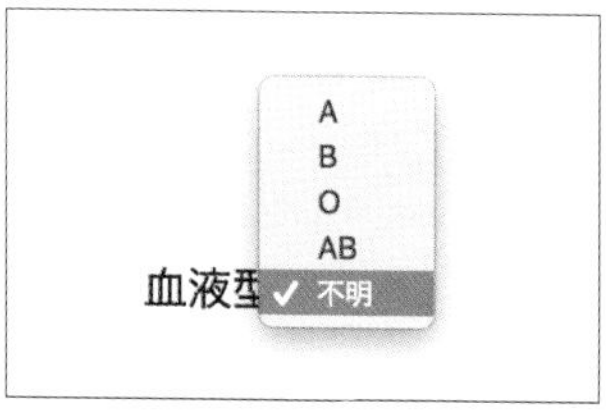

選択肢がたくさんある場合は、セレクトボックスを作ることでページのスペースを節約できます。

複数行テキスト入力欄を作る<textarea>タグ

<textarea>タグを使えば、複数行にわたるテキストを入力できます。お問い合わせ内容やメッセージを入力する時によく使われます。<textarea>タグで囲まれた部分が初期値として表示されます。

chapter2/c2-11-9/index.html

```html
<textarea name="message">メッセージを入力</textarea>
```

<textarea>タグで囲む

ただし、<textarea>で囲まれた部分は入力欄をクリックしても消えません。使い勝手が悪くなる可能性もあるので、1行テキスト入力欄と同様、デフォルトで表示したテキストはplaceholder属性で指定するとよいでしょう。

chapter2/c2-11-10/index.html

```html
<textarea name="message" placeholder="メッセージを入力"></textarea>
```

placeholder属性を指定する

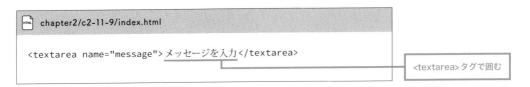

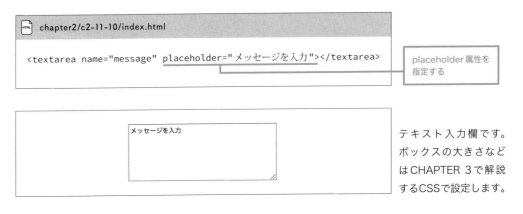

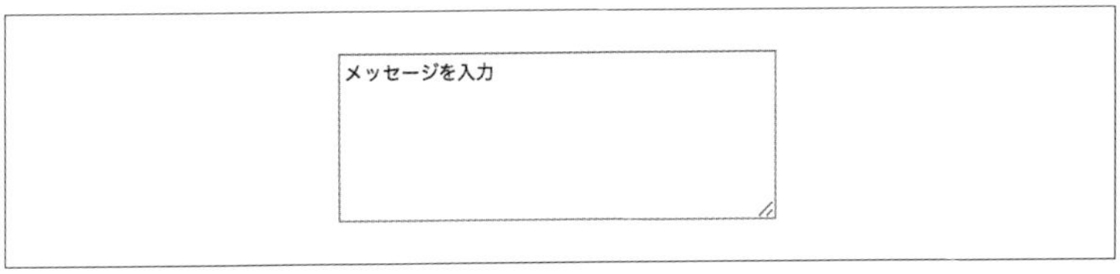

テキスト入力欄です。ボックスの大きさなどはCHAPTER 3で解説するCSSで設定します。

COLUMN ｜ フォームを動作させるにはプログラミングが必要

HTMLではフォームで使う各パーツを表示することはできますが、実際に入力された情報を送信するにはPHPなどのプログラムを使う必要があります。ただ、そういった知識がなくてもWebサイト上にフォームを設置できるサービスが多く存在しますので、それらを使用するのもよいでしょう。

なお、本書では手軽に導入できるメールアドレス宛のリンクで対応しています。詳しくはP.282を参照してください。

2-12 CHAPTER より使いやすいフォームにしよう

フォームを設置する時、例えば１行テキスト入力欄横に「名前」「電話番号」などの文字を表示させます。これらのテキストのことを「ラベル」と呼びます。

フォームのラベルを作る<label>タグ

ラベルをつけることでより使いやすいフォームになります。ラベルには<label>タグを使います。<label>タグを使えば、フォームのパーツとラベルが関連付けされ、そのテキストも含んだ選択項目全体がクリックできるようになります。小さなラジオボタンやチェックボックスをクリックするのは、ユーザーによっては難しいこともあります。より使い勝手のよいフォームを作成するためには<label>タグを使うとよいでしょう。

ラベルの使い方は簡単です。ラベルテキストの部分を<label>タグで囲み、**for属性**をつけます。関連付けたいフォームのパーツには**id属性**をつけます。このfor属性とid属性の値（識別名）を同じものにすればフォームとパーツが関連付けられます。

chapter2/c2-12-1/index.html

```
<input type="checkbox" name="travel" value="日本国内" id="japan">
<label for="japan">日本国内</label>

<input type="checkbox" name="travel" value="ヨーロッパ" id="europe">
<label for="europe">ヨーロッパ</label>

<input type="checkbox" name="travel" value="東南アジア" id="asia">
<label for="asia">東南アジア</label>
```

id属性とfor属性のパーツが関連付けされる

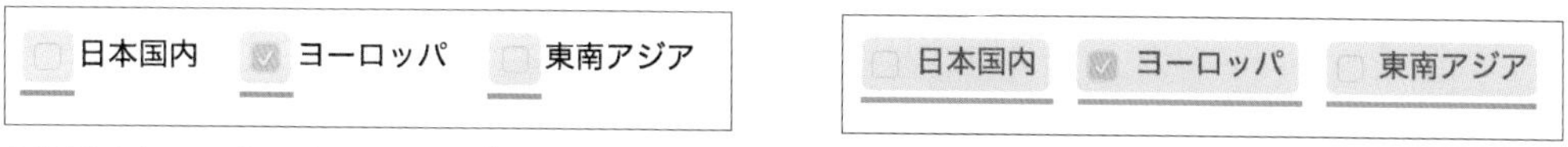

何も設定していないとチェックボックスのみがクリックできますが（左の水色地部分）、<label>タグで関連付けている場合はテキスト部分でもクリックして選択することが可能です（右の水色地部分）。

識別名をつける時の注意点

識別名は必ず一対になる必要があり、同じファイル内で１ヶ所にのみ使用でき、重複はできません。

2-13 CHAPTER

グループ分けをしよう

ここまで1つひとつの細かい要素を囲むタグを紹介してきました。これらのタグを上から並べているだけでは上手にレイアウトが組めません。まとまりごとにグループ分けをしましょう。

グループ分けとは？

Webサイトは様々な構成要素を組み合わせて作られています。例えばナビゲーションメニュー、本文、関連記事の一覧、Webサイトの紹介文などなど。それらを1つのかたまりとしてタグで囲み、グループ化していきます。

例えば右の❶のように見出しと文章が並んでいるとしましょう。この中で「明日の天気」と「おすすめの着こなし」は別のテーマを持っているので、別のグループとしてまとめるのがよいと考えられます。

このようにグループ分けするためのタグで❷のようにそれぞれを囲みました。

ただし、この時点ではどちらも同じブラウザーの表示になります❸。

HTMLだけでは表示に変化のないグループですが、CHAPTER 3で学んでいくCSSで設定するとグループごとに色をつけたり❹、レイアウトを変更したりすることができます。

chapter2/c2-13-1/index.html

❶

```
<h1>明日の天気</h1>
<p>明日は曇のち晴れでしょう。</p>
<h2>おすすめの着こなし</h2>
<p>この時期は温かい気温が続きますが、一枚羽織
る服があるといいでしょう。</p>
```

chapter2/c2-13-2/index.html

❷

```
<article>
  <h1>明日の天気</h1>
  <p>明日は曇のち晴れでしょう。</p>
</article>

<section>
  <h2>おすすめの着こなし</h2>
   <p>この時期は温かい気温が続きますが、一枚羽
織る服があるといいでしょう。</p>
</section>
```

❸

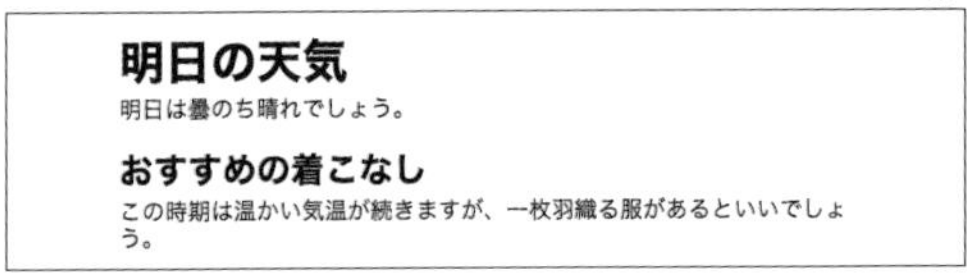
明日の天気
明日は曇のち晴れでしょう。
おすすめの着こなし
この時期は温かい気温が続きますが、一枚羽織る服があるといいでしょう。

グループ分けしても、しなくても、このように表示されます。

❹

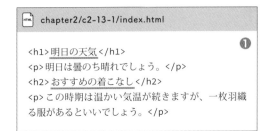

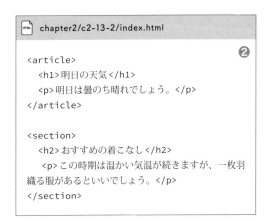

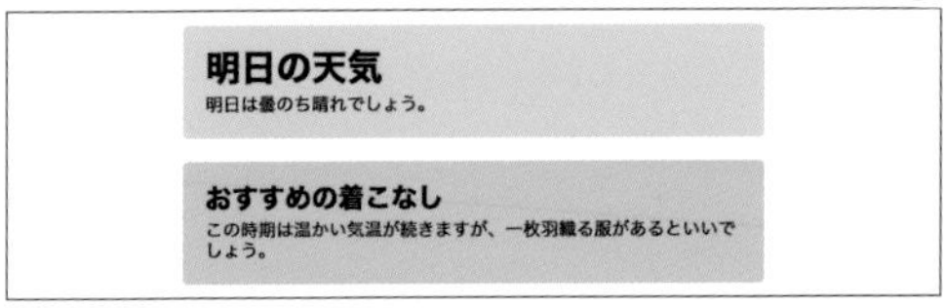
明日の天気
明日は曇のち晴れでしょう。
おすすめの着こなし
この時期は温かい気温が続きますが、一枚羽織る服があるといいでしょう。

グループごとに背景色を変えると見た目が変わります。

グループ化するためのタグにはそれぞれ意味があり、コンピューターに対して「この部分はこのような内容だよ」と知らせるための役割もあります。用途に合わせて、どのタグで囲むのかを考える必要があります。ここではよく目にするような構成のWebサイトを例に使い方を見てみましょう。

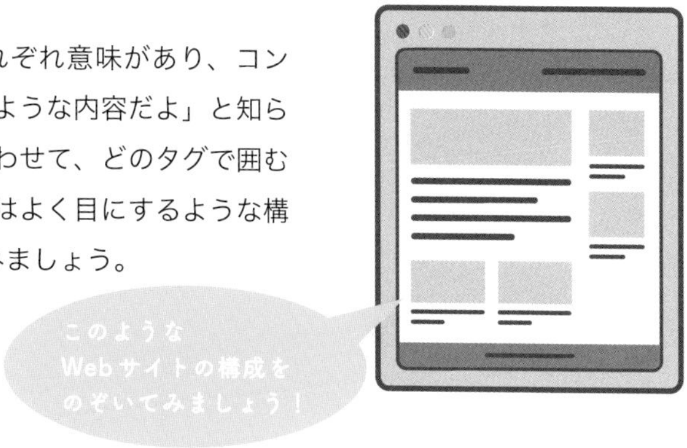
このような
Webサイトの構成を
のぞいてみましょう！

ページ上部のヘッダー部分を作る<header>タグ

ページ上部にある要素を囲みます。多くの場合、ロゴ画像やページタイトル、ナビゲーションメニューが含まれます。HTMLファイルの冒頭に記述するhead要素とは異なるタグなので、注意しましょう。

```
<header>
  <h1>ページタイトル</h1>
  <p>このWebサイトはWeb業界の最新情報をお届けして
います。</p>
</header>
```

<header>タグの部分を水色に色分けしています。

ナビゲーションメニューを作る<nav>タグ

メインのナビゲーションメニューを囲みます。<nav>タグは<header>タグの中に含まれることが多くあります。基本的にメインではないメニュー部分には使いません。

```
<header>
  <h1>ページタイトル</h1>
  <nav>
    <ul>
      <li><a href="#">サービス紹介</a></li>
      <li><a href="#">料金</a></li>
      <li><a href="#">お問い合わせ</a></li>
    </ul>
  </nav>
</header>
```

<nav>タグの部分を水色に色分けしています。

読み物、記事の部分を作る<article>タグ

「article」は英語で「記事」を意味します。そのため、HTMLでもページ内の記事となる部分、そこだけを見ても独立したページとして成り立つような内容には<article>タグが使われます。ニュースサイトやブログサイトの記事部分をイメージしてもらうとわかりやすいと思います。

```
<article>
  <h2>記事タイトル</h2>
  <p>最新のスマートフォン情報！新機種が発表されましたね！</p>
</article>
```

<article>タグの部分を水色に色分けしています。

テーマを持ったグループを作る<section>タグ

<section>は意味のあるグループをまとめるためのタグです。<article>タグと似ていますが、記事とは異なり、その部分だけを見ても完結はしません。**そのひとかたまりに1つのテーマがある**ということが重要です。

```
<section>
  <h2>その他のおすすめ記事</h2>
  <ul>
    <li><a href="#">スマートウォッチって使える？使えない？</a></li>
    <li><a href="#">ランニングにはこのガジェットがおすすめ！</a></li>
  </ul>
</section>
```

<section>タグの部分を水色に色分けしています。

ページのメインコンテンツ部分を作る<main>タグ

そのページの核となるコンテンツ全体は<main>タグで囲みます。この中に様々なグループが入ることも多々あります。

```
<main>
  <article>
    <h2>記事タイトル</h2>
    <p>最新のスマートフォン情報！新機種が発表されましたね！</p>
  </article>

  <section>
    <h2>その他のおすすめ記事</h2>
    <ul>
```

<main>タグの部分を水色に色分けしています。

```
    <li><a href="#">スマートウォッチって使える？使えない？</a></li>
    <li><a href="#">ランニングにはこのガジェットがおすすめ！</a></li>
  </ul>
 </section>
</main>
```

メインコンテンツではない、補足情報<aside>タグ

本文ではない補足情報は<aside>タグで囲みます。この例ではサイドバーに<aside>タグを使っています。メインコンテンツとは関連性が低い情報に使いましょう。

```
<aside>
 <h3>中の人ってこんな人</h3>
 <p>このWebサイトで情報を発信しているManaです。よろしくお願いします！</p>
</aside>
```

<aside>タグの部分を水色に色分けしています。

ページ下部のフッター部分を作る<footer>タグ

ページ下部にある部分を囲みます。多くの場合コピーライトやSNSリンクなどを含んでいます。

```
<footer>
 <ul>
  <li><a href="#">Facebook</a></li>
  <li><a href="#">Twitter</a></li>
 </ul>
 <p>Copyright 2019 Mana</p>
</footer>
```

<footer>タグの部分を水色に色分けしています。

意味を持たない部分をまとめる<div>タグ

ここまでなんらかの目的を持ったエリアをまとめるタグを紹介しました。しかし、中にはどの用途にも当てはまらなかったり、デザインのためだけにグループ化する場合もあるでしょう。そんな時は<div>タグが使えます。<div>タグは特に意味を持たないタグです。とにかくひとまとめにしたいが、どれが適切かわからないといった場合に使えます。

```
<div>
 <img src="phone1.jpg" alt="スマートフォン画像">
 <p>画面を正面からみた様子</p>
</div>
<div>
 <img src="phone2.jpg" alt="スマートフォン画像">
 <p>3種類のカラーバリエーション</p>
</div>
```

2-14 CHAPTER 練習問題

本章で学んだことを実際に活用できるようにするため、手を動かして学べる練習問題を用意いたしました。練習問題用に用意したベースファイルを修正して、以下の装飾を実装してください。

修正内容

1. 「ダルメシアン」部分を<h1>タグで囲む
2. 「模様が特徴の犬。他の写真もぜひご覧ください。」部分を<p>タグで囲む
3. 文章中の「他の写真」に https://unsplash.com/@webcreatorbox 宛にリンクを貼る
4. 「images」フォルダーにある「dog.jpg」という画像を表示する
5. 画像のalt属性は「ダルメシアンの写真」とする

ベースファイルを確認しよう

練習問題ファイル：chapter2/c2-14-1/practice-base

ダルメシアン 模様が特徴の犬。他の写真もぜひご覧ください。

文章がタグで囲まれていないため、見た目の差はなく、1行に並べられています。

もし、実装中にわからないことがあれば、CHAPTER 8の「うまく表示されない時の確認と解決方法」を参考にまずは自分で解決を試みてください。その時間があなたの力になります！ 問題が解けたら解答例を確認しましょう。

解答例を確認しよう

解答例ファイル：chapter2/c2-14-1/practice-answer

ダルメシアン
模様が特徴の犬。他の写真もぜひご覧ください。

見出しは大きな太文字で表示され、リンク部分は青く下線が付きました。クリックすると別のWebサイトに遷移します※。また、画像も表示されています。

※別のWebサイトへ遷移するにはインターネット環境が必要となります。

CHAPTER

3

Webのデザインを作る！ CSSの基本

HTMLで作成したWebページは白い背景に黒い文字だけという非常に簡素なものです。これらに色をつけたり、文字の大きさを変えたり、レイアウトを変更したりするにはCSSというファイルが必要になります。このCHAPTERでCSSの基本を学び、Webページの土台であるHTMLを装飾していきましょう！

WEBSITE | DESIGN | HTML | CSS | SINGLE | MEDIA | TROUBLESHOOTING

HTML & CSS & WEB DESIGN

INTRODUCTORY COURSE

※本章では補助特典としてQRコードからアクセスできる動画の解説も用意しています。もしテキストでわかりづらい場所がありましたら、補助特典の動画で確認し学んでいくこともできます。

3-1 CHAPTER CSSとは

HTMLのみのWebサイトは白い背景と黒い文字だけの表示です。CSSは土台であるHTMLの見た目を調整できる言語です。CSSを使えば華やかに装飾できてWebデザインが一気に楽しくなります。

HTMLを飾り付けるのがCSS

CSSとは「Cascading Style Sheets」の略で、文書の見た目を装飾するための言語です。CSSファイルを保存する時の拡張子は「.css」です。

試しにWebサイトで使われているCSSをオフにしてみると、違いは一目瞭然です。例えばCSSを使って装飾されている右上のWebサイト(https://www.webcreatormana.com/)では、背景に画像があり、レイアウトを調整し、文字などにも装飾が加えられています。

このWebサイトのCSSを無効化すると、右下のようにすべての装飾が非表示になります。これがHTMLのみのシンプルな文書です。CSSがWebサイトに対してどう適用されているのかがわかると思います。このようにCSSはWebサイトの見た目を大きく変化させます。それでは少しずつCSSについて学んでいきましょう！

CSSを無効化する

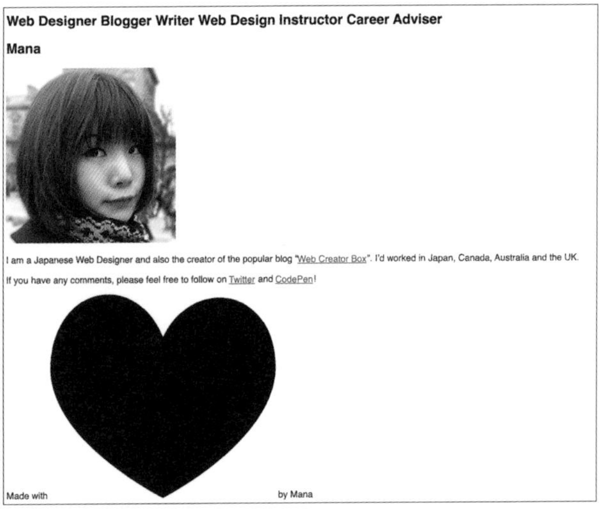

CSSを外した状態。背景の装飾はなくなり、レイアウトは崩れ、構造のまばらな配置のみになってしまいました。

3-2 CHAPTER CSSを適用させる方法

HTMLで作成したWebページにCSSを適用させるにはどうすればよいのでしょうか？ 大きく分けて3つの方法があります。

CSSファイルを読み込んで適用させる

1つ目は「.css」の拡張子がついたCSSファイルを作成し、それをHTMLファイルに読み込ませて適用させる方法です。Webサイトを制作する時は、この方法が最も一般的です。1つのCSSファイルを複数のHTMLファイルに読み込ませられるので、一括で管理できます。修正が入った場合も1つのCSSファイルを変更するだけなので簡単です。

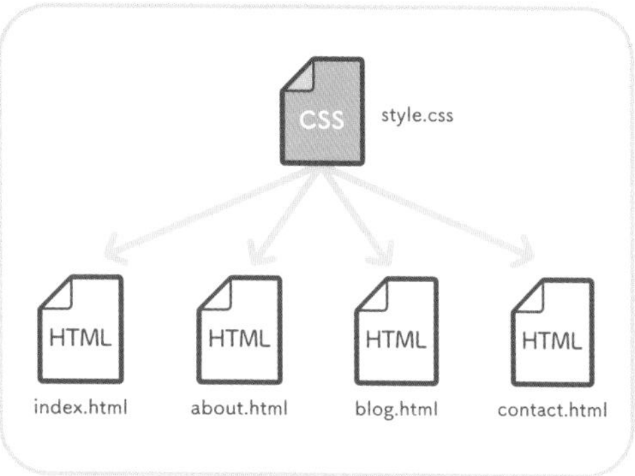

1つのCSSで、複数のHTMLに適用できます。

適用方法

HTMLファイルの<head>内に<link>タグを使ってCSSファイルを指定します。**rel属性**に「stylesheet」、**href属性**にCSSファイルを指定すれば、CSSファイルに書かれた装飾を適用できます。

chapter3/c3-02-1/index.html

```
<!doctype html>
<html lang="ja">
    <head>
        <meta charset="UTF-8">
        <title>猫の実態</title>
        <meta name="description" content="猫の好きなもの、日々の生活をご紹介">
        <link rel="stylesheet" href="style.css">
    </head>

    <body>
        <h1>猫の一日</h1>
        <p>ひたすら寝ています。</p>
    </body>
</html>
```

rel属性に「stylesheet」
href属性に「style.css」の
CSSファイルを指定した

HTMLファイルの<head>内に<style>タグで指定する

2つ目はHTMLファイルの<head>内にCSSを書き込む方法です。CSSを記述したHTMLファイルでのみ適用されます。前の適用方法と違い他のHTMLファイルには反映されないので注意が必要です。特定のページのみ、デザインを変えたいという時に使えます。

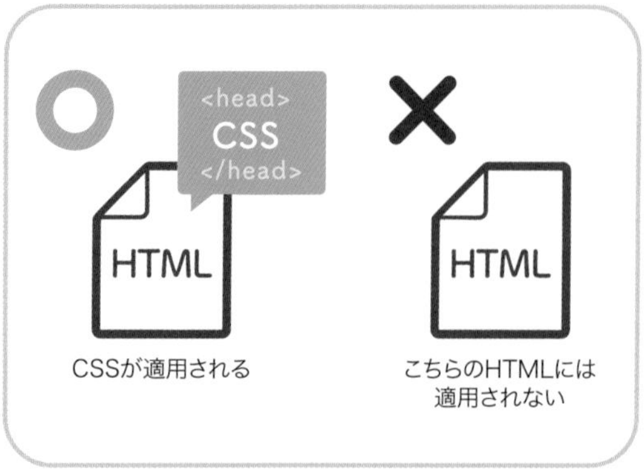

HTMLファイルの<head>内に書かれたCSSは、そのHTMLファイルの中でしか適用されません。

適用方法

HTMLファイルの<head>内に<style>タグを追加し、その中にCSSを書いていきます。

chapter3/c3-02-2/index.html

```
<!doctype html>
<html lang="ja">
    <head>
        <meta charset="UTF-8">
        <title>猫の実態</title>
        <meta name="description" content="猫の好きなもの、日々の生活をご紹介">
        <style>
            h1 { color: #f00; }
            p { font-size: 18px; }
        </style>
    </head>

    <body>
        <h1>猫の一日</h1>
        <p>ひたすら寝ています。</p>
    </body>
</html>
```

HTMLの<head>内に<style>タグで囲み、CSSを書く

※CSSファイルの書き方については次節の「CSSファイルを作ろう」で説明します。

HTMLタグの中にstyle属性を指定する

3つ目はHTMLタグに直接CSSを書き込む方法です。直接書かれたタグにのみ適用されます。1つひとつのタグに指定するので手間がかかり、メンテナンスも難しいです。ただ、他の方法で指定するよりCSSを適用させる優先順位が高く、CSSを上書きしたい時や一部のデザインだけ変更したいといった時に使えます。

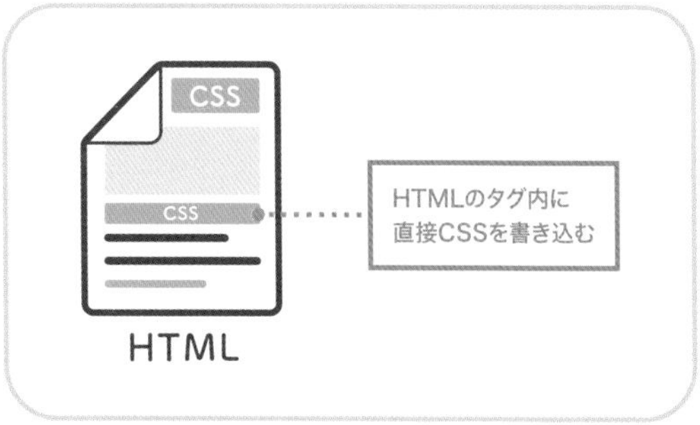

タグに直接記述して、一部の要素のみデザインを変えることができます。

適用方法

タグの中にCSSを書く時は、各タグの中に**style属性**を使って指定します。

chapter3/c3-02-3/index.html

```
<!doctype html>
<html lang="ja">
    <head>
        <meta charset="UTF-8">
        <title>猫の実態</title>
        <meta name="description" content="猫の好きなもの、日々の生活をご紹介">
    </head>

    <body>
        <h1 style="color: #f00;">猫の一日</h1>
        <p style="font-size: 18px;">ひたすら寝ています。</p>
    </body>
</html>
```

HTMLのタグ内に直接CSSを書き込む

※<body>や<h1>などのセレクターや「{」、「}」の記述は不要です。

前述のとおり、「HTMLファイルの<head>内に<style>タグで指定する」や「HTMLタグの中にstyle属性を指定する」のやり方だとCSSをまとめて管理することが難しく、メンテナンスに時間がかかってしまいます。特別な理由がない限りは1つ目の方法の「CSSファイルを読み込んで適用させる」で適用させましょう。

3-3 CHAPTER CSSファイルを作ろう

CSSファイルを作成し、P.051の「2-2 HTMLファイルを作ろう」で作成したindex.htmlにCSSファイルを読み込ませて、簡単な装飾を加えてみましょう。

テキストエディターを起動

まずはテキストエディターを開きます。上部メニューにある［ファイル］→［新規ファイル］をクリックしましょう。ショートカットキーを使う場合は、Windowsなら Ctrl ＋ N キー、Macなら ⌘ ＋ N キーを押します。

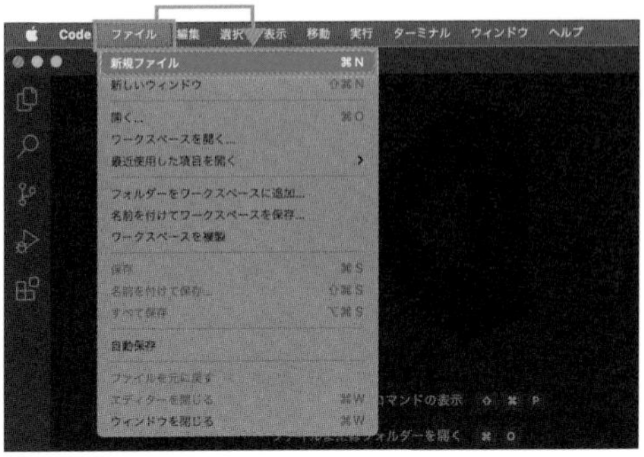

CSSコードを書く

次に右のサンプルコードを書いてみましょう。

CSSファイルの1行目には「@charset "UTF-8";」を書きます。これはコードの文字化けを防ぐためのもので、これより先にCSSのコードを書くとエラーになってしまいます。必ず先頭に書きましょう。

chapter3/c3-03-1/style.css

```
@charset "UTF-8";
body {
    background-color: #fffeee;
}
h1 {
    color: #0bd;
}
p {
    font-size: 20px;
}
```

- @charset "UTF-8"; → 1行目に書く
- background-color: #fffeee; → 淡い黄色の指定
- color: #0bd; → 水色の指定
- font-size: 20px; → 文字サイズを20pxに指定

CSSファイルを保存

上部メニューの［ファイル］→［保存］をクリックします。ショートカットキーを使う場合はWindowsなら ctrl ＋ S、Macなら ⌘ ＋ S を押しましょう。

ファイル名は「style.css」とします。保存先はわかりやすくデスクトップにしてみましょう。この後CSSを読み込ませるHTMLのindex.htmlと同じ場所とします。

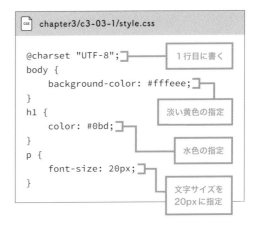

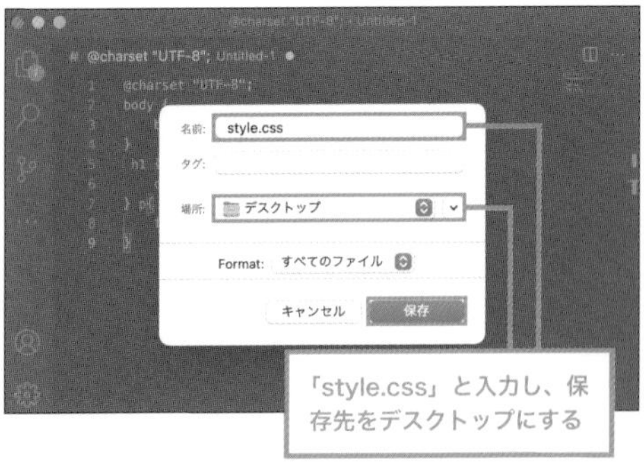

HTMLファイルの<head>内からCSSファイルを読み込ませる

P.051の「2-2 HTMLファイルを作ろう」で作成したindex.htmlの<head>内に<link rel="stylesheet" href="style.css">と追加して、CSSファイルを読み込ませます。

chapter3/c3-03-2/index.html

```
<!doctype html>
<html lang="ja">
    <head>
        <meta charset="UTF-8">
        <title>猫の実態</title>
        <meta name="description" content="猫の好きなもの、日々の生活をご紹介">
        <link rel="stylesheet" href="style.css">
    </head>

    <body>
        <h1>猫の一日</h1>
        <p>ひたすら寝ています。</p>
    </body>
</html>
```

<head>内に追加する

ここに追加した

Webブラウザーで開く

index.htmlをダブルクリックすると、Webブラウザー上で右のように表示されます。

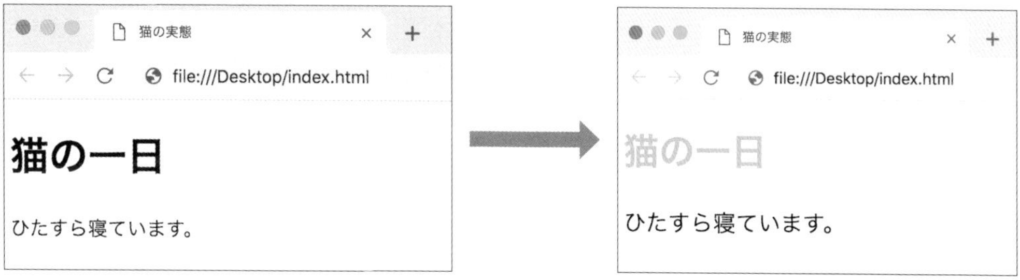

指定がなかった背景色に淡い黄色の色がつき、見出しが水色に、文章の文字サイズが大きくなりました。

CSSのファイル名のルール

CSSのファイル名は、HTMLのファイル名をつける時と同じルールとなります。日本語やスペースは使えず、利用できない記号もあります。詳しくはP.051の「2-2 HTMLファイルを作ろう」を参考にしてください。また、ファイルには「.css」という拡張子をつけます。

3-4 CHAPTER CSSの基本の書き方を身につけよう

HTMLと同様、CSSを書く時にもルールがあります。HTMLの書き方と混同しないよう、注意しながら覚えていきましょう。

CSSの基本文法

CSSは**セレクター**、**プロパティ**、**値**と呼ばれる3つの部分を組み合わせて、「どの部分の、何を、どう変えるか」を指定します。1つひとつ、どのような役割があるのかを見てみましょう。

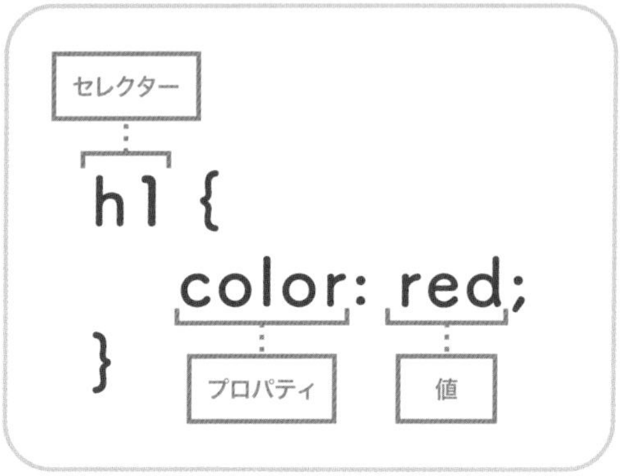

セレクター

セレクターではどの部分を装飾するかの指定をします。HTMLのタグの名前や、クラス、IDと呼ばれる特定の変更箇所を書きます。例えばこの部分に「h1」と書けばWebページ内の<h1>タグに装飾が適用されます。

セレクターに続けて、プロパティと値を波括弧「{」と「}」で囲んで記述します。

プロパティ

プロパティではセレクターで指定された部分の何を変えるのかを書きます。例えば文字色を変える、文字サイズを変える、背景画像を加えるなどです。プロパティには多くの種類があり、一度にすべてを覚えるのは困難です。よく使うものから、少しずつ覚えていくとよいでしょう。

プロパティに続けて、値との間にはコロン「:」を書いて区切ります。

値

値では見た目をどのように変えるのかを書きます。例えば文字色を変えるなら「何色に変えるか」、背景に画像を設置するなら「どの画像を設置するのか」など、具体的に指定します。

複数のプロパティと値を指定する時は、値の最後に「;(セミコロン)」を加えます。

書き方の例

右の例ではセレクターが「h1」、プロパティが「color」、値が「red」となっており、「<h1>タグの文字色（color）を赤（red）にする」と指定しています。また、途中で改行を入れずに1行で書くこともできます。

```
h1 {
    color: red;
}
```

```
h1 { color: red; }
```

CSSを書く時のルール

半角英数字で書く

HTMLと同じく、全角文字や日本語を使うことはできません。

良い例	悪い例
h1 { color: red; }	ｈ１｛ｃｏｌｏｒ：ｒｅｄ；｝

なるべく小文字で書く

CSS自体は基本的に大文字と小文字の区別はありませんが、HTMLのバージョンによって小文字で記述する必要がある場合もあるので、小文字で統一するとよいでしょう。

良い例	悪い例
h1 { color: red; }	h1 { COLOR: Red; }

複数のセレクターに指定する

複数のセレクターに同じ装飾を指定できます。指定する時は「,（カンマ）」でセレクターを区切ります。指定するセレクターの数や順番は関係ありません。

良い例	悪い例
h1, p { color: red; }	h1 p { color: red; }（h1とpの間にカンマがない）

複数の装飾を指定する

1つのセレクターに複数の装飾を指定したい場合は、値の最後に「；（セミコロン）」を加えてプロパティを区切ります。

良い例	悪い例
h1 { color: red; font-size: 20px; }	h1 { color: red font-size: 20px }（redとfontの間にセミコロンがない）

プロパティが1つしかない場合や、一番最後のプロパティには「；」は不要です。しかし、後からCSSを編集し、別のプロパティを追加する場合も多々あります。そんな時に最後の行にセミコロンがついていなかった場合、記述エラーになりやすいため、どの行でも「；」は必ずつける癖をつけておく方がよいでしょう。

単位を指定する

文字サイズや幅、高さなどの数値を指定する時は、値が「0」の場合を除き、単位も一緒に書きます。次のような単位がよく使われます。

単位	読み方	説明
px	ピクセル	画面上の最小単位（1ピクセル）を基準とした単位
%	パーセント	親要素のサイズを基準に割合で指定する単位
rem	レム	ルート要素（html 要素）に指定されたサイズを基準とした単位

この中で「px」は**絶対値**と呼ばれ、指定したサイズから変動することはありません。対して「%」や「rem」は**相対値**と呼ばれ、基準となる要素のサイズによって変動します。

良い例	悪い例
h1 { font-size: 20px; }	h1 { font-size: 20; }（単位がない）

要素の中の要素に指定する

複数のセレクターを半角スペースで区切ると、指定した要素の中にある要素に装飾を指定できます。例えば<div>タグの中に<p>タグがある時、セレクターを「div p」というように半角スペースで区切って「<div>タグの中の<p>タグ」と指定することができます。

例えば下のようにHTMLに<div>タグで囲まれた<p>タグと、囲まれていない<p>タグがあった場合、CSSで「div p」に対しての色の装飾を書くと<div>タグで囲まれた方の<p>タグは文字色が変わりますが、<div>タグで囲まれていない方の<p>タグは文字色が変わりません。

chapter3/c3-04-1/index.html

```html
<div>
  <p>まんまる子猫</p>
</div>

<p>のんびり子猫</p>
```

chapter3/c3-04-2/style.css

```css
div p {
  color: red;
}
```

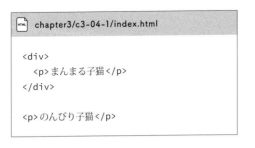

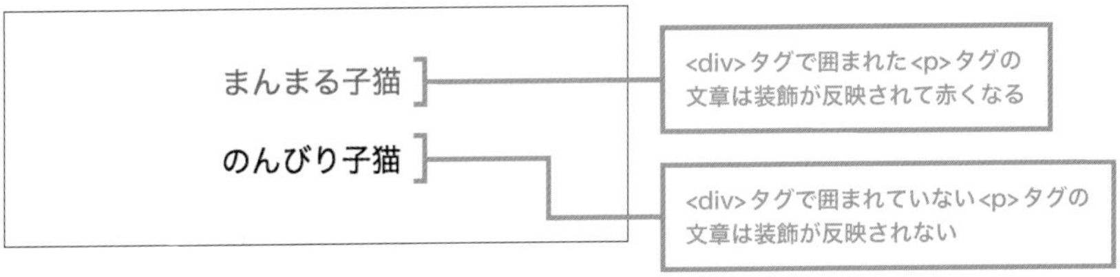
まんまる子猫
のんびり子猫
タグで囲まれた<p>タグの文章は装飾が反映されて赤くなる
タグで囲まれていない<p>タグの文章は装飾が反映されない

3-5 CHAPTER 文字や文章を装飾しよう

文字は情報を伝えるだけではなく、ユーザーに様々な印象を与えるデザイン要素です。Webサイト上でも美しく表示できるよう文字や文章の基本の書き方を覚えましょう。

文字の大きさを変える「font-sizeプロパティ」

font-sizeプロパティは文字のサイズを指定します。大きさは主に「px」や「rem」、「%」を使います。

主な値

指定方法	説明
数値	数値に「px」や「rem」、「%」などの単位をつける
キーワード	xx-small、x-small、small、medium、large、x-large、xx-largeの7段階で指定できる mediumが標準サイズ

ページの基準となる<html>タグに「font-size: 100%;」を指定すると、ブラウザーのデフォルトの文字サイズ、またはユーザーがブラウザーの環境設定により調整したサイズを基準に相対値を設定できます。それに対し、「px」で指定したサイズは、基準のサイズと関係なく絶対値として設定されます。

chapter3/c3-05-1/style.css

```css
html {
    font-size: 100%;
}
h1 {
    font-size: 2rem;
}
h2 {
  font-size: 20px;
}
```

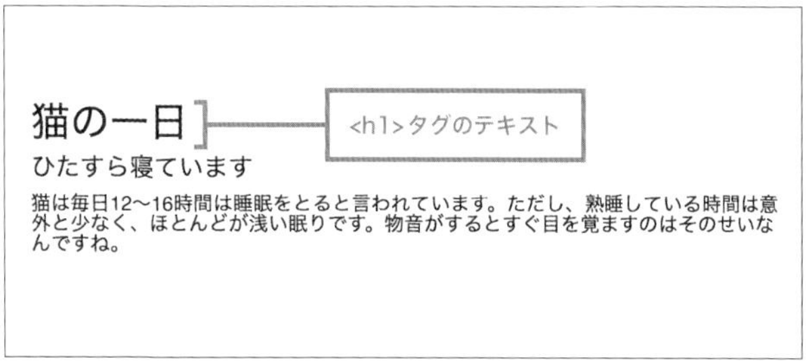

猫の一日
<h1>タグのテキスト
ひたすら寝ています
猫は毎日12〜16時間は睡眠をとると言われています。ただし、熟睡している時間は意外と少なく、ほとんどが浅い眠りです。物音がするとすぐ目を覚ますのはそのせいなんですね。

<h1>タグのテキスト「猫の一日」は「2rem」が設定されているので、基準のサイズである文章の2倍のサイズになっています※。

※HTMLのコードはサンプルデータにあります。

適切な文字サイズは？

文字サイズは小さければ小さいほど、読みにくくなります。ブログやニュースサイト等、文章主体のWebサイトでは本文の文字サイズを**14px〜18px**程度に設定するのが一般的です。また、文字サイズはWebサイトのターゲットユーザーによっても変わってきます。小さい文字が読みにくい高齢者層がターゲットであれば、大きめの文字サイズに設定しましょう。

また、デザインに統一感をもたせるため、文字サイズのバリエーションは**2〜5種類**程度にとどめましょう。まずは本文で使う文字サイズを決め、それを基準に見出しや注釈など、他の要素で使用する文字サイズを決めていきます。Webサイトの目的やターゲットユーザーを考え、適切な文字サイズに設定しましょう。

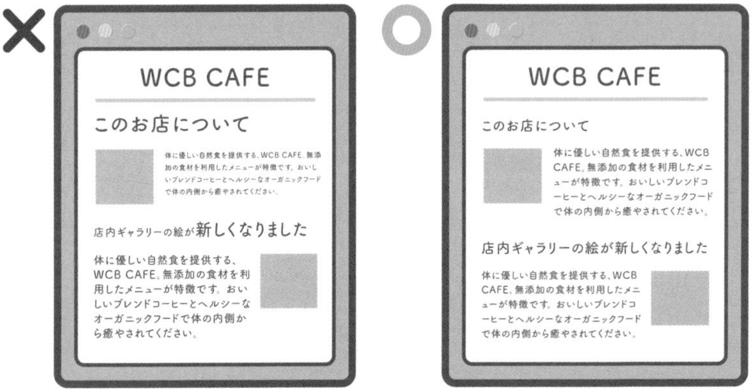

左側の例では6種類の文字サイズが使われていて、統一感が感じられません。右側の例だと文字のサイズは3種類のみ。スッキリと整って見えます。

見出しとジャンプ率

文章の見出しをデザインする時は、文字の**ジャンプ率**についても考えておきましょう。ジャンプ率とは見出しと本文の文字サイズの比率のことです。文字サイズの大きさの違いが大きいと「ジャンプ率が高い」、小さいと「ジャンプ率が低い」と表現されます。ジャンプ率が高いと躍動的で楽しい雰囲気になり、逆に低くなると上品で落ち着いた雰囲気になります。

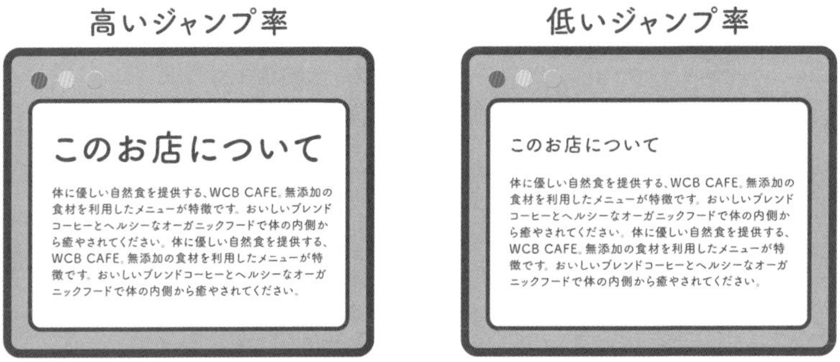

左側の例はジャンプ率が高く、右側の例はジャンプ率が低い作りになっています。ジャンプ率を調整することで全体の雰囲気が変化します。

フォントの種類を変えよう「font-familyプロパティ」

font-familyプロパティを使ってフォントの種類を指定します。指定したフォントをユーザーがインストールしていない場合は、ブラウザーで設定しているデフォルトのフォントで表示されます。CSSの設定では複数のフォントを指定でき、フォントの種類を「,（カンマ）」で区切って、先に指定したものから順に適用されます。ブラウザーによっては日本語のフォント名を識別できないため、英語表記のフォント名も同時に指定しましょう。

主な値

指定方法	説明
フォント名	フォントの名前を記述。日本語名やフォント名にスペースが含まれる場合は、フォント名をシングルクォーテーション「'」またはダブルクォーテーション「"」で囲って指定する
キーワード	sans-serif（ゴシック系）、serif（明朝系）、cursive（筆記体）、fantasy（装飾系）、monospace（等幅）から指定する

chapter3/c3-05-2/style.css

```
h1 {
  font-family: serif;
}
h2 {
  font-family: "游ゴシック体", "Yu Gothic", YuGothic, sans-serif;
}
p {
  font-family: "ヒラギノ丸ゴ Pro W4","Hiragino Maru Gothic Pro", sans-serif;
}
```

serif（明朝系）のフォントの指定

複数のフォントを指定している

日本語名、フォント名にスペースが含まれているので「"」で囲む

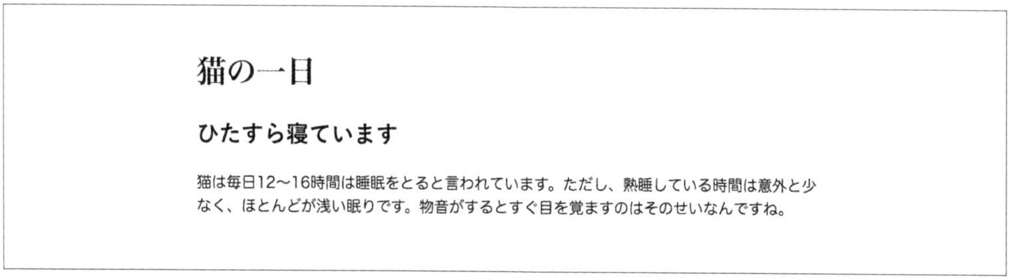
猫の一日
ひたすら寝ています
猫は毎日12～16時間は睡眠をとると言われています。ただし、熟睡している時間は意外と少なく、ほとんどが浅い眠りです。物音がするとすぐ目を覚ますのはそのせいなんですね。

上から明朝体、ゴシック体、丸ゴシック体を指定した様子です。

フォントの種類

画面全体のイメージは、書体によって大きく変わります。代表的なフォントの種類をおさえておきましょう。

明朝体

明朝体の文字は、太い縦画や細い横画、「ウロコ」と呼ばれる三角形の装飾など、筆で書いたような文字の特徴があります。デザインとして丁寧でかしこまった印象になります。筆で書かれたような特徴もあるため、和風のデザインで使われることも多くあります。

明朝体は縦画と横画で太さの強弱があり、一般的にゴシック体に比べて細い書体なので、長い文章には明朝体が適切です。

「ヒラギノ明朝」や「游明朝体」、フリーフォントの「はんなり明朝」などのフォントが有名です。

ゴシック体

ゴシック体は、横線と縦線の太さがほぼ同じで、ウロコなどの装飾がほとんどない書体です。明朝体よりも強く、太文字にしても読みやすい特徴があります。装飾がない分、どんなデザインにも合わせやすい特徴があります。

見出しやタイトルなどの短い文章はゴシック体が向いています。要点だけを端的に説明するような場面では、全体の読みやすさよりも、遠くからでもしっかりと字が認識できることが求められるからです。

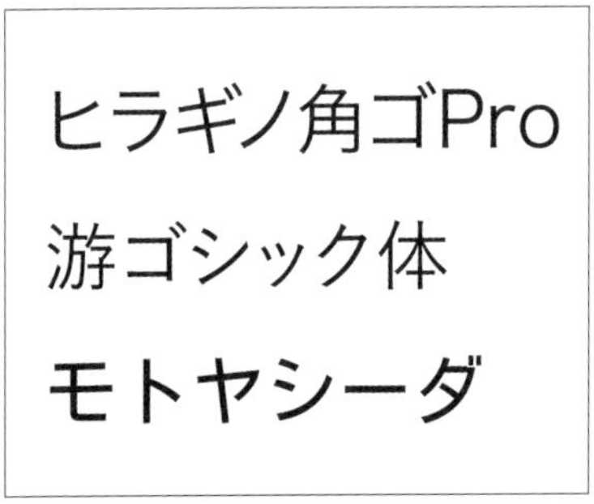

「ヒラギノ角ゴシック」や「游ゴシック体」、「モトヤシーダ」などのフォントがあります。

装飾系フォント

装飾を目的としたフォントもあります。「読ませる」ことより、「見せる」ことを中心に作成された書体で、デザインの一部として使われることが多いです。

印象的な書体は装飾的な特徴がある分、ユーザーの読み間違えも多いフォントです。このような装飾系フォントを長文に使うと、ユーザーは文章をスラスラ読むのは難しくなるでしょう。読みづらい文章は、わかりにくい内容と判断されてしまいます。使用するなら見出しや短文にとどめ、本文には使わないようにしましょう。

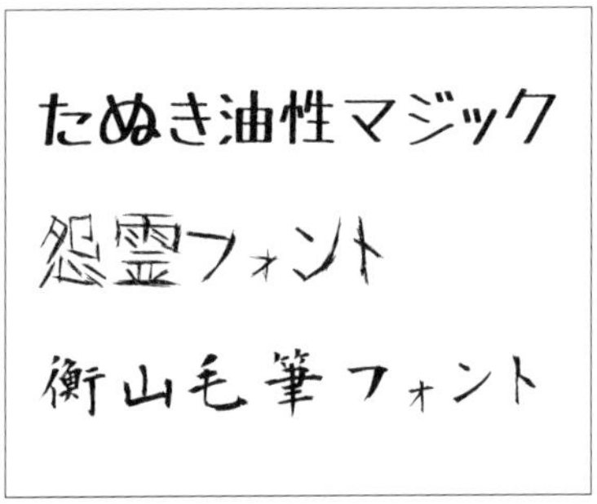

様々な装飾系のフォントがあります。デザインに合わせて選んでいくとよいでしょう。

フォントを統一しよう

素敵なフォントがたくさんあると、あれもこれもと使いたくなります。しかし、ここで注意が必要です。異なるフォントを多用しすぎると読みにくくなるだけでなく、そのサイト全体のデザインの統一感が失われてしまいます。

本文は特にシンプルなフォントを選ぶようにしましょう。印象的なデザインに仕上げたい場合は見出しやワンポイントにのみ装飾系フォントを使うとよいです。1つのデザインに対し、使用するフォントは1～3種類までにとどめましょう。これで散らかった印象もなくなります。

左の例は5種類のフォントを使用していて統一感がありません。右の例は2種類のみ使用しています。

文字の太さを変えよう「font-weightプロパティ」

font-weightプロパティでフォントの太さを指定します。1～1000の任意の数値で指定することもできますが、通常は「normal」や「bold」などのキーワードで指定する方が一般的です。また、太字や細字など、太さのバリエーションが用意されていないフォントでは適用されません。

主な値

指定方法	説明
キーワード	normal（標準）、bold（太字）、lighter（一段階細く）、bolder（一段階太く）
数値	1～1000の任意の数値

chapter3/c3-05-3/style.css

```
p {
  font-weight: bold;
}
```

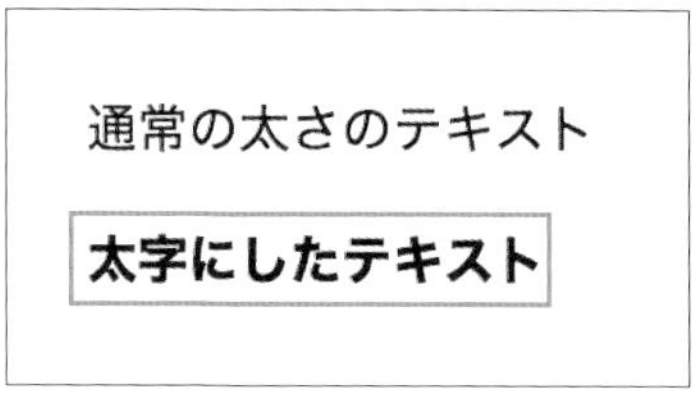

強調したい文字は太字にすると目立たせることができます。

長文に太文字は使わない

太いフォントで長い文章を書くと、画面が黒々として、非常に読みづらくなってしまいます。長文の場合はすべての文字を太字にすることは避けましょう。太字は見出しやキーワードの他、要所要所で使うとメリハリが出てバランスが整います。

×
○
WCB CAFE
このお店について
体に優しい自然食を提供する、WCB CAFE。無添加の食材を利用したメニューが特徴です。おいしいブレンドコーヒーとヘルシーなオーガニックフードで体の内側から癒やされてください。
店内ギャラリーの絵が新しくなりました
体に優しい自然食を提供する、WCB CAFE。無添加の食材を利用したメニューが特徴です。おいしいブレンドコーヒーとヘルシーなオーガニックフードで体の内側から癒やされてください。
WCB CAFE
このお店について
体に優しい自然食を提供する、WCB CAFE。無添加の食材を利用したメニューが特徴です。おいしいブレンドコーヒーとヘルシーなオーガニックフードで体の内側から癒やされてください。
店内ギャラリーの絵が新しくなりました
体に優しい自然食を提供する、WCB CAFE。無添加の食材を利用したメニューが特徴です。おいしいブレンドコーヒーとヘルシーなオーガニックフードで体の内側から癒やされてください。

左の例のように本文すべてを太字にしてしまうと、文字がつぶれて読みづらくなります。

行の高さを変えよう「line-heightプロパティ」

行の高さ(行間)を指定する時はline-heightプロパティを使います。行の高さが文字サイズより小さい場合は行が重なるので注意が必要です。

主な値

指定方法	説明
normal	ブラウザーが判断した行の高さで表示
数値（単位なし）	フォントサイズとの比率で指定
数値（単位あり）	「px」、「em」、「%」等の単位で数値を指定

おすすめの行間設定

行と行のスペースが狭いと詰まっているように感じ、また広すぎると次の行へ視線を移しづらくなります。きれいに見えるおすすめの数値は**1.5～1.9**の間です。フォントや全体のデザインによって調整しましょう。

chapter3/c3-05-4/style.css

```css
p {
  line-height: 1.7;
}
```

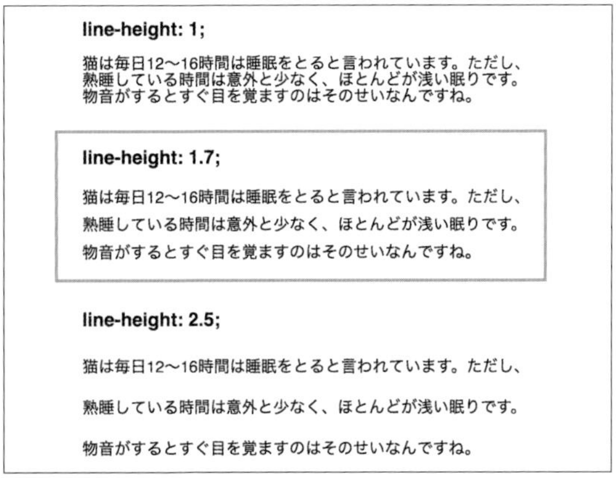
line-height: 1;
猫は毎日12～16時間は睡眠をとると言われています。ただし、
熟睡している時間は意外と少なく、ほとんどが浅い眠りです。
物音がするとすぐ目を覚ますのはそのせいなんですね。
line-height: 1.7;
猫は毎日12～16時間は睡眠をとると言われています。ただし、
熟睡している時間は意外と少なく、ほとんどが浅い眠りです。
物音がするとすぐ目を覚ますのはそのせいなんですね。
line-height: 2.5;
猫は毎日12～16時間は睡眠をとると言われています。ただし、
熟睡している時間は意外と少なく、ほとんどが浅い眠りです。
物音がするとすぐ目を覚ますのはそのせいなんですね。

上からline-heightプロパティ1、1.7、2.5の指定の行間。行間はフォントサイズと連動するため、単位のない数値での指定が好まれます。

文章を揃えよう「text-alignプロパティ」

text-alignプロパティでテキストを揃える位置を指定します。日本語の場合、デフォルトでは左揃えになっています。

主な値

指定方法	説明
left	左揃え
right	右揃え
center	中央揃え
justify	両端揃え

chapter3/c3-05-5/style.css

```
p {
  text-align: justify;
}
```

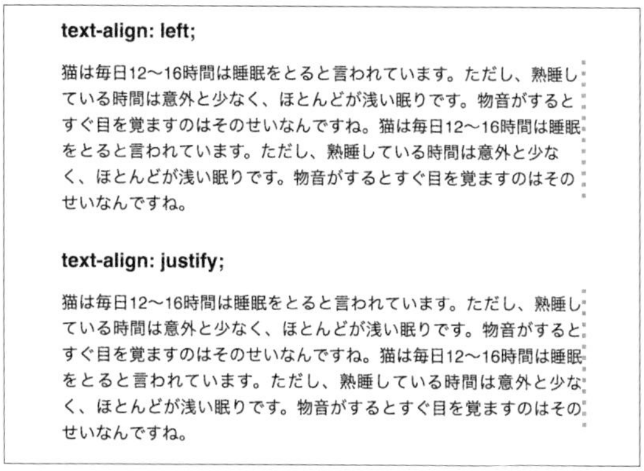

text-align: left;

猫は毎日12〜16時間は睡眠をとると言われています。ただし、熟睡している時間は意外と少なく、ほとんどが浅い眠りです。物音がするとすぐ目を覚ますのはそのせいなんですね。猫は毎日12〜16時間は睡眠をとると言われています。ただし、熟睡している時間は意外と少なく、ほとんどが浅い眠りです。物音がするとすぐ目を覚ますのはそのせいなんですね。

text-align: justify;

猫は毎日12〜16時間は睡眠をとると言われています。ただし、熟睡している時間は意外と少なく、ほとんどが浅い眠りです。物音がするとすぐ目を覚ますのはそのせいなんですね。猫は毎日12〜16時間は睡眠をとると言われています。ただし、熟睡している時間は意外と少なく、ほとんどが浅い眠りです。物音がするとすぐ目を覚ますのはそのせいなんですね。

「left」だと文章の右端がガタガタと不揃いですが、「justify」にすると両端がキチッと揃っています。

中央揃えは短文に

デザインの中で中央揃えにしたい場面は多々あるかと思います。しかし、中央揃えは行のスタート位置がバラバラになり、段落や文章を認識しづらくします。2〜3行程度の短文なら中央揃えでもうまく見せることができますが、それより長くなる文章の場合は左揃えや両端揃えにした方が読みやすいでしょう。

長文の場合は読みはじめの位置を左に揃えることで、スムーズに読み進められます。

3-6 CHAPTER Webフォントを使おう

以前のWebページではデバイスにインストールされているフォントのみ表示することが可能でした。最近ではWebフォントを使うことでデバイスにフォントがなくても表示できます。

Webフォントとは

かつてのWebページではデザインの制作者が表示させたいフォントをユーザーが持っていない場合は、テキストの部分を画像として作成し、表示してきました。

現在､推奨する方法は「**Webフォント**」と呼ばれる技術でテキストを表示する方法です。フォントファイルがWebサーバー上にあるため､ユーザーがインストールしていないフォントであっても表示することができます。

ここではGoogleが提供する無料のWebフォントサービスである**Google Fonts**を使って解説します。Google Fontsは導入が簡単で、すぐにでもはじめられる手軽感が人気です。

Google Fontsの実装方法

01 Google FontsのWebサイトにアクセスする

Google FontsのWebサイトに行き、使いたいフォントを探します。

Google Fonts...https://fonts.google.com/

02 フォントを選択する

今回は「M PLUS Rounded 1c」のフォントを使用します。Searchで「M PLUS Rounded 1c」と検索し、出てきたフォントのリストをクリックします。移動したページの右上にある［Get font］ボタンをクリックします。

さらに右側に表示された［Get embed code］をクリックします。

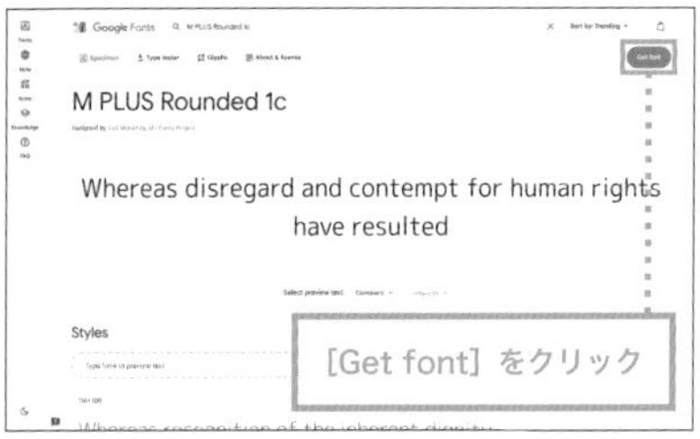

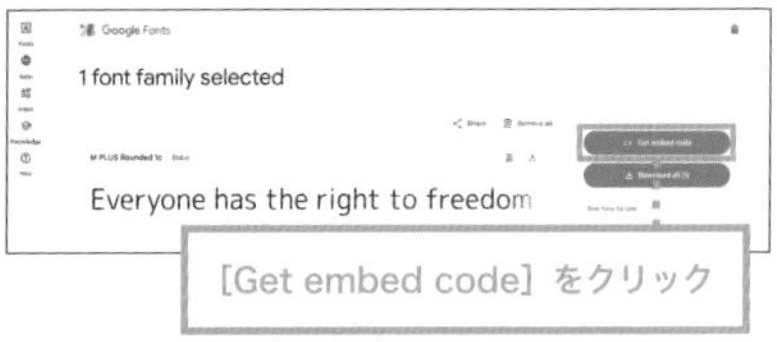

フォントのウェイトを選択する

左側の［Change styles］をクリックします。

必要なフォントだけ選択しましょう。ここでは［Bold 700］を使用したいのでクリックします。その後、最初からチェックが入っていた［Regular 400］はクリックして外します。

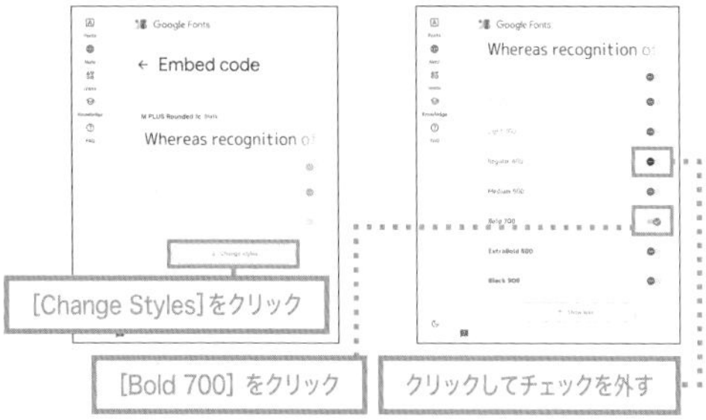

HTMLファイルに読み込む

画面右側にコードが表示されます。

「Embed code in the <head> of your html」欄に書かれたコード（右画像の上）を、HTMLファイルのhead内に記述します。

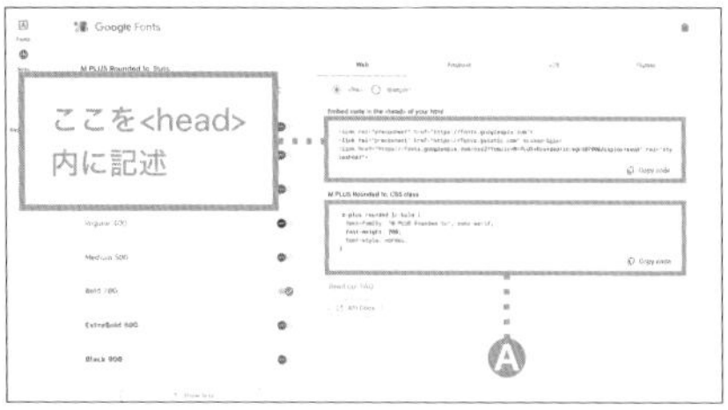

chapter3/c3-06-1/index.html

```
<head>
    <meta charset="UTF-8">
    <title>猫の実態</title>
    <meta name="description" content="猫の好きなもの、日々の生活をご紹介">
    <link rel="preconnect" href="https://fonts.googleapis.com">
<link rel="preconnect" href="https://fonts.gstatic.com" crossorigin>
<link href="https://fonts.googleapis.com/css2?family=M+PLUS+Rounded+1c:wght@700&display=swap" rel="stylesheet">
    <link href="style.css" rel="stylesheet">
</head>
```

CSSファイルにスタイルを指定

手順　のⒶの部分、「M PLUS Rounded 1c: CSS class」の項目に書かれたコードのスタイル部分を、CSSファイルのフォントを適用させたい要素に対して記述します。例えば<h1>タグにフォントを適用させたいなら、右のように指定します。

```
h1 {
   font-family: "M PLUS Rounded 1c", sans-serif;
  font-weight: 700;
  font-style: normal;
}
```

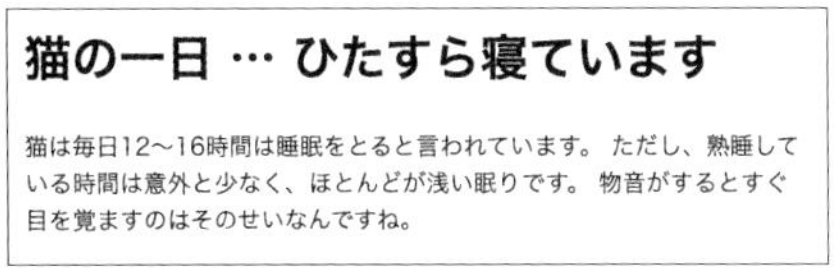

Webフォント適用前。

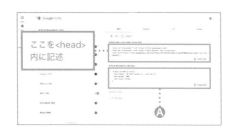

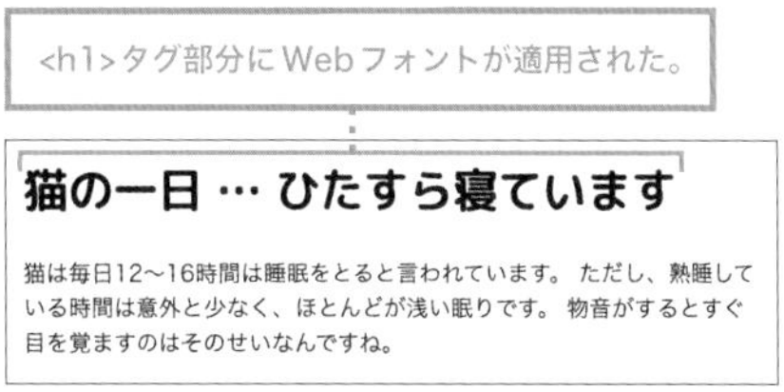

<h1>タグ部分にWebフォントが適用された。
猫の一日 … ひたすら寝ています
猫は毎日12～16時間は睡眠をとると言われています。 ただし、熟睡している時間は意外と少なく、ほとんどが浅い眠りです。 物音がするとすぐ目を覚ますのはそのせいなんですね。

Webフォント適用後。フォントが変わった。

3-7 CHAPTER 色をつけよう

ユーザーがページを開いた瞬間に、Webサイトのイメージを決定づける重要なデザイン要素として「色」があります。色をCSSで指定する方法を身につけましょう。

色の指定方法

文字の色や背景の色などをCSSで指定する方法はよく利用されるものとして次の3通りがあります。

カラーコードで指定する

1つ目は**カラーコード**と呼ばれる6桁の英数字で指定する方法が一般的です。カラーコードは「**#**(ハッシュ)」からはじまり、0～9の数字とa～fのアルファベットを組み合わせて表現します。英字は大文字、小文字どちらでも使えます。

カラーコードは「0, 1, 2, 3, 4, 5, 6, 7, 8, 9, a, b, c, d, e, f」の16文字を使った16進数で成り立っています。6桁のうち左2つが赤（Red)、真ん中2つが緑（Green)、右2つが青（Blue）の度合いを表しています。「0」に近くなるほど色は暗くなり、「f」に近くなるほど色は明るくなります。そのためカラーコードの「#ffffff」は白になり、逆に「#000000」は黒となります。

また、同じ数値が連続する場合は、カラーコードを3桁に省略できます。例えば白を表す「#ffffff」の場合は「#fff」に、赤を表す「#ff0000」の場合は「#f00」と記述可能です。

RGB値で指定する

2つ目はRGBの数値を組み合わせて指定する方法です。RGBとは赤（Red)、緑（Green)、青(Blue)の数値を組み合わせた表現方法です。CSSでの記述方法は「rgb(赤の数値, 緑の数値, 青の数値)」となります。数値は0～255まであり、「0」が一番暗く、数値が上がるほど明るくなります。そのため「rgb（255, 255, 255)」は白を表し、「rgb（0, 0, 0)」は黒を表します。

また、この指定の方法では透明度を表す**Alpha値**も指定できます。その場合は「rgba（赤の数値, 緑の数値, 青の数値, 透明度)」という書き方になります。透明度は0～1の間で記述し、「0」は透明、「1」は不透明を表します。例えば、rgba（255, 255, 255, .5）と書きAlpha値を「0.5」にすると白の半透明の指定になります。

カラーピッカーを使おう

カラーコードやRGB値を調べるには、カラーピッカーを使うとよいでしょう。PhotoshopやIllustratorなどのグラフィックツールには標準でカラーピッカーが搭載されています。ただ、ブラウザー上でも簡単に調べられます。

試しにGoogleで「**カラーピッカー**」と検索してみましょう。検索結果に右図のようなツールが表示されます。下部のカラフルなバーの部分をドラッグして色を変えたり、パレット部分で明るさなどを変えて好みの色を探してください。カラーコードやRGBの数値などは下に表示されます。

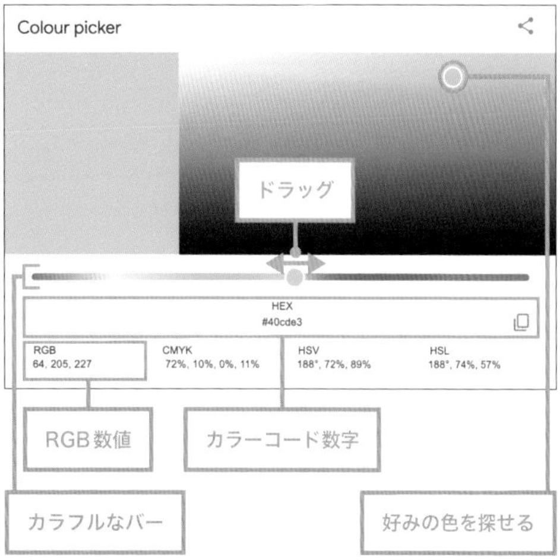

色の名前で指定する

3つ目は色の名前で指定する方法です。赤なら「red」、青なら「blue」といったように、決められた色の名前を使うこともできます。どんな色なのか言葉からすぐに連想できるというメリットがあります。ただし指定できる色の数に限りがあり、細かい色の調整は難しいです。

Web制作の練習や制作中、特にテスト段階では「とりあえず」色をつけるということもあり、短くてスペルの簡単な色の名前を覚えておくと便利に活用できます。筆者がよく使う色の名前は「pink」「tomato」「orange」「gold」「plum」「tan」などです。ぜひ、試してみてください。

HTMLでの名称	16進 R/G/B	10進 R/G/B
赤系の色		
IndianRed	CD 5C 5C	205 92 92
LightCoral	F0 80 80	240 128 128
Salmon	FA 80 72	250 128 114
DarkSalmon	E9 96 7A	233 150 122
LightSalmon	FF A0 7A	255 160 122
Crimson	DC 14 3C	220 20 60
Red	FF 00 00	255 0 0
FireBrick	B2 22 22	178 34 34
DarkRed	8B 00 00	139 0 0
ピンク系の色		
Pink	FF C0 CB	255 192 203
LightPink	FF B6 C1	255 182 193
HotPink	FF 69 B4	255 105 180
DeepPink	FF 14 93	255 20 147
MediumVioletRed	C7 15 85	199 21 133
PaleVioletRed	DB 70 93	219 112 147
橙系の色		
LightSalmon	FF A0 7A	255 160 122
Coral	FF 7F 50	255 127 80
Tomato	FF 63 47	255 99 71
OrangeRed	FF 45 00	255 69 0
DarkOrange	FF 8C 00	255 140 0
Orange	FF A5 00	255 165 0

HTMLでの名称	16進 R/G/B	10進 R/G/B
緑系の色		
GreenYellow	AD FF 2F	173 255 47
Chartreuse	7F FF 00	127 255 0
LawnGreen	7C FC 00	124 252 0
Lime	00 FF 00	0 255 0
LimeGreen	32 CD 32	50 205 50
PaleGreen	98 FB 98	152 251 152
LightGreen	90 EE 90	144 238 144
MediumSpringGreen	00 FA 9A	0 250 154
SpringGreen	00 FF 7F	0 255 127
MediumSeaGreen	3C B3 71	60 179 113
SeaGreen	2E 8B 57	46 139 87
ForestGreen	22 8B 22	34 139 34
Green	00 80 00	0 128 0
DarkGreen	00 64 00	0 100 0
YellowGreen	9A CD 32	154 205 50
OliveDrab	6B 8E 23	107 142 35
Olive	80 80 00	128 128 0
DarkOliveGreen	55 6B 2F	85 107 47
MediumAquamarine	66 CD AA	102 205 170
DarkSeaGreen	8F BC 8F	143 188 143
LightSeaGreen	20 B2 AA	32 178 170
DarkCyan	00 8B 8B	0 139 139
Teal	00 80 80	0 128 128

HTMLでの名称	16進 R/G/B	10進 R/G/B
茶系の色		
Cornsilk	FF F8 DC	255 248 220
BlanchedAlmond	FF EB CD	255 235 205
Bisque	FF E4 C4	255 228 196
NavajoWhite	FF DE AD	255 222 173
Wheat	F5 DE B3	245 222 179
BurlyWood	DE B8 87	222 184 135
Tan	D2 B4 8C	210 180 140
RosyBrown	BC 8F 8F	188 143 143
SandyBrown	F4 A4 60	244 164 96
Goldenrod	DA A5 20	218 165 32
DarkGoldenrod	B8 86 0B	184 134 11
Peru	CD 85 3F	205 133 63
Chocolate	D2 69 1E	210 105 30
SaddleBrown	8B 45 13	139 69 19
Sienna	A0 52 2D	160 82 45
Brown	A5 2A 2A	165 42 42
Maroon	80 00 00	128 0 0
白系の色		
White	FF FF FF	255 255 255
Snow	FF FA FA	255 250 250
Honeydew	F0 FF F0	240 255 240
MintCream	F5 FF FA	245 255 250
Azure	F0 FF FF	240 255 255

https://ja.wikipedia.org/wiki/ウェブカラー #X11の色名称

文字に色をつけよう「colorプロパティ」

これまでのサンプルコードでも何度か登場した「color」。これは文字に色をつけるためのプロパティです。一般的にカラーコードで記述します。

主な値

指定方法	説明
カラーコード	「#（ハッシュ）」で始まる3桁もしくは6桁のカラーコードを指定
色の名前	「red」「blue」などの決められた色の名前を指定
RGB値	「rgb」から書き始め、赤、緑、青の値を「,（カンマ)」で区切って指定。透明度も含める場合は「rgba」から書き始め、赤、緑、青、透明度の値を「,（カンマ)」で区切って指定。透明度は0～1の間で記述する

カラーコードで記述する時は、「#（ハッシュ）」を忘れないように書きましょう。透明度を指定したい場合は「rgba」を使います。

chapter3/c3-07-1/style.css

```
h1 {
  color: #0bd;
}
h2 {
  color: navy;
}
p {
  color: rgba(10, 130, 165, .5);
}
```

<h1>タグにカラーコードで指定
3桁で記述している

<h2>タグに色の名前で指定
している

<p>タグにRGB値で指定している。
透明度は「0.5」で半透明になる

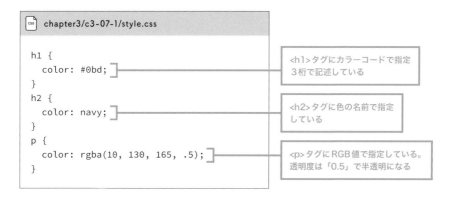

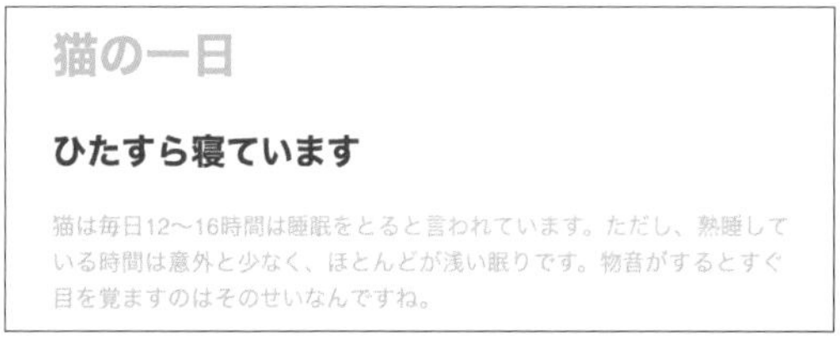
猫の一日
ひたすら寝ています
猫は毎日12〜16時間は睡眠をとると言われています。ただし、熟睡している時間は意外と少なく、ほとんどが浅い眠りです。物音がするとすぐ目を覚ますのはそのせいなんですね。

<h1><h2><p>タグそれぞれの要素に異なる色が適用されました。一番下の<p>タグの文章は透明度が0.5（50%）になり、文字が薄くなっているのがわかります。

背景に色をつけよう「background-colorプロパティ」

背景に色を指定するにはbackground-colorプロパティを使います。色の指定方法は文字に色をつける時と同じく、カラーコードや色の名前を書きます。

主な値

指定方法	説明
カラーコード	「#（ハッシュ）」で始まる3桁もしくは6桁のカラーコードを指定
色の名前	「red」「blue」などの決められた色の名前を指定
RGB値	「rgb」から書き始め、赤、緑、青の値を「,（カンマ)」で区切って指定。透明度も含める場合は「rgba」から書き始め、赤、緑、青、透明度の値を「,（カンマ)」で区切って指定。透明度は0～1の間で記述する

ページ全体の背景に色をつけるなら<body>タグに対して指定します。

chapter3/c3-07-2/style.css

```
body {
  background-color: #fee;
}
h1 {
  background-color: #faa;
}
```

<body>タグの背景に
#fee（薄いピンク）の色を指定した

<h1>タグの背景に
#faa（少し濃いピンク）の色を指定した

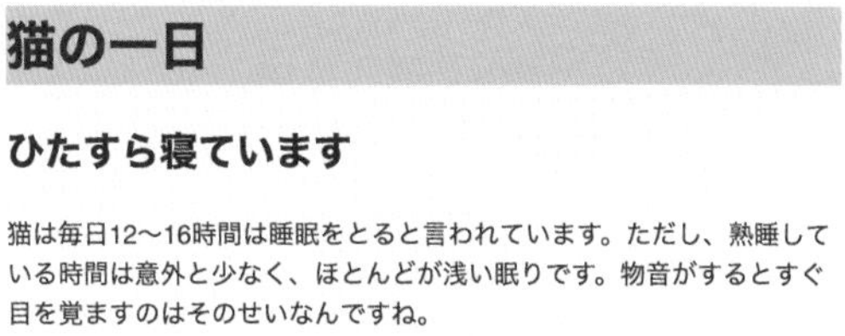
猫の一日
ひたすら寝ています
猫は毎日12〜16時間は睡眠をとると言われています。ただし、熟睡している時間は意外と少なく、ほとんどが浅い眠りです。物音がするとすぐ目を覚ますのはそのせいなんですね。

<body>タグの範囲であるページ全体の背景に薄いピンクが、<h1>タグに少し濃いピンクが反映された。

COLUMN ｜ 無彩色をカラーコードで表すと？

白やグレイ、黒などの無彩色をカラーコードで書くと、同じ数字やアルファベットが並ぶような値となります。カラーコードでは「f」に近いほど明るい色に、「0」に近いほど暗い色になるため、例えば「#ffffff」だと白に、「#dddddd」だと明るいグレイに、「#333333」だと暗いグレイに、「#000000」だと黒になります。

また、「#9a9a9a」「#646464」といった指定でも赤、緑、青の2つの組み合わせが同じであれば無彩色になります。すぐに無彩色を作りたい時に活用できるのでぜひ覚えておくとよいでしょう。

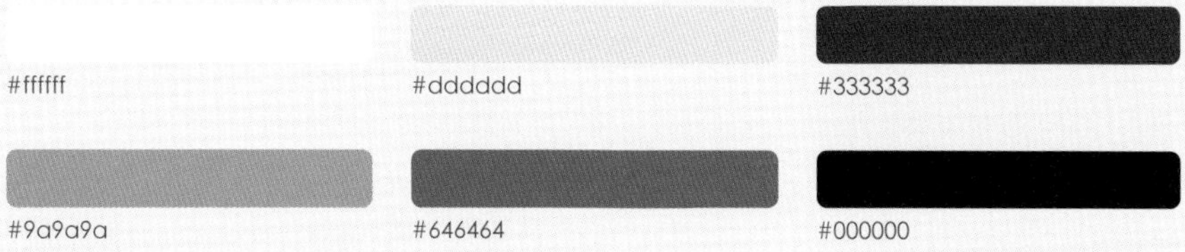
#ffffff
#dddddd
#333333
#9a9a9a
#646464
#000000

3-8 CHAPTER 上手に配色しよう

色の組み合わせには無限のパターンがあります。Webデザインはどんな配色にするかで全体の雰囲気が大きく変わってきます。まずは色と配色についての基礎知識を身につけましょう。

色相・明度・彩度とは

色は色相・明度・彩度の3つの要素から成り立っており、これらを調整しながら最適な色を探します。

色相

色相は赤・黄・緑・青などの言葉で区別される、色の違いのことです。色相はそれぞれが個別に独立しているのではなく、つながりを持っていて、それらを円状に並べたものを**「色相環」**と言います。

なお、色相環で反対にある色を補色といい、隣り合う色同士を類似色相といいます。

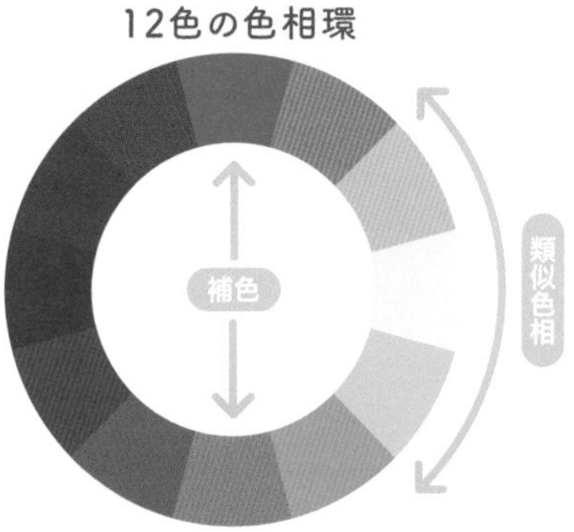

明度

明度は色の明るさの度合いを表します。明度が高いと白に近づき、明るく爽快なイメージになります。明度が低いと黒に近づき、暗く落ち着いたイメージになります。

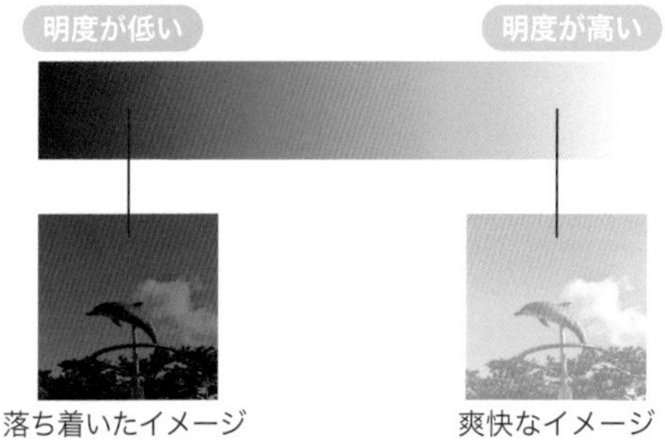

彩度

彩度は色の鮮やかさの度合いを表します。彩度が高いと鮮やかで華やかなイメージになり、彩度が低いと渋く大人っぽいイメージになります。

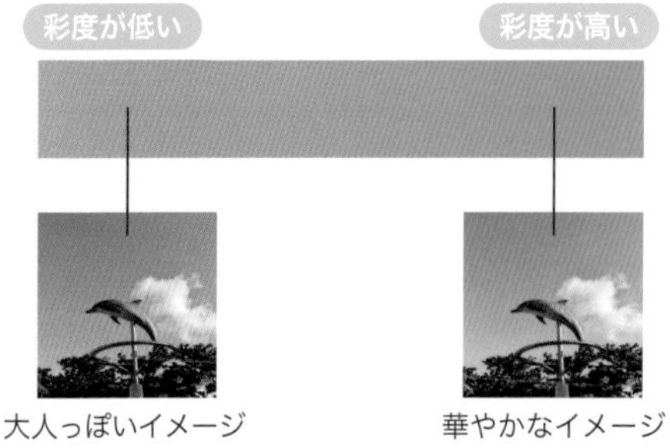

色の持つ印象とは

Webデザインで使う色を決める時は、単に自分の好きな色だからと選んではいけません。Webデザインは Webサイトを利用するターゲットユーザーのためのものであり、デザインの目的に合わせて印象を作る必要があり、色も目指す印象に合わせて選ぶ必要があります。

色と温度

色は「暖かそう」や「冷たそう」といった見た目から伝わる温度で分類することができます。

暖色

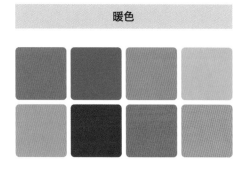

赤を中心とした色相です。炎や血液を連想するため、見た目に暖かく、気持ちを高揚させることができます。また、食欲が増す色合いです。

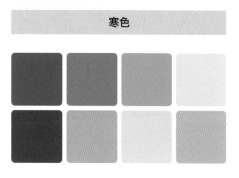

寒色

青を中心とした色相です。海や水を連想し、見た目に涼しく、精神を安定させたり、涼やかさやまじめな印象を持たせることができます。

中性色

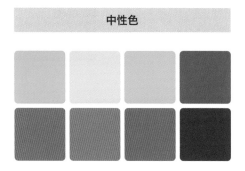

緑や紫など、温度を感じない色相です。そのような色相を中性色と言います。暖色や寒色と組み合わせることで、温度感を付加できる場合があります。

無彩色

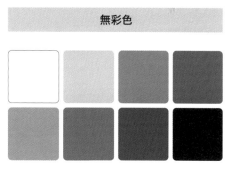

白、灰色、黒などの色味がない色相です。どんな色と組み合わせても調和が取りやすく、スタイリッシュな印象を持たせることができます。

色のイメージ

色を見ることで、人は様々なイメージを連想します。また国や人種、文化によっても色の印象は異なってきます。一般的に共通して連想される色のイメージは覚えておくとよいでしょう。

赤

Red

熱い・生命力・強い・情熱・愛・刺激・怒り・警告・禁止

オレンジ

Orange

親近感・暖かい・陽気・喜び・楽しい・ビタミン

黄色

Yellow

好奇心・協力・幸福・栄光・希望・騒々しい・子供らしさ

緑

Green

自然・安全・調和・健康・治療・リラックス・未熟

青

Blue

冷たい・静けさ・冷静・安らぎ・誠実・真面目・知性

紫

Purple

高貴・威厳・忠誠・優雅・病気・不吉・個性的・神秘的

ピンク

Pink

柔らかい・可愛い・幼い・春・恋・幻想的・ロマンス

茶色

Brown

安定・信頼・歴史・伝統・熟成・保守的・ぬくもり・地味

白

White

純粋・潔白・善・平和・敬意・無・空虚・無機質・冷たい

黒

Black

高級・威厳・機能的・硬い・クール・恐怖・孤独・死

色のトーンとは

トーンとは、明度と彩度を合わせた概念です。同じ色相でもトーンによって印象は大きく変わります。このトーンから受ける印象は配色を決める上で重要なポイントとなるので、デザインの目的に合わせてトーンを選びましょう。

次のページからトーンの一覧を記載していきます。Webサイトを制作する際にはターゲットに合う印象のトーンを見つけてデザインに活用してもよいでしょう。

ペール・トーン（薄い）

軽い・透明感・可愛い・優しいデザインを作りたい時に使える

明度	高
彩度	低

R250 G190 B167 #fabea7	R252 G201 B172 #fcc9ac	R255 G224 B182 #ffe0b6	R255 G250 B194 #fffac2
R225 G238 B193 #e1eec1	R195 G220 B190 #c3dcbe	R186 G212 B209 #bad4d1	R180 G193 B209 #b4c1d1
R174 G181 B220 #aeb5dc	R183 G174 B214 #b7aed6	R197 G178 B214 #c5b2d6	R229 G183 B190 #e5b7be

ライト・トーン（浅い）

柔らかい・爽やか・子供らしい・可愛いデザインを作りたい時に使える

明度	高
彩度	中

R246 G150 B121 #f69679	R249 G169 B128 #f9a980	R254 G207 B141 #fecf8d	R255 G247 B153 #fff799
R208 G227 B155 #d0e39b	R159 G202 B153 #9fca99	R148 G188 B183 #94bcb7	R138 G163 B185 #8aa3b9
R132 G144 B200 #8490c8	R146 G131 B190 #9283be	R168 G136 B190 #a888be	R213 G141 B157 #d58d9d

ブライト・トーン（明るい）

楽しい・陽気・健康的・カジュアルデザインを作りたい時に使える

明度	高
彩度	高

R243 G112 B83 #f37053	R246 G139 B88 #f68b58	R253 G191 B100 #fdbf64	R255 G245 B108 #fff56c
R192 G219 B117 #c0db75	R122 G185 B119 #7ab977	R110 G167 B161 #6ea7a1	R98 G137 B164 #6289a4
R92 G115 B183 #5c73b7	R115 G97 B171 #7361ab	R143 G100 B171 #8f64ab	R199 G103 B129 #c76781

ストロング・トーン（強い）

力強い・情熱的・信頼・存在感のあるデザインを作りたい時に使える

明度	中
彩度	高

R200 G62 B54 #c83e36	R208 G101 B59 #d0653b	R227 G164 B78 #e3a44e	R248 G235 B101 #f8eb65
R176 G200 B101 #b0c865	R95 G160 B94 #5fa05e	R81 G140 B132 #518c84	R62 G104 B125 #3e687d
R48 G80 B137 #305089	R74 G56 B124 #4a387c	R106 G57 B125 #6a397d	R159 G56 B91 #9f385b

ディープ・トーン（濃い）

深み・伝統的・和風・落ち着いたデザインを作りたい時に使える

明度	低
彩度	高

R139 G3 B4 #8b0304	R140 G48 B3 #8c3003	R144 G96 B0 #906000	R150 G141 B0 #968d00
R92 G121 B27 #5c791b	R14 G98 B39 #0e6227	R11 G86 B79 #0b564f	R2 G61 B83 #023d53
R2 G37 B97 #022561	R38 G6 B87 #260657	R65 G1 B85 #410155	R110 G0 B51 #6e0033

ビビッド・トーン（鮮やかな）

派手・スポーティー・華やか・活発なデザインを作りたい時に使える

明度	中
彩度	高

R237 G28 B36 #ed1c24	R241 G89 B34 #f15922	R250 G166 B26 #faa61a	R255 G242 B0 #fff200
R166 G206 B57 #a6ce39	R40 G164 B74 #28a44a	R31 G142 B131 #1f8e83	R25 G105 B137 #196989
R12 G77 B162 #0c4da2	R71 G47 B145 #472f91	R112 G44 B145 #702c91	R182 G25 B93 #b6195d

ライトグレイッシュ・トーン（明るい灰みの）

落ち着いた・上品・渋い・大人しいデザインを作りたい時に使える

明度	高
彩度	低

R176 G127 B114 #b07f72	R188 G145 B127 #bc917f	R212 G186 B159 #d4ba9f	R241 G234 B195 #f1eac3
R206 G209 B179 #ced1b3	R167 G177 B155 #a7b19b	R155 G165 B160 #9ba5a0	R135 G136 B142 #87888e
R124 G120 B137 #7c7889	R123 G107 B127 #7b6b7f	R136 G114 B132 #887284	R157 G119 B124 #9d777c

ソフト・トーン（柔らかい）

和み・穏やか・上品・レトロデザインを作りたい時に使える

明度	高
彩度	中

R204 G121 B101 #cc7965	R213 G142 B111 #d58e6f	R230 G188 B135 #e6bc87	R247 G239 B162 #f7efa2
R200 G213 B153 #c8d599	R149 G181 B141 #95b58d	R138 G167 B161 #8aa7a1	R120 G136 B151 #788897
R112 G118 B157 #70769d	R121 G103 B146 #796792	R141 G108 B149 #8d6c95	R176 G113 B126 #b0717e

グレイッシュ・トーン（灰みの）

渋い・地味・シック・都会的なデザインを作りたい時に使える

明度	中
彩度	低

R95 G56 B48 #5f3830	R105 G73 B60 #69493c	R128 G108 B87 #806c57	R155 G151 B122 #9b977a
R125 G130 B106 #7d826a	R91 G102 B84 #5b6654	R83 G93 B88 #535d58	R64 G68 B72 #404448
R50 G52 B67 #323443	R48 G39 B59 #30273b	R63 G44 B63 #3f2c3f	R82 G50 B57 #523239

ダル・トーン（鈍い）

濁った・くすんだ・高級・エレガントなデザインを作りたい時に使える

明度	中
彩度	中

R133 G36 B27 #85241b	R138 G65 B33 #8a4121	R149 G109 B48 #956d30	R166 G157 B68 #a69d44
R114 G135 B66 #728742	R58 G108 B61 #3a6c3d	R50 G96 B90 #32605a	R35 G69 B85 #234555
R28 G49 B93 #1c315d	R47 G27 B83 #2f1b53	R70 G28 B84 #461c54	R107 G29 B59 #6b1d3b

ダーク・トーン（暗い）

大人っぽい・丈夫・強い・格好よいデザインを作りたい時に使える

明度	低
彩度	中

R86 G13 B4 #560d04	R89 G35 B5 #592305	R97 G68 B20 #614414	R107 G101 B38 #6b6526
R71 G88 B37 #475825	R25 G70 B33 #194621	R20 G61 B56 #143d38	R13 G40 B53 #0d2835
R10 G18 B58 #0a123a	R22 G7 B50 #160732	R41 G8 B51 #290833	R70 G7 B32 #460720

ダークグレイッシュ・トーン（暗い灰みの）

堅い・渋い・重い・陰気なデザインを作りたい時に使える

明度	低
彩度	低

R51 G22 B14 #33160e	R58 G36 B25 #3a2419	R73 G60 B46 #493c2e	R91 G88 B70 #5b5846
R71 G75 B60 #474b3c	R48 G57 B44 #30392c	R43 G51 B48 #2b3330	R29 G32 B36 #1d2024
R17 G17 B32 #111120	R15 G5 B24 #0f0518	R28 G9 B28 #1c091c	R43 G19 B23 #2b1317

色の組み合わせを考える

色のイメージ・トーンを解説してきました。今度は実際にそれらを組み合わせてみましょう。全体をどのような配色のイメージにしたいか明確にしておくと色を選びやすくなります。

色の比率

使用する色を選ぶのと同じくらい大切なのが、どの比率でそれらを組み合わせるかという点です。そこでポイントとなるのが「**ベースカラー**」「**メインカラー**」「**アクセントカラー**」の割合です。

「ベースカラー」とはデザインの基盤となる色で、Webサイトでいうと背景色に用いられます。コンテンツの邪魔にならない、シンプルな色を選ぶとよいでしょう。

「メインカラー」はデザインの中で最も見てほしい色です。そのデザインのテーマカラーとなる色で、全体の雰囲気を印象づける大切な色になります。

「アクセントカラー」はデザインを引き締め、メリハリをつけるためのワンポイントとなる色です。特に目につく色で、ボタンなどの目立たせたいパーツやコンテンツに使用することが多いです。比率を決める時はこの「ベースカラー」「メインカラー」「アクセントカラー」の3つを決めバランスよく配色しましょう。まずは配色の基本となる以下の比率がおすすめです。

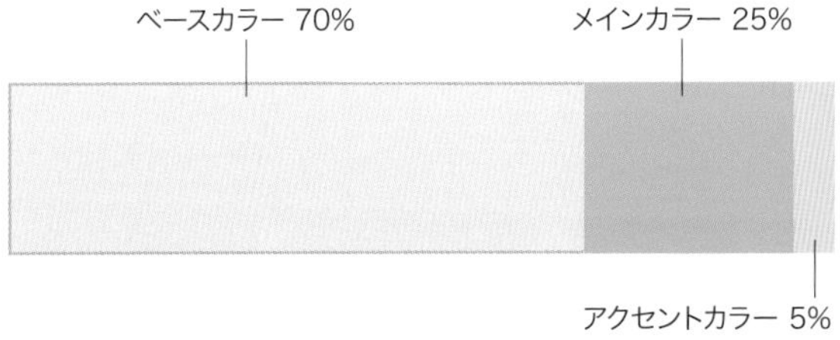

おすすめのバランス

- ベースカラー　70%
- メインカラー　25%
- アクセントカラー　5%

使う色が3色より多くなった場合は、色の割合を分割しましょう。基本的にベースカラーの割合は変更せず、メインカラーを分割すると全体的にスッキリとおさまります。配色に慣れてきたら、徐々に割合を変更しながら自分だけの配色パターンを考えましょう。

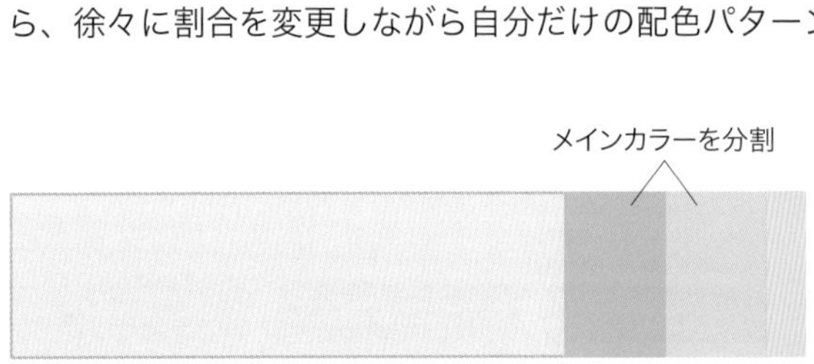

POINT

色には連想するイメージがある。どんな印象のデザインにしたいかを明確にし、それに合った配色を選ぼう。

20カテゴリーの配色例

次のページからデザインの制作の際によく使われる様々なイメージの配色を20カテゴリーに分けて記載しています。4色の色玉とシンプルな配色例を1カテゴリーの中に2種類ずつまとめていますので、デザインの制作の際の配色例として参考にしてください。

❶柔らかい

R255 G255 B255 #ffffff	R255 G250 B237 #fffaed	R255 G232 B220 #ffe8dc	R228 G240 B249 #e4f0f9

R255 G255 B242 #fffff2	R255 G246 B250 #fff6fa	R252 G230 B232 #fce6e8	R242 G190 B210 #f2bed2

❷やさしい

R244 G241 B223 #f4f1df	R191 G232 B207 #bfe8cf	R255 G202 B202 #ffcaca	R195 G242 B255 #c3f2ff

R249 G143 B171 #f98fab	R255 G230 B237 #ffe6ed	R254 G255 B210 #feffd2	R184 G224 B175 #b8e0af

❸ロマンチック

R255 G250 B235 #fffaeb	R225 G225 B205 #e1e1cd	R242 G200 B207 #f2c8cf	R214 G195 B230 #d6c3e6

R215 G210 B222 #d7d2de	R105 G17 B60 #69113c	R235 G180 B178 #ebb4b2	R255 G233 B220 #ffe9dc

❹エレガント

R246 G239 B219 #f6efdb	R214 G194 B153 #d6c299	R171 G15 B80 #ab0f50	R64 G39 B23 #402717

R230 G190 B170 #e6beaa	R220 G139 B167 #dc8ba7	R220 G200 B220 #dcc8dc	R110 G80 B100 #6e5064

❺ 可愛い

R255 G108 B148 #ff6c94	R246 G240 B204 #f6f0cc	R58 G172 B173 #3aacad	R67 G44 B2 #432c02

R234 G246 B253 #eaf6fd	R226 G235 B163 #e2eba3	R247 G198 B189 #f7c6bd	R197 G163 B203 #c5a3cb

❻ おしゃれ

R210 G210 B0 #d2d200	R0 G160 B150 #00a096	R0 G165 B221 #00a5dd	R181 G0 B153 #b50099

R255 G0 B111 #ff006f	R255 G255 B255 #ffffff	R0 G0 B0 #000000	R255 G191 B31 #ffbf1f

❼ スポーティー

R255 G240 B0 #fff000	R240 G130 B30 #f0821e	R0 G160 B220 #00a0dc	R25 G50 B120 #193278

R255 G204 B0 #ffcc00	R255 G37 B153 #ff2599	R153 G68 B204 #9944cc	R0 G169 B255 #00a9ff

❽ レトロ

R20 G48 B70 #143046	R20 G150 B160 #1496a0	R240 G230 B180 #f0e6b4	R200 G65 B45 #c8412d

R245 G170 B60 #f5aa3c	R237 G76 B87 #ed4c57	R87 G70 B55 #574637	R114 G108 B193 #726cc1

⑨おいしそう

R255 G153 B51 #ff9933
R255 G229 B86 #ffe556
R173 G204 B51 #adcc33
R51 G153 B0 #339900

R73 G145 B73 #499149
R255 G248 B207 #fff8cf
R213 G47 B37 #d52f25
R105 G28 B13 #691c0d

⑩温かい

R255 G167 B108 #ffa76c
R255 G102 B102 #ff6666
R200 G33 B55 #c82137
R75 G25 B0 #4b1900

R238 G220 B20 #eedc14
R250 G180 B24 #fab418
R240 G110 B30 #f06e1e
R210 G20 B40 #d21428

⑪楽しい

R222 G77 B77 #de4d4d
R246 G118 B144 #f67690
R255 G255 B255 #ffffff
R0 G170 B255 #00aaff

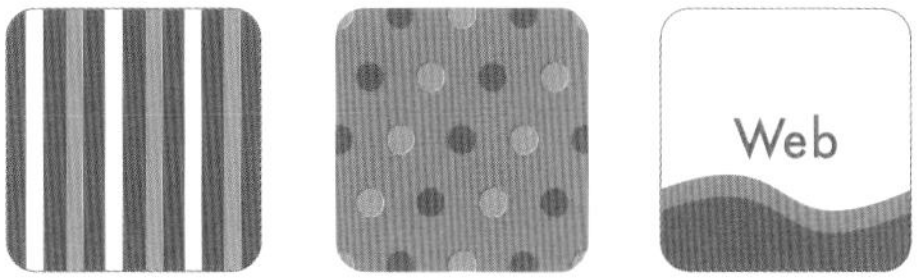

R249 G233 B0 #f9e900
R245 G165 B0 #f5a500
R146 G203 B151 #92cb97
R59 G130 B196 #3b82c4

⑫格好よい

R219 G237 B240 #dbedf0
R128 G164 B145 #80a491
R70 G153 B202 #4699ca
R23 G96 B160 #1760a0

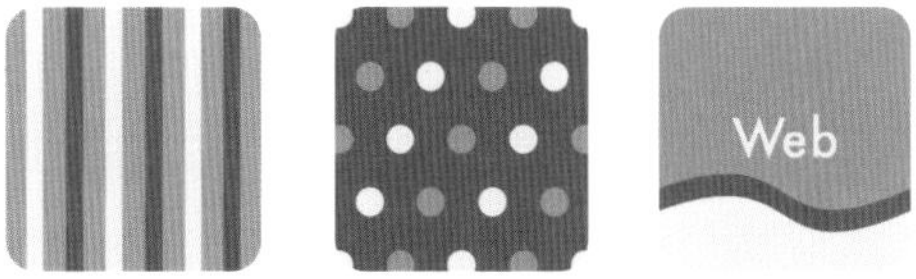

R204 G0 B0 #cc0000
R102 G0 B0 #660000
R51 G0 B0 #330000
R0 G0 B0 #000000

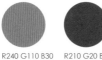

⑬ 清潔感

R255 G255 B255 #ffffff	R230 G240 B240 #e6f0f0	R151 G205 B243 #97cdf3	R127 G217 B210 #7fd9d2

R153 G204 B101 #99cc65	R255 G255 B255 #ffffff	R122 G203 B225 #7acbe1	R0 G155 B198 #009bc6

⑭ 知的

R221 G221 B221 #dddddd	R209 G207 B110 #e5cf6e	R0 G80 B112 #005070	R40 G55 B60 #28373c

R151 G187 B211 #97bbd3	R237 G232 B228 #ede8e4	R183 G174 B167 #b7aea7	R64 G60 B60 #403c3c

⑮ ミニマル

R238 G238 B238 #eeeeee	R204 G204 B204 #cccccc	R119 G119 B119 #777777	R51 G51 B51 #333333

R218 G223 B232 #dadfe8	R10 G18 B40 #0a1228	R22 G32 B64 #162040	R55 G62 B90 #373e5a

⑯ ミステリアス

R105 G110 B188 #696ebc	R196 G178 B161 #c4b2a1	R175 G107 B162 #af6ba2	R30 G20 B35 #1e1423

R240 G222 B234 #f0deea	R175 G220 B220 #afdcdc	R121 G99 B147 #796393	R74 G60 B50 #4a3c32

⑰ ナチュラル

R193 G153 B77 #c1994d	R241 G226 B190 #f1e2be	R148 G198 B116 #94c674	R71 G118 B60 #47763c

R238 G233 B223 #eee9df	R185 G208 B177 #b9d0b1	R225 G192 B182 #e1c0b6	R211 G193 B175 #d3c1af

⑱ 落ち着いた

R215 G206 B187 #d7cebb	R175 G160 B127 #afa07f	R128 G121 B108 #80796c	R91 G92 B118 #5b5c76

R221 G221 B221 #dddddd	R179 G208 B215 #b3d0d7	R130 G170 B170 #82aaaa	R136 G136 B136 #888888

⑲ 和風

R211 G196 B150 #d3c496	R115 G136 B81 #738851	R74 G85 B30 #4a551e	R144 G70 B68 #904644

R135 G25 B0 #871900	R222 G52 B0 #de3400	R255 G255 B255 #ffffff	R51 G51 B51 #333333

⑳ 高級

R237 G220 B188 #eddcbc	R238 G209 B63 #eed13f	R176 G148 B30 #b0941e	R0 G0 B0 #000000

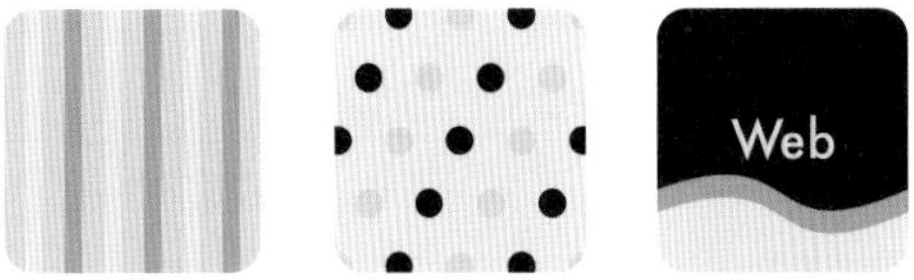

R189 G198 B183 #bdc6b7	R0 G0 B177 #0000b1	R0 G0 B93 #00005d	R0 G0 B0 #000000

3-9 CHAPTER 各色をメインで使ったWebサイト

色を画面全体や一部に特徴的に使用しているWebサイトを紹介します。色相の持つイメージをうまく取り入れ、印象的なデザインに仕上がっているか見てみましょう。

参考Webサイト一覧

メインカラー、ベースカラーに何の色が使用されているか、アクセントカラーとして使用している色は何かなどに注目すると、色が作るデザインのイメージを感じとれます。

赤

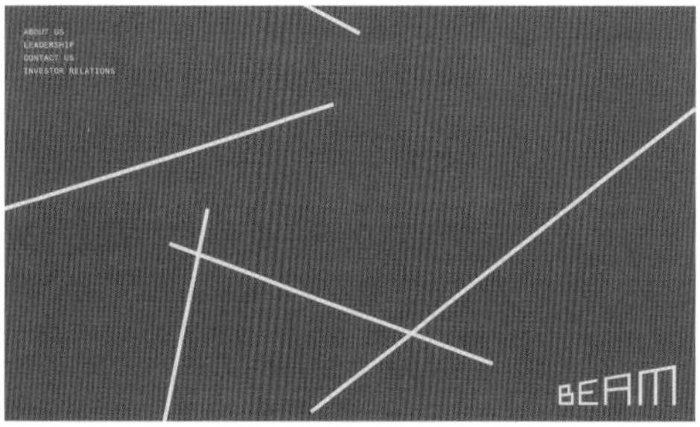

BEAM … https://beamand.co/

全面にビビッドな赤を使用したデザイン。画像も赤いフィルターをかけて、統一感があります。

オレンジ

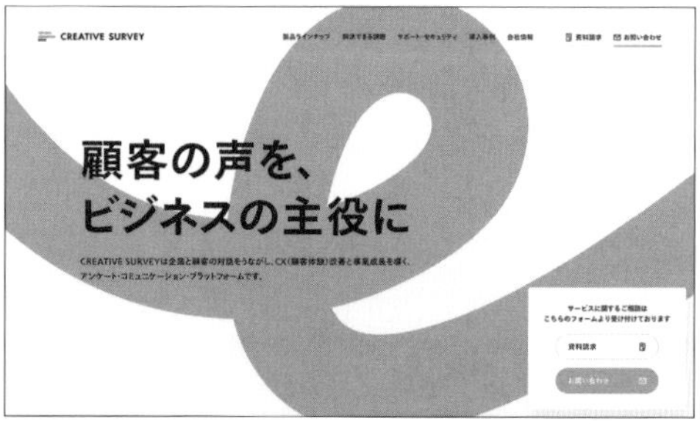

クリエイティブサーベイ … https://jp.creativesurvey.com/

かしこまった印象になりがちな企業サイトを明るいオレンジを使うことでポップなデザインにしています。

黄色

Spready … https://spready.jp/

明るい黄色が印象的なデザインです。鮮やかな配色のイラストと組み合わせて楽しい雰囲気に。

緑

fuzkue … https://fuzkue.com/

彩度を落としたグリーンと淡いベージュを組み合わせて、落ち着いた空間を表しています。

青

Les Animals … https://lesanimals.digital/en

青から黒にかけたグラデーションで、落ち着きとかっこよさを感じます。

紫

Magician for Figma … https://magician.design/

AIを利用した「魔法のようなツール」を表現するため、全面に紫を利用して少し不思議なイメージに。

ピンク

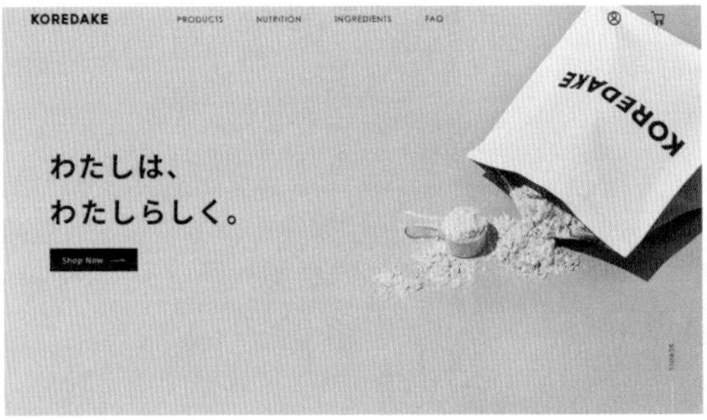

KOREDAKE … https://koredake.co.jp/

鮮やかなピンクではなく、少しくすんだ色合いにすることで、大人っぽい女性をイメージした印象に。

茶色

世にもおいしいチョコブラウニー … https://yonimo.jp/

商品であるチョコブラウニーに合わせて、全体的に茶色をメインに使っています。

白

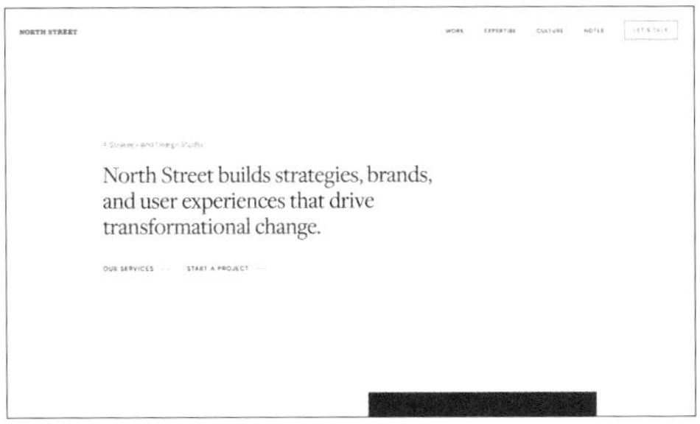

NORTH STREET … https://northstreetcreative.com/

大きめのセリフフォントや整然としたグリッドレイアウトが美しい。モノクロ基調のミニマルデザインです。

黒

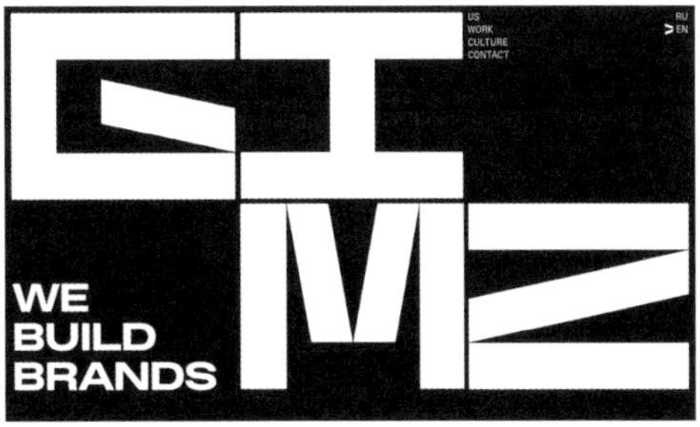

GIMZ … https://gimz.io/

画面いっぱいに表示される社名が迫力満点。黒背景に鮮やかな色彩の画像がよく映えます。

3-10 CHAPTER 背景を彩ろう

背景に画像を置くことでWebサイト全体の印象が大きく変わります。文字の読みやすさに注意しながら、素敵な画像を配置しましょう。

背景に画像を設置しよう「background-imageプロパティ」

background-imageプロパティで要素の背景に画像を設置します。画像がちゃんと読み込まれなかった時のことも考え、背景画像と同時に同じような色合いの背景色も指定するとよいでしょう。

主な値

指定方法	説明
url	画像ファイルの指定
none	背景画像を使用しない

「url」に続いて丸かっこ () 内に画像のパスを記述します。CSSファイルから見た画像ファイルの位置を書きましょう。

chapter3/c3-10-1/style.css

```
body {
  background-color: #f5f2e5;
  background-image: url(images/bg.png);
}
```

背景画像と似た色合いの色を指定している

背景画像を指定

ページ全体に背景画像が表示されました。

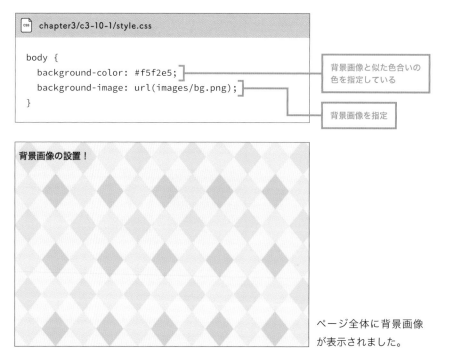

背景画像の繰り返し表示「background-repeatプロパティ」

CSSのデフォルトの設定では背景画像を縦と横に繰り返し表示し、画面いっぱいに画像を敷き詰めます。これをどの方向に繰り返すか、または繰り返さないかをbackground-repeatプロパティで設定できます。

主な値

指定方法	説明
repeat	縦・横ともに繰り返して表示
repeat-x	横方向に繰り返して表示
repeat-y	縦方向に繰り返して表示
no-repeat	繰り返さない

「repeat-x」で横一列に画像を並べます。

chapter3/c3-10-2/style.css

```
body {
  background-image: url(images/bg.png);
  background-repeat: repeat-x;
}
```

imagesフォルダにある bg.pngの画像を 背景に配置する指定

横方向に 繰り返して表示の指定

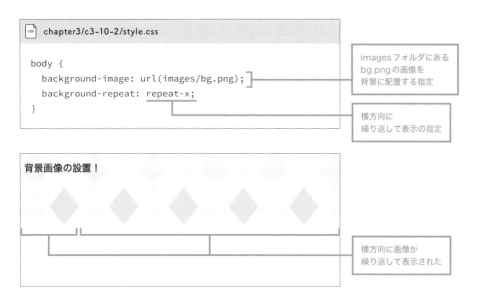

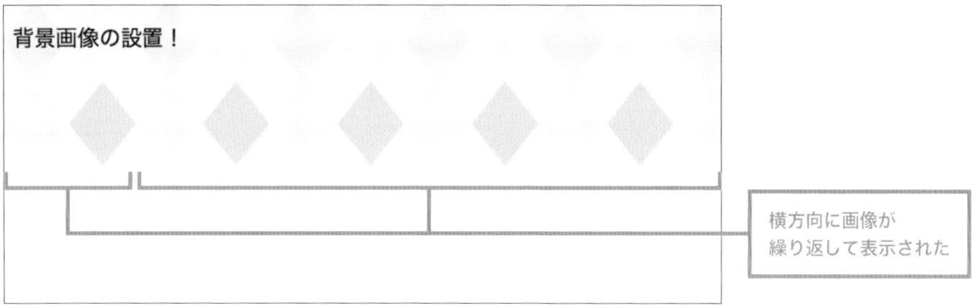
背景画像の設置！
横方向に画像が
繰り返して表示された

POINT

背景画像の設置は「background-image」で行い、位置や繰り返し表示についても一緒に設定する。

「repeat-y」で縦一列に画像を並べます。

chapter3/c3-10-3/style.css

```
body {
  background-image: url(images/bg.png);
  background-repeat: repeat-y;
}
```

縦方向に繰り返して表示の指定

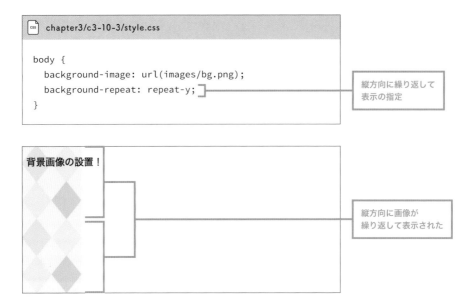

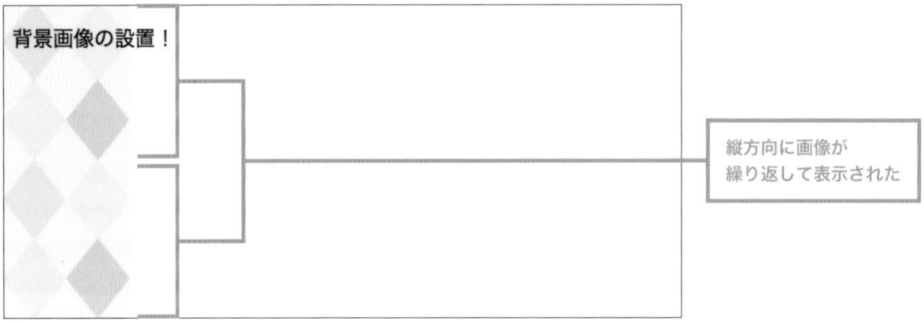
背景画像の設置！
縦方向に画像が繰り返して表示された

背景画像の大きさを指定「background-sizeプロパティ」

background-size プロパティで背景画像のサイズを指定します。元の画像の比率を維持したまま要素に当てはめたり、指定したサイズに引き伸ばしたりできます。

主な値

指定方法	説明
数値	数値に「px」や「rem」、「%」などの単位をつける
キーワード	「cover」、「contain」で指定

「cover」を使うと、画像の縦横比を保持したまま、表示領域をうめつくすように背景画像を表示できます。表示領域より画像が大きい場合は画像が切れます。

chapter3/c3-10-4/style.css

```
div {
  background-image: url(images/bg-airplane.jpg);
  background-repeat: no-repeat;
  background-size: cover;
  height: 100vh;
}
```

画像は繰り返さない

表示領域をうめつくすように指定

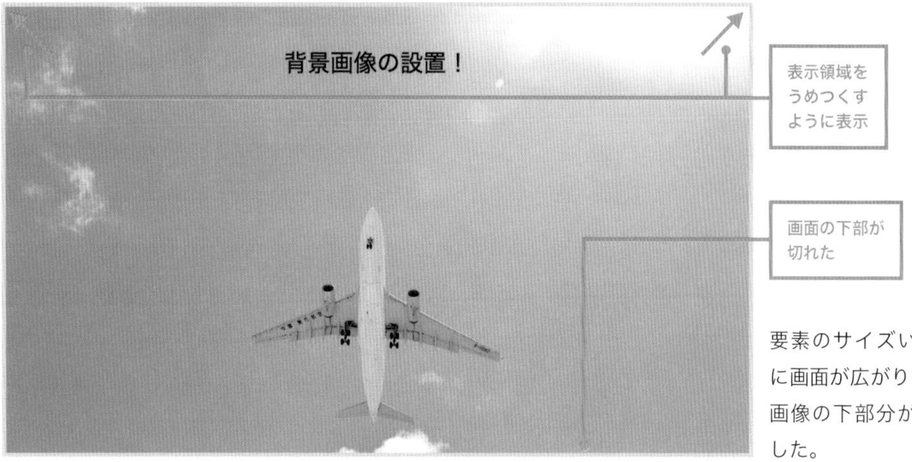
背景画像の設置！
表示領域をうめつくすように表示
画面の下部が切れた

要素のサイズいっぱいに画面が広がりますが、画像の下部分が切れました。

「contain」では、画像の縦横比を保持したまま、画像がすべて表示されるように表示できます。表示領域の方が画像より大きい場合は余白ができます。

chapter3/c3-10-5/style.css

```
div {
  background-image: url(images/bg-airplane.jpg);
  background-repeat: no-repeat;
  background-size: contain;
  height: 100vh;
}
```

縦横比を保持して画像がすべて表示される指定

背景画像の設置！
この部分が余白になった

画像がすべて表示されましたが、右側に余白ができました。

背景画像を表示する位置を指定「background-positionプロパティ」

background-position プロパティで背景画像を表示する開始位置を指定します。基本的に**横方向 縦方向**の順にスペースで区切って記述します。デフォルトでは左上（ left top ）が表示開始位置です。

主な値

指定方法	説明
数値	数値に「px」や「rem」、「%」などの単位をつける
キーワード	横方向は「left（左）」、「center（中央）」、「right（右）」、縦方向は「top（上）」、「center（中央）」、「bottom（下）」

表示する位置が画面の四隅なら、キーワードで指定するとよいでしょう。

chapter3/c3-10-6/style.css

```
body {
  background-image: url(images/bg.png);
  background-repeat: no-repeat;
  background-position: center top;
}
```

画像を上部センターに表示する指定

画面の上部、真ん中に表示しました。

chapter3/c3-10-7/style.css

```
body {
  background-image: url(images/bg.png);
  background-repeat: no-repeat;
  background-position: 30px 80px;
}
```

画像を左から30px、上から80px移動させる指定

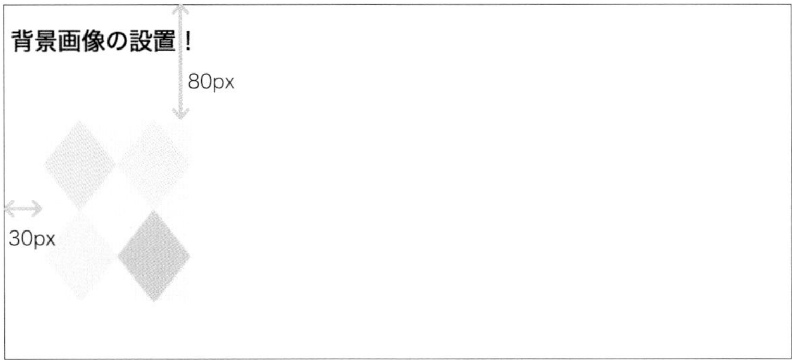

画面の左から30px、上から80pxの位置に表示しました。

背景関連のプロパティをまとめて指定「backgroundプロパティ」

backgroundプロパティを使えば、背景色や背景画像、サイズ、繰り返し表示など、背景に関するすべての値を一括で設定できます。すべてのプロパティを指定する必要はありません。指定していないものは初期値が適用されます。プロパティ同士は半角スペースで区切ります。

一括指定できるプロパティ

- background-clip
- background-color
- background-image
- background-origin
- background-position
- background-repeat
- background-size
- background-attachment

「background-size」の値は「background-position」の直後に「/（スラッシュ）」で区切る必要があります。

chapter3/c3-10-8/style.css

```
div {
   background: #70a2dc url(images/bg-airplane.jpg) no-repeat
center bottom/cover;
height: 100vh;
}
```

「/cover」と指定

写真素材をダウンロードできるWebサイト

Webサイトに使いたい画像は自分で撮影してもよいですが、インターネット上の素材サイトからダウンロードしてもよいでしょう。素材サイトは無料のものから有料のものまであります。ここで紹介するWebサイト以外にも多くの素材サイトが存在するので、ぜひ一度探して眺めてみてください。

無料の素材サイト

ぱくたそ

高品質・高解像度の写真を無料で配布しているフリーの素材サイト。会員登録やダウンロードの枚数制限はありません。真面目系からおもしろ系まで、様々な写真が用意されています。

https://www.pakutaso.com/

GIRLY DROP

クレジットの記載不要、商用利用可能なフリー写真素材サイトです。おしゃれでガーリーな写真を中心に配布しています。

https://girlydrop.com/

StockSnap.io

著作権の制限のない、パブリックドメインの写真を集めたWebサイト。海外のサイトなので日本向けの素材は少なめですが、クオリティは高いものがあります。

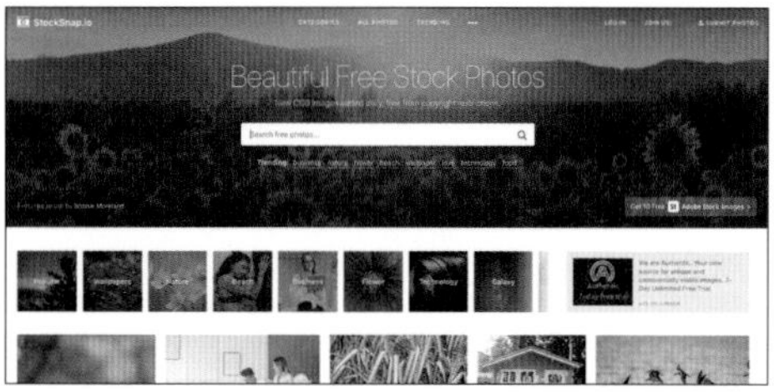

https://stocksnap.io/

Pixabay

商用利用無料の画像がみつかる素材サイトです。写真の他にイラスト、ベクターイメージ、動画などの素材もあります。

https://pixabay.com/ja/

有料の素材サイト

iStock

世界最大級の写真掲載数を誇るWebサイト。写真の他にイラストや動画の素材もあります。料金は月額3,000円からあります。

https://www.istockphoto.com/jp

Adobe Stock

写真や動画、イラスト、デザインテンプレートがダウンロードできます。料金は5クレジット6490円、または月額3828円からあります。

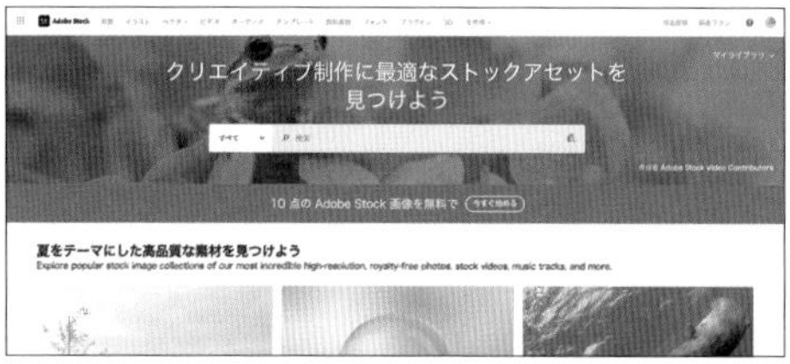

https://stock.adobe.com/jp/

PIXTA

写真、イラスト、動画、音楽の素材が用意されています。日本風の写真が多めにあります。月額1980円から。毎週火曜日更新、期間限定のお得な無料素材もあります。

https://pixta.jp/

COLUMN ｜ 画像のファイル容量を調整しよう

背景に設置する画像が大きければ大きいほど、画像のファイルサイズが大きくなり、その結果、Webサイトのページの読み込みに時間がかかってしまいます。Googleでは1ページのファイル容量を1,600KB（=1.6MB）以下にするよう推奨しています（https://web.dev/total-byte-weight/#how-to-reduce-payload-size）。1ページに複数の画像を掲載することも考え、1つの画像のファイル容量は200～500KB程度に収めるとよいでしょう。画像のファイルサイズが大きい場合は、画像を圧縮してサイズを軽くしましょう。

「Compressor.io（https://compressor.io/compress）」ではWebサイト上に画像をドラッグ＆ドロップするだけで画像のクオリティはそのままで、JPEG、PNG、GIF、SVG、WebP形式の画像のファイルを圧縮できます。

3-11 CHAPTER 幅と高さを指定しよう

レイアウトを組む時には各要素をグループ化してまとめます。Webサイト制作ではグループに対してサイズを指定することが多々あります。幅と高さの指定方法を学びましょう。

サイズを指定しよう「widthプロパティ」、「heightプロパティ」

幅はwidthプロパティ、高さはheightプロパティで要素の大きさを指定します。直接テキストを囲む<a>タグや<span>タグなど、インライン要素と呼ばれるタグに指定しても、サイズの変更ができない点に注意しましょう。

主な値

指定方法	説明
数値	数値に「px」や「rem」、「%」などの単位をつける
auto	関連するプロパティの値によって自動設定

chapter3/c3-11-1/style.css

```
div {
  background: #0bd;
  width: 500px;
  height: 300px;
}
```

幅の指定

高さの指定

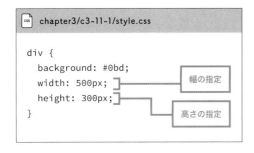

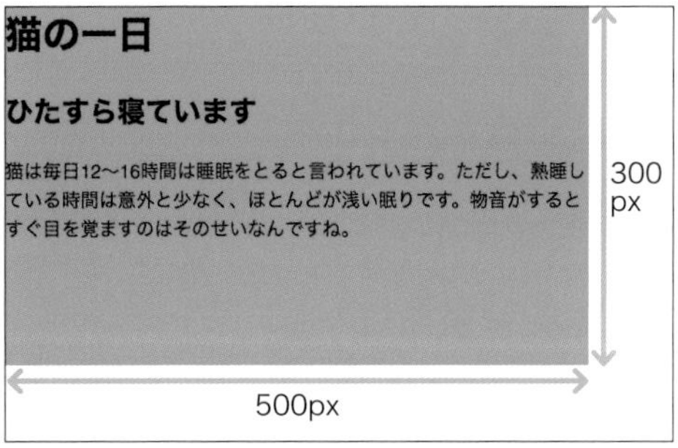
猫の一日
ひたすら寝ています
猫は毎日12〜16時間は睡眠をとると言われています。ただし、熟睡している時間は意外と少なく、ほとんどが浅い眠りです。物音がするとすぐ目を覚ますのはそのせいなんですね。
300px
500px

幅500px、高さ300pxの箱を設置しました。
※わかりやすくするため背景色を設定しています。

幅を「auto」で指定すると？

<div>タグや<p>タグなどのブロック要素では、「width」の値を指定しない場合は、要素の幅は横いっぱいに広がります。これはwidthプロパティの初期値である「auto」が加えられているからです。「auto」の場合は、要素の幅が自動で決められます。幅が「auto」の時、要素の幅はその要素を囲っている親要素よりも大きくなることはありません。

例えば<div>タグの中に<p>タグがあり、<div>タグの幅が500pxなら、その子要素である<p>タグに幅を指定しない限り、自動で500pxになります。

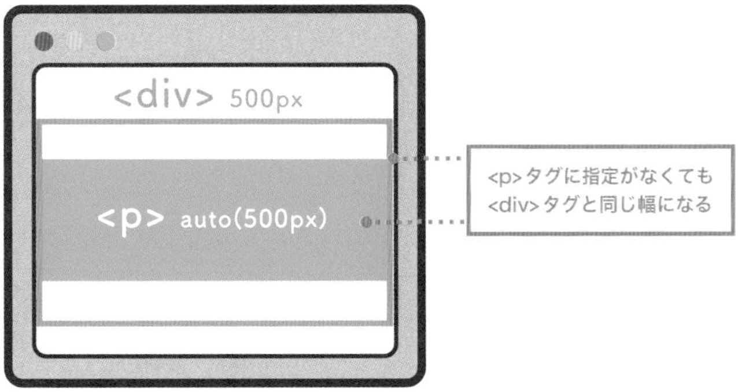
<div> 500px
<p> auto(500px)
<p>タグに指定がなくても
<div>タグと同じ幅になる

幅を「%」で指定すると？

widthプロパティの値を「%」で指定すると、その要素を囲っている親要素の幅に対する比率で幅が決定します。つまり、親要素の幅によって変動するということになります。

例えば<div>タグの中に<p>タグがあり、<div>タグの幅が500px、その子要素である<p>タグの幅が50%の場合、<p>タグの幅は親要素の50%である250pxとなります。

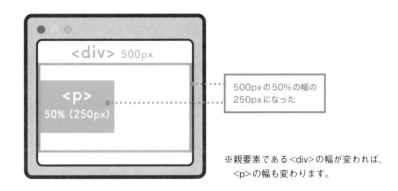

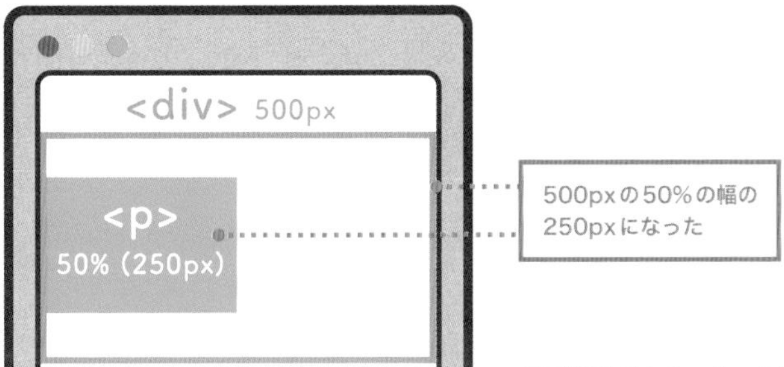
<div> 500px
<p>
50% (250px)
500pxの50%の幅の
250pxになった

※親要素である<div>の幅が変われば、
<p>の幅も変わります。

Webサイト上で使う単位とは

CSSでは文字サイズや要素のサイズを指定する時に単位をつけて数値指定します。その単位には様々な種類があります。実際によく使うものをピックアップしてみました。

単位の種類は大きく分けて「**相対単位**」と「**絶対単位**」の２種類があります。

相対単位

「相対単位」はブラウザーの表示領域や他の要素に指定したサイズを基準として相対的に算出される単位です。基準にするサイズによって大きさが変化します。次に単位を記載していきます。

%

親要素を基準とした時の割合の単位です。親要素の幅が600pxの時、子要素に50%が指定されていると、その幅は300pxとなります。フォントサイズに指定した場合は、親要素のフォントサイズが16pxの場合、**16px = 100%**となります。

em

親要素のサイズを基準にした単位です。フォントサイズに指定されることが多い単位で、親要素のフォントサイズが16pxの場合、**16px = 1em**となります。ブラウザーの設定がデフォルトのままであれば、1emは16pxです。

rem

ルート要素（<html>タグ）のサイズを基準に計算される単位です。「root」+「em」で「rem」です。html要素のフォントサイズが16pxの場合、**16px = 1rem**となります。ブラウザーの設定がデフォルトのままであれば、1remは16pxです。

vw

「viewport width」の略で、ビューポートの幅を基準とした割合の単位です。ビューポートとはブラウザーでWebサイトを閲覧している時の表示領域のことです。ビューポートの幅が1200pxの場合、50vwは1200pxの半分の600pxとなります。表示領域の幅によって変動するので、様々なサイズのデバイスに対応させる時に活躍してくれます。

vh

「viewport height」の略で、ビューポートの高さを基準とした割合の単位です。ビューポートの高さが800pxの場合、50vhは800pxの半分の400pxとなります。表示領域の高さによって変動します。

絶対単位

「絶対単位」はブラウザーの表示領域や親要素のサイズに影響されることなく、指定したサイズでそのまま表示される単位です。

px

Web上で使われる最も一般的な絶対単位です。他の要素から影響を受けないので、10pxと指定したら必ずそのサイズで表示されます。柔軟性に欠けるため、様々なデバイスにも対応させたい場合は使用する場面を考えましょう。要素同士の間隔や線の幅など、デバイスが変わっても値を変えたくない箇所などには使えます。

POINT

相対単位でサイズの指定は他の要素のサイズを基準とするので、様々なデバイスに対応させたい時に便利に使える。

COLUMN | 配色ツール

「この色いいな！」と思っても、どんな色と組み合わせればいいか迷ったり、実際にデザインに適用してみるとなんだかイメージと違ったり…。そんな時は配色を作成してくれるツールを利用するとイメージしやすくなります。

ウェブ配色ツール Ver2.0

テーマカラーを一色選べば、それに合った配色を提案してくれる配色ツールです。Webサイトのプレビューが表示されるところもポイントです。

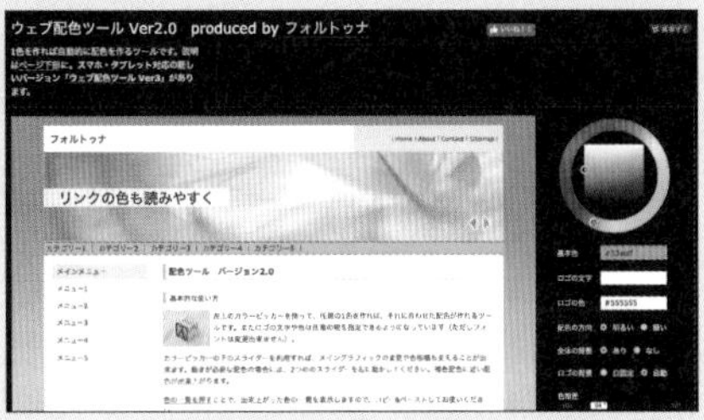

ウェブ配色ツール Ver2.0…https://www.color-fortuna.com/color_scheme_genelator2/

Adobe Color CC

カラーホイールの中にある円をドラッグして動かすと、指定に合う色の組み合わせを提案してくれます。また、上部の「探索」メニューからキーワードを入力すると、それに合う印象の配色が表示されます。

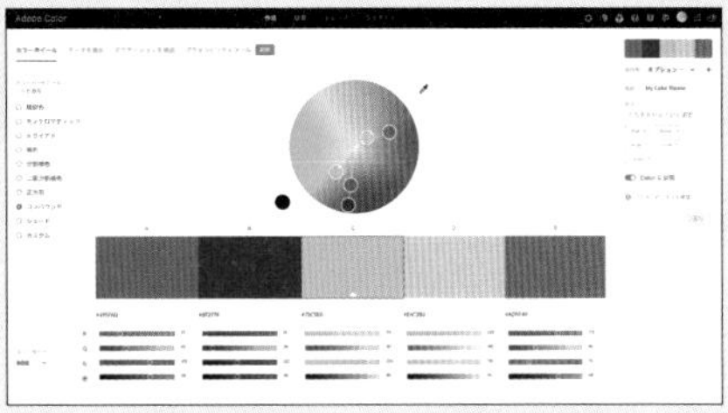

Adobe Color CC…https://color.adobe.com/ja/

Paletton

メインの色を選んだ後、カラーホイールの上部にある5つの円のいずれかをクリックすると、それぞれの配色方法で組み合わせを提案してくれます。右下の「EXAMPLES…」をクリックすると、配色をWebページに適用した時の様子をプレビューできます。

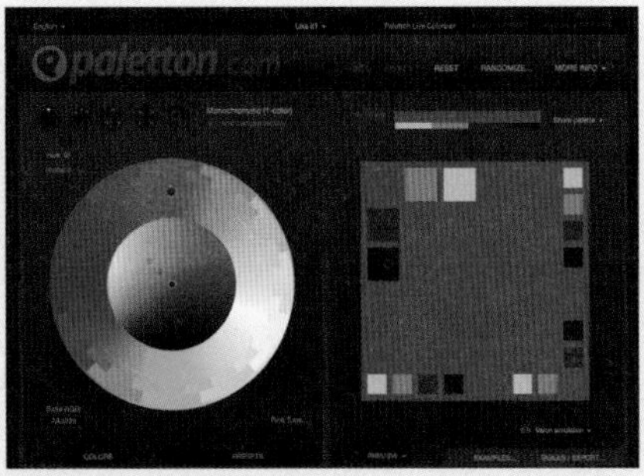

Paletton…http://paletton.com/

3-12 CHAPTER 余白を調整しよう

余白はただの空きスペースではなく、画面全体を見やすく、文章を読みやすくしてくれる大事なデザイン要素の1つです。

余白の概念

余白のプロパティには「**margin**（マージン）」と「**padding**（パディング）」があります。

要素を四角い入れ物（ボックス）と考えた時、「margin」はその入れ物から他の入れ物までの距離、「padding」は入れ物の縁から中身（コンテンツ）までの距離です。また、marginとpaddingの間の枠線のことを「**border**（ボーダー）」と言います。中身の横幅を**width**（ウィドゥス）、高さを**height**（ハイト）と呼びます。

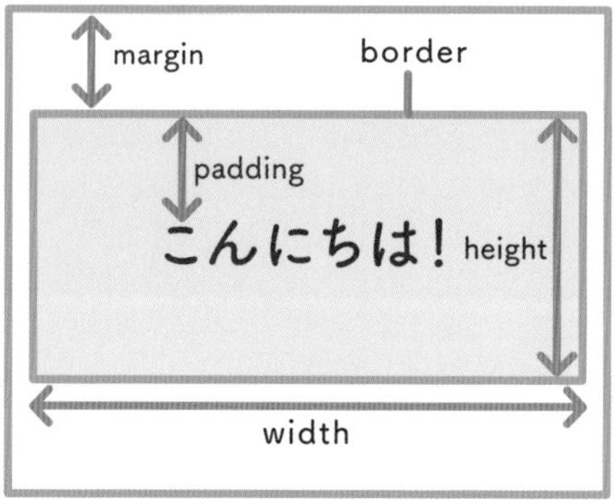
margin
border
padding
こんにちは！
height
width

要素の外側の余白「marginプロパティ」

要素のまわりに余白を加えます。marginプロパティでは要素の四辺すべてに、「margin-top（上）」、「margin-bottom（下）」、「margin-left（左）」、「margin-right（右）」といった指定方法があり、これらを使えば、どの位置に余白指定をするか設定できます。

主な値

指定方法	説明
数値	数値に「px」や「rem」、「%」などの単位をつける
auto	関連するプロパティの値によって自動設定

chapter3/c3-12-1/style.css

```
div {
  background: #0bd;
  margin-top: 30px;
  margin-left: 100px;
}
```

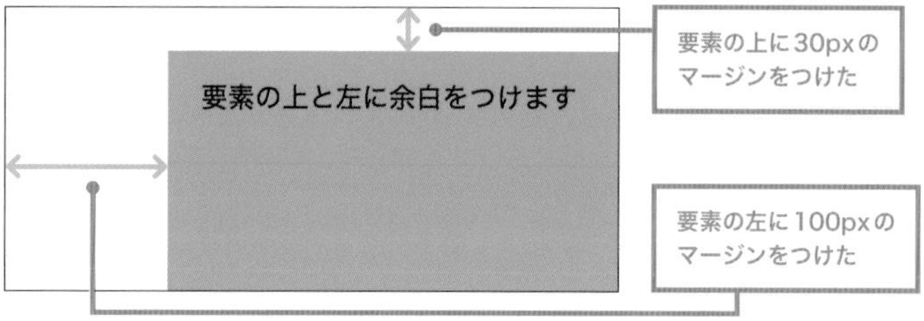
要素の上と左に余白をつけます
要素の上に30pxのマージンをつけた
要素の左に100pxのマージンをつけた

また、marginプロパティのみの使用で、半角スペースで区切って上下と左右の余白を指定したり、上・右・下・左（時計回り）の順で一括指定をすることもできます。

書き方	例
margin: 四辺すべて;	margin: 10px;
margin: 上下 左右;	margin: 10px 20px;
margin: 上 左右 下;	margin: 10px 20px 30px;
margin: 上 右 下 左;	margin: 10px 20px 30px 40px;

先ほどと同様、要素の上に30px、左に100pxの余白をつける時は、「margin」プロパティだけでこのようにも記述できます。

chapter3/c3-12-2/style.css

```
div {
  background: #0bd;
  margin: 30px 0 0 100px;
}
```

上に30px、右に0px、
下に0px、左に100px
のマージンをつける指定

要素の内側の余白「paddingプロパティ」

要素の内側に余白をつけたい時はpaddingプロパティを使います。marginプロパティと同様、paddingプロパティは要素の四辺すべてに、「padding-top（上）」、「padding-bottom（下）」、「padding-left（左）」、「padding-right（右）」と、余白をつけたい位置を指定できます。また、半角スペースで区切って上下と左右の余白を指定したり、上・右・下・左（時計回り）の順で一括指定もできます。

主な値

指定方法	説明
数値	数値に「px」や「rem」、「%」などの単位をつける
auto	関連するプロパティの値によって自動設定

chapter3/c3-12-3/style.css

```
div {
  background: #0bd;
  padding: 40px;
}
```

要素の端とテキストの間に余白をつけます

ボックスの縁とテキストの間に40pxの余白ができました。

余白を使ってグループ化する

人間は複数のものが近くに設置されていると、それらが「関連している」と認識します。レイアウトの例を作ってみます。

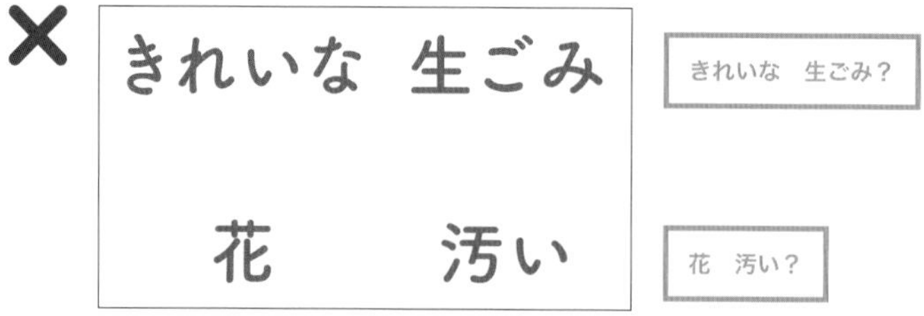

左の例だと、「きれいな 生ごみ」「花 汚い」と読めてしまいます。

これは人間は文字同士の距離が近いものを同じグループとして読み取る傾向があるからです。レイアウトを考える上では、関連しない情報を近づけないということがとても大切になってきます。

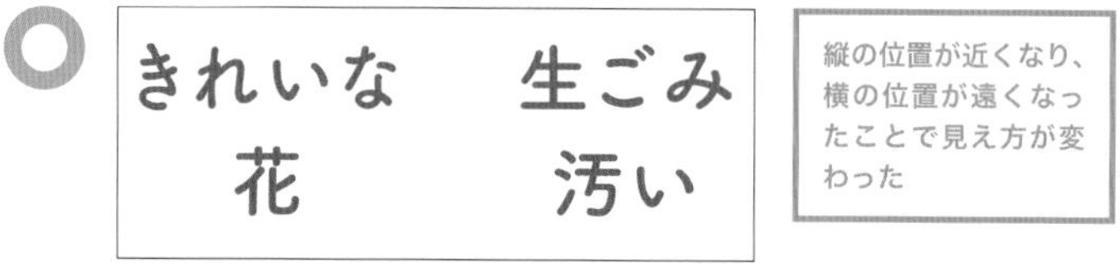

きれいな　生ごみ
花　汚い
縦の位置が近くなり、横の位置が遠くなったことで見え方が変わった

左のように余白のバランスを調整するだけで見え方が変わります。違和感なく「きれいな花」「生ごみ汚い」と読むことができるでしょう。

続いて、画像とテキストを使って考えてみましょう。次のテキストは各画像の花の名前なのですが、この配置だと「名前は上下どちらの画像のことなのかわかりづらい」ように見えるのではないでしょうか。

そこで余白を使ってグループ化します。画像に関連するテキストを1つのまとまりに見えるように配置すると、どの花を指しているのかわかりやすくなります。このようにグループとグループの間のスペースを充分に空けて関連しない情報を近づけないよう注意しましょう。

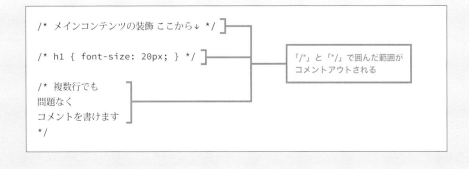

トレニア
ばら
ひまわり
ジニア
テキストと下の画像の間に余白を作り、グループをわかりやすくした

COLUMN ｜ CSSでもコメントアウトを使おう

HTMLでは「<!--」と「-->」を使ってコメントを記述しましたが、CSSの場合は「/*」と「*/」で囲めばコメント表示ができます。HTMLのコメントと同じく、CSSのコードで制作時のメモ書きや注意書きに使ったり、一時的にCSSを反映させないように利用したりと活用しましょう。

```
/* メインコンテンツの装飾 ここから↓ */

/* h1 { font-size: 20px; } */

/* 複数行でも
問題なく
コメントを書けます
*/
```

「/*」と「*/」で囲んだ範囲がコメントアウトされる

枠と文字の間に余白を作ろう

要素のボックスの縁と文章の間に余白がないと、非常に読みづらく、デザイン的にも美しくなくなります。デザインを作る上で「ギリギリだけど収まったからいい」なんてことはありません。Webサイトを見てくれるユーザーのために見やすい余白の領域を考えましょう。CSSではpaddingプロパティを使って要素のボックスに余白をつけられます。

文章の場合、適切な縁の距離は文字のサイズなどによって変わってきますが、最低でも文字サイズの1～1.5倍程度はとりたいところです。例えば文字サイズが16pxだった場合、20pxほどの余白があればスッキリと読みやすくなります。

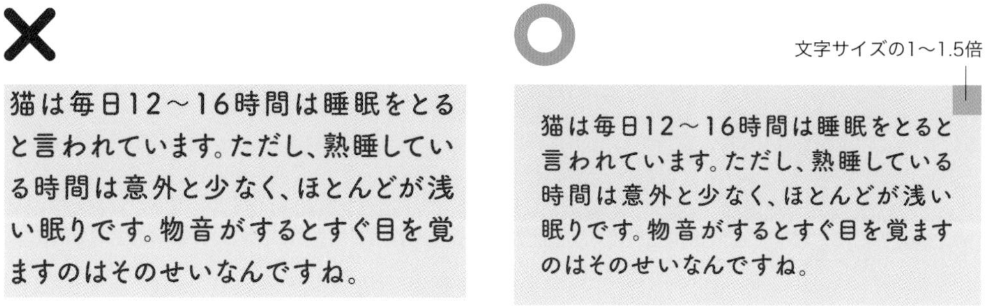

×
猫は毎日12～16時間は睡眠をとると言われています。ただし、熟睡している時間は意外と少なく、ほとんどが浅い眠りです。物音がするとすぐ目を覚ますのはそのせいなんですね。
○
文字サイズの1～1.5倍
猫は毎日12～16時間は睡眠をとると言われています。ただし、熟睡している時間は意外と少なく、ほとんどが浅い眠りです。物音がするとすぐ目を覚ますのはそのせいなんですね。

文章だけではなく、見出しなどの短文でも同じです。枠は大きめにとりましょう。ちょっとしたことですが、こういった積み重ねがWebサイトの全体の読みやすさを大きく変えます。margin、paddingの意味を理解し、上手に使いこなしましょう。

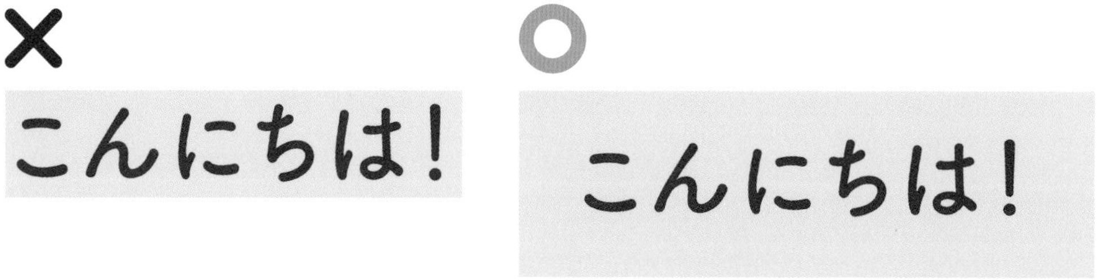

COLUMN | 余白を上手に使ったWebサイト

余白をたっぷり使うことで、上品で落ち着いた雰囲気のデザインに仕上がります。余白を使いこなせば、ユーザーがWebページを見る動線や、フォーカスして欲しいポイントを作れます。まずは様々なWebサイトの余白の使い方を研究し、デザインの参考にするとよいでしょう。

Apple … https://www.apple.com/jp/

1つのイメージに対して1つのキャッチコピーのみ。とてもシンプルですが、他に余計な要素がない分、製品画像や文章に注目できます。

小島国際法律事務所 … https://www.kojimalaw.jp/

全体的にすっきりとした余白の多いデザインです。文章と枠の間にもしっかりと余白を入れていて、ゆとりのある洗練されたデザインになっています。

3-13 CHAPTER 線を引こう

要素のまわりに線をつけると、1つのかたまりをわかりやすく区切ることができます。色や線の太さ、スタイルもカスタマイズできるので、デザインに合わせて調整しましょう。

線の太さ「border-widthプロパティ」

border-widthプロパティで線の太さを指定します。1つのサイズを指定した場合はすべての辺に同じサイズが適用されます。辺によって太さを変えたい場合は半角スペースで区切って上・右・下・左（時計回り）の順で指定します。次に説明する「border-style」の初期値は「none（非表示）」なので、これらを同時に指定する必要があります。

主な値

指定方法	説明
キーワード	「thin（細い線）」、「medium（普通の太さ）」、「thick（太い線）」
数値	数値に「px」や「rem」、「%」などの単位をつける

chapter3/c3-13-1/style.css

```
p {
  border-width: thick;
  border-style: solid;
}

div {
  border-width: 1px 4px 8px 12px;
  border-style: solid;
}
```

太い線で実線の指定

上1px、右4px、下8px、左12pxの指定

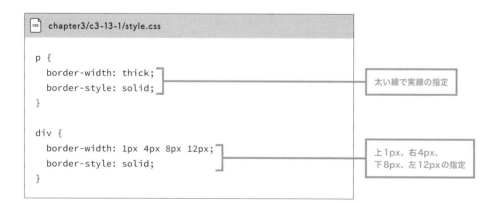

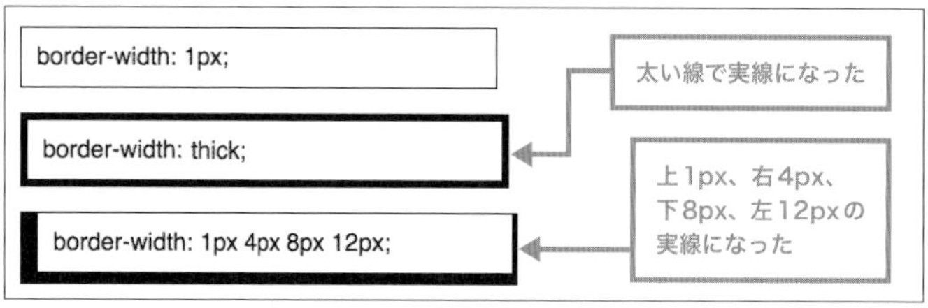
border-width: 1px;
border-width: thick;
border-width: 1px 4px 8px 12px;
太い線で実線になった
上1px、右4px、下8px、左12pxの実線になった

四辺のサイズを変える時は、指定する順番に注意しましょう。

POINT

要素のまわりに線を引くにはborderプロパティを使う。

線の種類「border-styleプロパティ」

border-styleプロパティで線の装飾方法を指定します。1つのスタイルを指定した場合はすべての辺に同じスタイルが適用されます。辺によってスタイルを変えたい場合は半角スペースで区切って上・右・下・左（時計回り）の順で指定しましょう。

主な値

指定方法	説明
none	線を非表示
solid	1本の実線
double	2本の実線
dashed	破線
dotted	点線
groove	立体的な谷型の線
ridge	立体的な山型の線
inset	囲まれた部分が凹んで見える立体的な線
outset	囲まれた部分が浮き上がって見える立体的な線

chapter3/c3-13-2/style.css

```
p {
    border-width: 1px;
    border-style: solid;
}

div {
    border-width: 4px;
    border-style: double dotted solid ridge;
}
```

「border-width」も一緒に指定しないと表示されない

1pxの実線の指定

線の太さを4pxに、上2本の実線、右点線、下1本の実線、左立体的な山型の線の指定

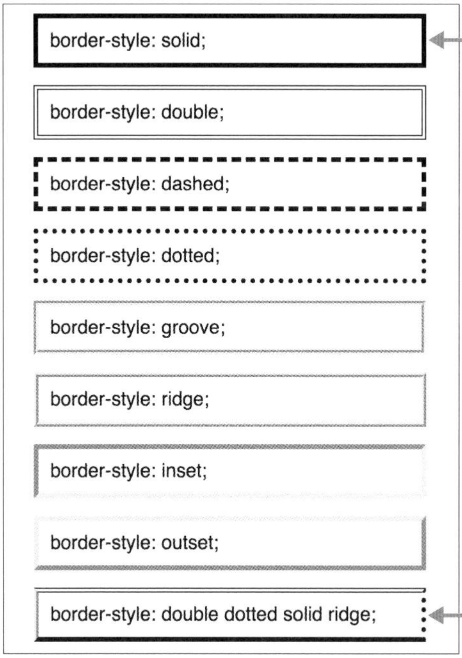
border-style: solid;
border-style: double;
border-style: dashed;
border-style: dotted;
border-style: groove;
border-style: ridge;
border-style: inset;
border-style: outset;
border-style: double dotted solid ridge;

1本の実線

上2本の実線、右点線、下1本の実線、左立体的な山型の線になった

各スタイルで見え方が変わります。

線の色「border-colorプロパティ」

border-colorプロパティで線の色を指定します。1色を指定した場合はすべての辺に同じ色が適用されます。辺によって色を変えたい場合は半角スペースで区切って上・右・下・左（時計回り）の順で指定します。「border-style」の初期値は「none（非表示）」なので、これらを同時に指定する必要があります。

主な値

指定方法	説明
カラーコード	ハッシュ「#」で始まる3桁もしくは6桁のカラーコードを指定
RGB値	「rgb」から書き始め、赤、緑、青の値を「,（カンマ）」で区切って指定。透明度も含める場合は「rgba」から書き始め、赤、緑、青、透明度の値を「,（カンマ）」で区切って指定。透明度は0〜1の間で記述する
色の名前	「red」、「blue」などの決められた色の名前を指定

chapter3/c3-13-3/style.css

```
p {
  border-style: solid;
  border-color: tomato;
}

div {
  border-style: solid;
  border-color: tan #0bd tomato #000;
}
```

tomatoの色で実線の指定

上tanの色、右#0bdの色
下tomatoの色、左#000の色の指定

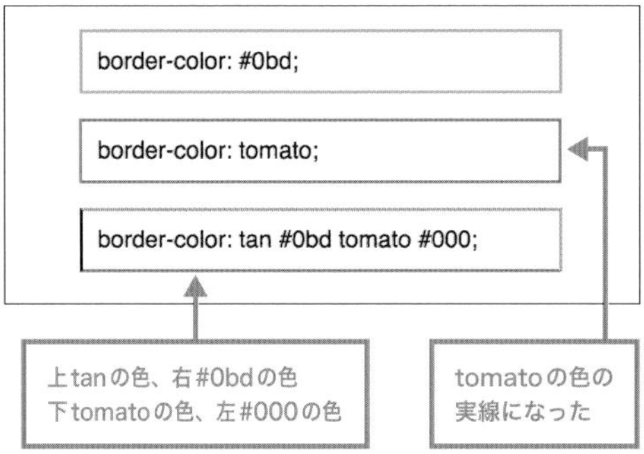
border-color: #0bd;
border-color: tomato;
border-color: tan #0bd tomato #000;
上tanの色、右#0bdの色
下tomatoの色、左#000の色
tomatoの色の
実線になった

何も指定しないと黒い線になります。

要素のまわりに線を引く「borderプロパティ」

線の「border-width」、「border-style」、「border-color」はまとめて書くことができます。値は好きな順番でスペースで区切って指定します。「border」のみだとすべての辺に適用されますが、「border-top（上）」、「border-bottom（下）」、「border-left（左）」、「border-right（右）」を使えば、どの辺に指定するか設定できます。

chapter3/c3-13-4/style.css

```
p {
  border-bottom: 2px solid #0bd;
}

div {
  border: 5px dotted tomato;
}
```

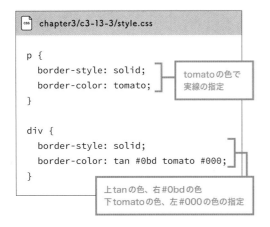

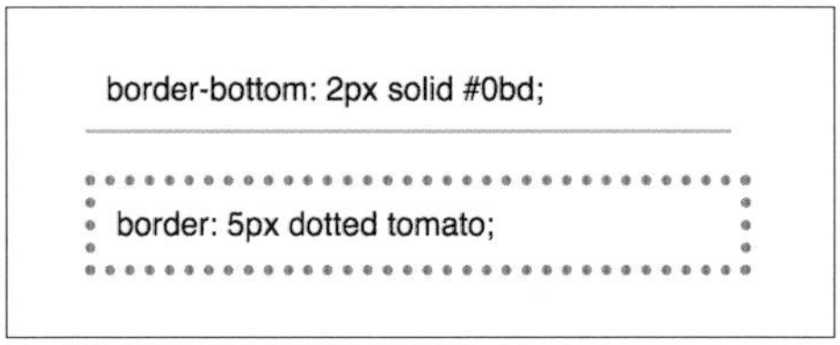
border-bottom: 2px solid #0bd;
border: 5px dotted tomato;

実際に制作する時は、このように一括指定する機会が多いです。

線のデザインの効果的な使い方

線はコンテンツを区切りたい時に使えます。文字色よりも薄い色を使うと、コンテンツの邪魔にならずデザインをスッキリと見せられます。

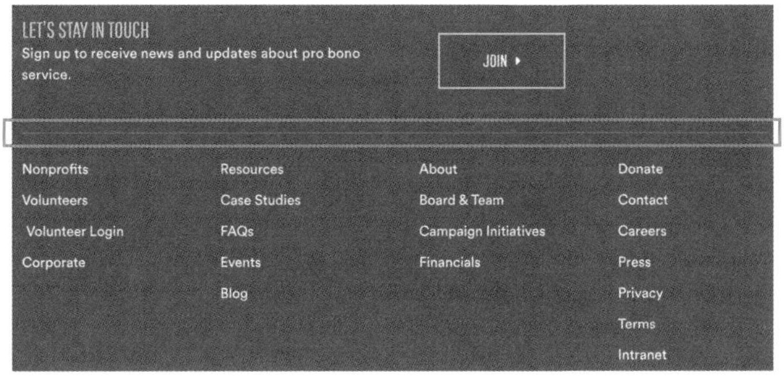

白い文字色より背景色に近い、薄いグレイで線を引いています。

要素によっては縦に線を入れてもよいでしょう。

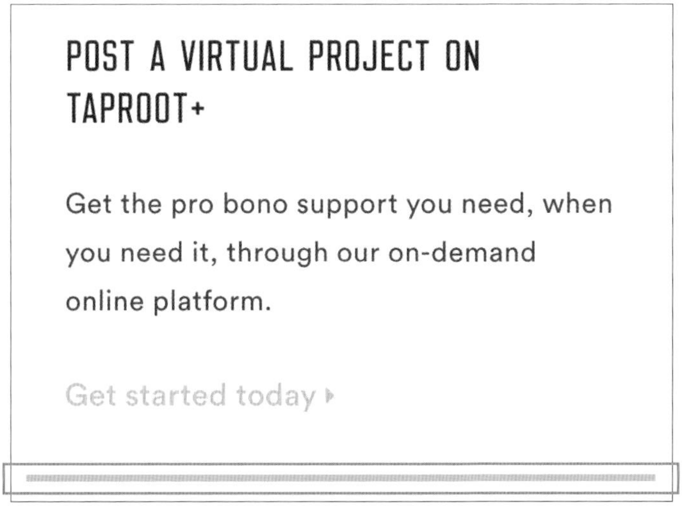

メインカラーの線を入れることで、デザインのアクセントにもなります。

Taproot Foundation…https://taprootfoundation.org/

3-14 CHAPTER リストを装飾しよう

項目を簡潔に羅列できる箇条書きリストや番号付きリストを全体のデザインに合わせて装飾し、より読みやすく工夫しましょう。

リストマーカーの種類「list-style-typeプロパティ」

リスト項目の先頭に表示されるマークを**リストマーカー**と言います。何も指定していないと、箇条書きリストは黒丸（disc）で、番号付きリストは数字（decimal）で表示されます。これらの表示方法をlist-style-typeプロパティで変更できます。

リストマーカーには様々な値があります。主な値として右表を作っておきましたので確認しておくとよいでしょう。

主な値

指定方法	説明
none	リストマーカーを非表示
disc	黒丸
circle	白丸
square	黒四角
decimal	数字
decimal-leading-zero	0を付けた数字
lower-roman	小文字のローマ数字
upper-roman	大文字のローマ数字
cjk-ideographic	漢数字
hiragana	ひらがな
katakana	カタカナ
hiragana-iroha	ひらがなのいろは
katakana-iroha	カタカナのイロハ
lower-alpha、lower-latin	小文字のアルファベット
upper-alpha、upper-latin	大文字のアルファベット
lower-greek	小文字の古典的なギリシャ文字
hebrew	ヘブライ数字
armenian	アルメニア数字
georgian	グルジア数字

chapter3/c3-14-1/style.css

```
ul {
  list-style-type: square;   ← 黒四角の指定
}

ol {
  list-style-type: hiragana; ← ひらがなの指定
}
```

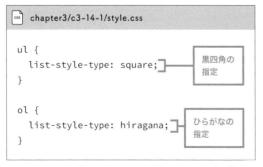

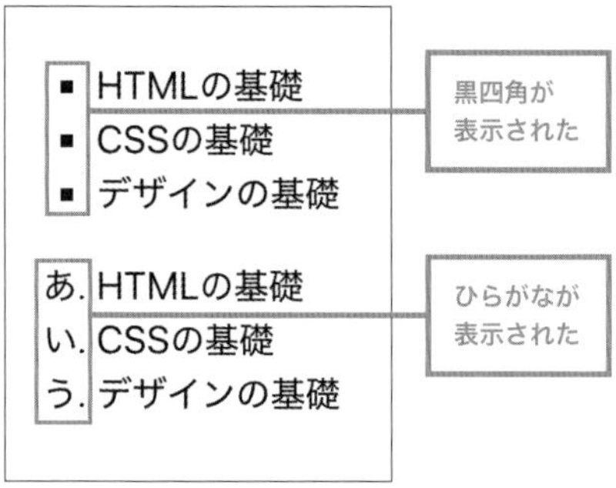

※list-style-typeプロパティは<ul>または<ol>タグに指定しましょう。

リストマーカーの表示位置「list-style-positionプロパティ」

list-style-positionプロパティではリストマーカーを項目内のどの位置に表示させるかを指定します。余白の指定や整列させる時に、リストマーカーを含めるか含めないかで指定する位置が変わってきます。

主な値

指定方法	説明
outside	ボックスの外側に表示
inside	ボックスの内側に表示

chapter3/c3-14-2/style.css

```
ul {
  list-style-position: outside;
}

ol {
  list-style-position: inside;
}
```

外側の指定

内側の指定

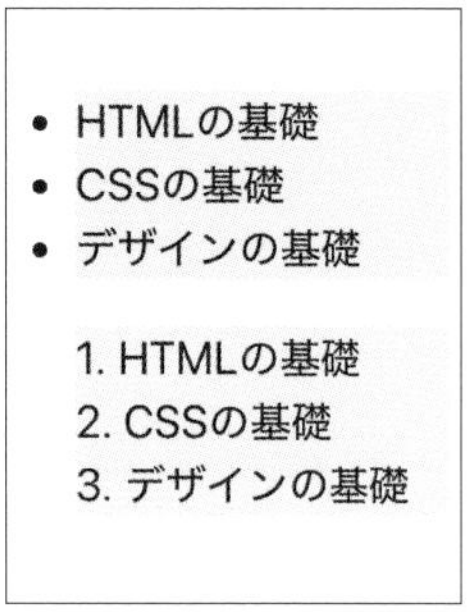

一見違いがないように思いますが、<li>タグに背景色をつけると、ボックスの外側と内側で揃えられている位置の違いがわかります。

リストマーカーに使う画像「list-style-imageプロパティ」

list-style-typeプロパティでリストマーカーとして表示できるのは、本当に簡素な記号だけです。全体のデザインに合わせて違うアイコンや色に変えたい時はlist-style-imageプロパティで画像を指定しましょう。ここで指定できるのは1種類の画像なので、基本的に箇条書きリストのみで指定することになります。またあまり複雑な画像にするとコンテンツの邪魔になるので注意しましょう。

主な値

指定方法	説明
url	画像ファイルの画像のURL
none	指定しない

chapter3/c3-14-3/style.css

```
ul {
  list-style-image: url(images/star.png);
}
```

リストマーカーに関する装飾をまとめて指定「list-styleプロパティ」

リストのlist-style-typeプロパティ、list-style-positionプロパティ、list-style-imageプロパティはまとめて書くことができます。値は好きな順番でスペースで区切って指定します。なお、list-style-typeプロパティと、list-style-imageプロパティを両方指定した場合は、list-style-imageプロパティでの画像の指定が優先されます。

例

```
ul {
  list-style: square url(images/star.png) outside;
}
```

画像の指定が優先される

リストマーカーの効果的な使い方

長文の中で箇条書きリストや番号付きリストを表示させる場合は、文章の邪魔にならないようシンプルにする方がよいでしょう。また、手順の説明など、リスト自体を目立たせたい場合はリストマーカーをうまく装飾するとよいです。

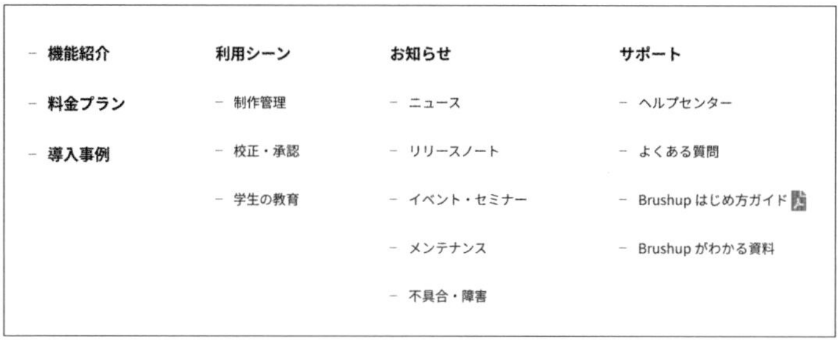

Brushup … https://www.brushup.net/

フッターリンクの箇条書きリスト。装飾はさりげなく、かつ、色や形を変えてオリジナリティを出しています。

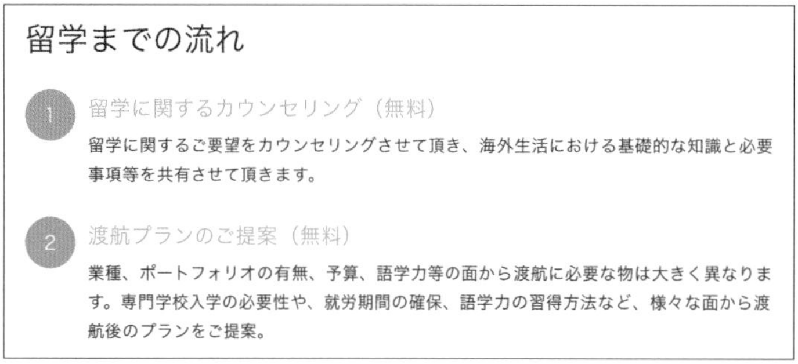

留学までの流れ
1
留学に関するカウンセリング（無料）
留学に関するご要望をカウンセリングさせて頂き、海外生活における基礎的な知識と必要事項等を共有させて頂きます。
2
渡航プランのご提案（無料）
業種、ポートフォリオの有無、予算、語学力等の面から渡航に必要な物は大きく異なります。専門学校入学の必要性や、就労期間の確保、語学力の習得方法など、様々な面から渡航後のプランをご提案。

Frog … https://frogagent.com/

手順を説明する時は数字を丸数字のように大きく見せると見やすくなるでしょう。

3-15 CHAPTER

クラスとIDを使った指定方法

Webサイトを制作していくとWebページ内で同じタグを複数使いたいけど、装飾は変えたいという場面があると思います。そんな時は装飾を変えたい箇所にクラスやIDを指定します。

クラスとIDとは

クラス（class）と**ID**（id）はタグの中に記述できる属性の1つで、すべてのタグに指定することができます。HTMLでクラスやIDを割り振っておき、CSSと紐づけることでその部分だけデザインを変えることができます。

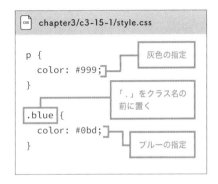

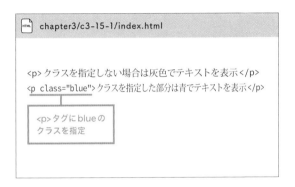

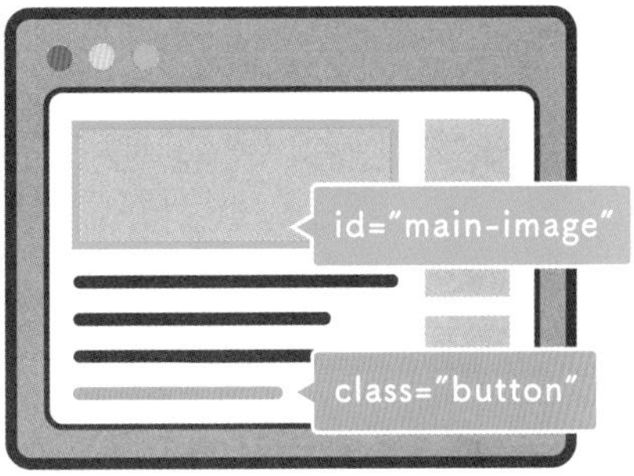

指定の箇所だけスタイルを変更します。

クラスを使った書き方

クラスを使う場合は、HTMLファイルでタグに**class属性**を追記し、任意の**クラス名**を記述します。CSSファイルには「ピリオド（.）」と「クラス名」を書き、適用させたいスタイルを書きましょう。なお、HTMLのclass 属性部分にはピリオド「.」をつける必要はありません。

書き方例

例えば<p>タグの色を灰色にしたいが、一部分のみ青にしたい場合、「.blue」というクラスを作りCSSに指定をします。

chapter3/c3-15-1/index.html

```
<p>クラスを指定しない場合は灰色でテキストを表示</p>
<p class="blue">クラスを指定した部分は青でテキストを表示</p>
```

<p>タグにblueのクラスを指定

chapter3/c3-15-1/style.css

```
p {
  color: #999;
}

.blue {
  color: #0bd;
}
```

灰色の指定

「.」をクラス名の前に置く

ブルーの指定

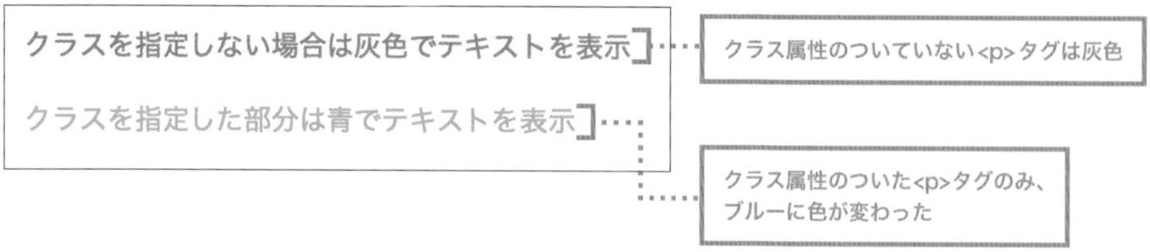
クラスを指定しない場合は灰色でテキストを表示
クラスを指定した部分は青でテキストを表示
クラス属性のついていない<p>タグは灰色
クラス属性のついた<p>タグのみ、
ブルーに色が変わった

IDを使った書き方

IDを使う場合も考え方はクラスと一緒です。HTMLファイルでタグに**id属性**を追記し、任意の**ID名**を記述します。CSSファイルには「ハッシュ（#）」と「ID名」を書き、適用させたいスタイルを書きましょう。なお、HTMLのID属性部分にはハッシュ「#」をつける必要はありません。

書き方例

クラスの時と同じように、<p>タグの色を灰色にし、一部分のみ色を変えてみましょう。今度は「#orange」というIDを作ってCSSに指定をします。

chapter3/c3-15-2/index.html

```
<p>IDを指定しない場合は灰色でテキストを表示</p>
<p id="orange">IDを指定した部分はオレンジでテキストを表示</p>
```

<p>タグにorangeのIDを指定

chapter3/c3-15-2/style.css

```
p {
  color: #999;
}

#orange {
  color: #fa2;
}
```

灰色の指定

「#」をID名の前に置く

オレンジの指定

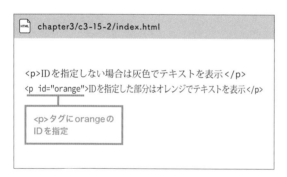

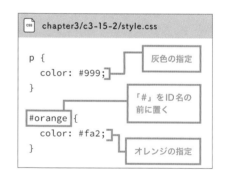

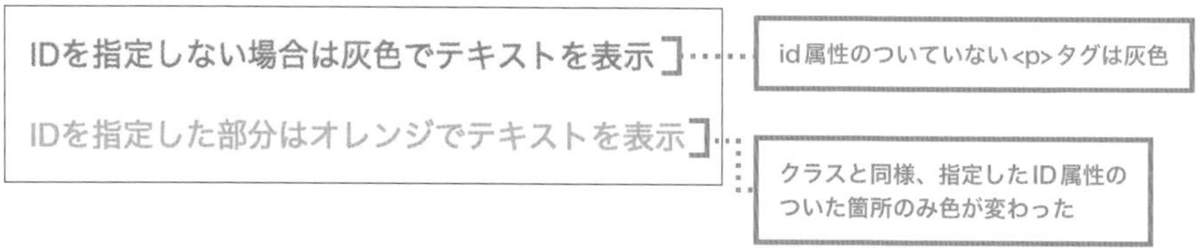
IDを指定しない場合は灰色でテキストを表示
IDを指定した部分はオレンジでテキストを表示
id属性のついていない<p>タグは灰色
クラスと同様、指定したID属性の
ついた箇所のみ色が変わった

タグ名とクラスやIDをセットで指定する書き方

「.クラス名」や「#ID名」と指定すると、使用しているタグは関係なく、それらのクラスやIDが指定されている箇所すべてにそのデザインが反映されます。しかし、CSSで「タグ名.クラス名」や「タグ名#ID名」のようにタグの名前に続けてクラス名やID名を書くと、そのクラスやIDのついた特定のタグでしか反映されません。

書き方例

<h1>タグと<p>タグ、どちらにも「blue」というクラスをつけ、文字色を変更させてみます。この場合はもちろん、どちらの文も色が変わります。

chapter3/c3-15-3/index.html

```html
<h1  class="blue">.blue のついた h1 タグ</h1>
<p class="blue">.blue のついた p タグ</p>
```

chapter3/c3-15-3/style.css

```css
.blue {
  color: #0bd;
}
```

次にタグ名も一緒に指定して書いてみましょう。HTMLはそのままで、CSSの「.blue」と指定していたところを「p.blue」に変更しました。

chapter3/c3-15-4/style.css

```css
p.blue {
  color: #0bd;
}
```

<p>タグの
クラス名のみ指定

クラス名とID名のルール

クラス名とID名は自分で決めることができます。ただし、いくつかのルールがあり、このルールを守って名前をつけないとCSSが反映されないので注意しましょう。

- 空白（スペース）を入れない
- 英数字とハイフン「-」、アンダースコア「_」で記述
- １文字目は必ず英字

※厳密には日本語のクラス名やID名でも対応されますがブラウザーによってはエラーが起きてしまう可能性があります。すべて英数字で揃えた方が扱いやすいでしょう。

1つのタグに複数のIDやクラスをつける

1つのタグに対して複数のクラスやIDをつけることもあります。その場合はクラス名やID名を記述する「ダブルクォーテーション（"）」内に半角スペースで区切って書いていきます。

書き方例

右上の例では<p>タグに「blue」「text-center」「small」という3つのクラスを記述しています。

また、右下の例のようにIDとクラスを同じタグに書くこともできます。ここでは<div>タグに「main」というIDと「center」というクラスを記述しています。

```
<p class="blue text-center small">半角スペースで区切ります</p>
```

```
<div id="main" class="center">IDとクラスを同時に記述</div>
```

クラスとIDの違い

これまでの例だとクラスもIDも違いがないように思えます。しかし、この2つには大きな違いがあります。違いを理解しておきましょう。

同じHTMLファイル内で使用できる回数

1つは同じHTMLファイル内で使用できる回数です。IDはページ内で同じID名を使うことができません。そのためIDはレイアウトの枠組みなど、どのページでも変わることのない部分に使われることが多いです。一方、クラスはページ内で何度でも使えます。ページ内で何度も使う装飾ではクラスを使うとよいでしょう。

例えば一度<h1 id="heading">と書いたら、この「heading」というIDは同じHTMLファイル内では使用できません。これがクラスを使った<h1 class="heading">という書き方であれば、「heading」というクラスは何度も使えるので、<h2 class="heading">や<p class="heading">のように、他のタグに使用することもできるのです。

✕

```
<h1 id="heading">クラスとIDの違い</h1>
<h2 id="heading">同じHTMLファイル内で使用できる回数が違います。</h2>
```

IDはページ内で一度しか使うことができません。

○

```
<h1 class="heading">クラスとIDの違い</h1>
<h2 class="heading">同じHTMLファイル内で使用できる回数が違います。</h2>
```

クラスはページ内で何度でも使えます。

CSSの優先順位

もう1つの違いはCSSの優先順位です。例えば同じタグにクラスとIDで違う色を指定したとしましょう。その場合IDで指定した装飾の方が優先されます。

書き方例

<p>タグに「blue」というIDと「orange」というクラスをつけてみます。

CSSではそれぞれ異なる色を設定しました。文字色は何色になるでしょうか？ 結果はIDが優先されるので、文字は「#blue」に設定した青で表示されます。

chapter3/c3-15-5/style.css

```
<p id="blue" class="orange">クラスとID
の優先順位</p>
```

```
#blue {
  color: #0bd;
}
.orange {
  color: #fa2;
}
```

idの指定

クラスの指定

クラスとIDの優先順位

COLUMN ｜ IDを使ってページ内リンクを作成できる

ID属性を使って同一ページ内にリンクを作成することもできます。例えばリンクを作成する<a>タグを使って「#contents」へのリンクを貼ると、ページ内の「contents」というID属性のある部分へジャンプできます。

このように同じページ内での移動でも使えるので、1つのID名はページ内で一度しか使えないようになっています。

```
<a href="#contents">コンテンツを見る</a>

・・・その他のコンテンツ・・・

<div id="contents">
    <p>ここまでジャンプします</p>
</div>
```

<a>タグでid="contents"にリンクをはる

ここのidへジャンプすることができる

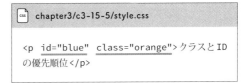

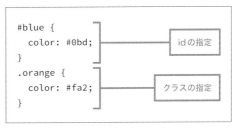

3-16 CHAPTER レイアウトを組もう

レイアウトとは、掲載する様々なコンテンツを、ユーザーが使いやすいようにWebページ上のどこに、どう配置するか設計することです。ここでは代表的なものを紹介します。

Flexboxで横並びにしよう

Flexbox（フレックスボックス）とは「Flexible Box Layout Module」の略のことで、複雑なレイアウトも簡単に組める書き方です。CSSでレイアウトを組む上でのベースとなります。以前はfloatプロパティでレイアウトを組むことが多かったのですが、現在ではFlexboxが主流です。これから学びはじめる人や最新の環境に合わせたい人はFlexboxでレイアウトを組むとよいでしょう。

Flexboxの基本的な書き方

まずはFlexboxレイアウトの基本的な書き方をマスターしましょう。Flexコンテナーと呼ばれる親要素の中に、Flexアイテムと呼ばれる子要素を入れてHTMLを作成します。

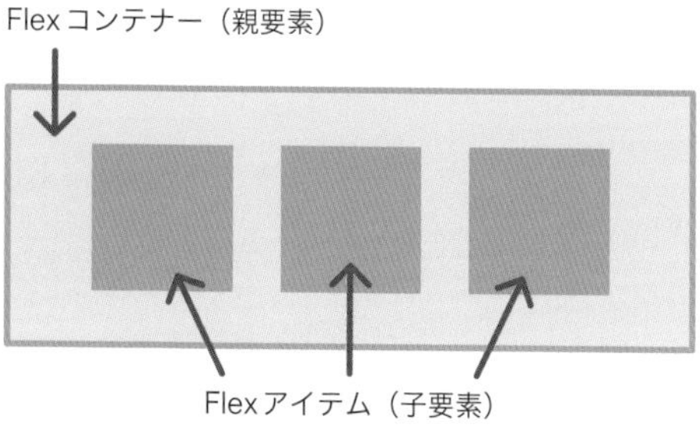

HTMLは親要素である「container」というクラスのついた<div>タグの中に、子要素である「item」というクラスのついた<div>タグが入っています。

chapter3/c3-16-1/index.html

```
<div class="container">
  <div class="item">Item 1</div>
  <div class="item">Item 2</div>
  <div class="item">Item 3</div>
  <div class="item">Item 4</div>
</div>
```

chapter3/c3-16-1/style.css

```
.item {
  background: #0bd;
  color: #fff;
  margin: 10px;
  padding: 10px;
}
```

※わかりやすいように「.item」に青い背景色や余白を指定しました。

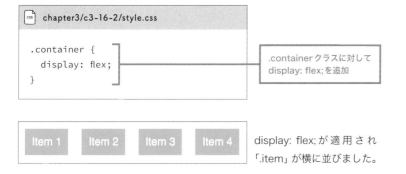

現状ではこのように「.item」が縦に並んでいます。

それではこの青いボックスを横に並べてみましょう！ HTMLは変更する必要はありません。CSSに親要素である「.container」に対して「display: flex;」を追加しましょう。

chapter3/c3-16-2/style.css

```
.container {
  display: flex;
}
```

.containerクラスに対してdisplay: flex;を追加

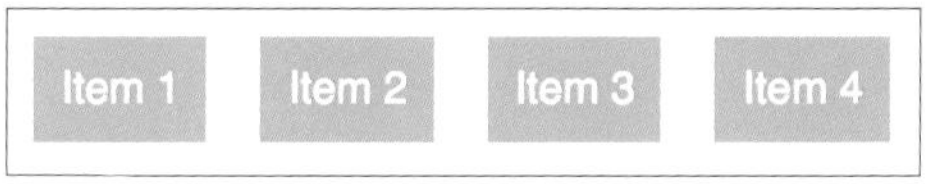

display: flex;が適用され「.item」が横に並びました。

親要素に「display: flex;」を記述した上で、追加のプロパティを記述すれば要素の並び方をカスタマイズできます。どのように並べたいかは指定するプロパティによるので、1つひとつ紹介していきます。

子要素の並ぶ向き「flex-directionプロパティ」

子要素をどの方向に配置していくかをflex-directionプロパティで指定します。横または縦に並べられます。

flex-directionプロパティで使える値

値	説明
row（初期値）	子要素を左から右に配置
row-reverse	子要素を右から左に配置
column	子要素を上から下に配置
column-reverse	子要素を下から上に配置

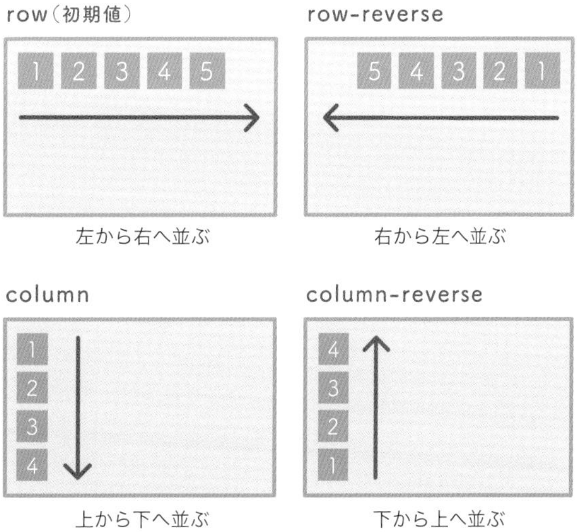

chapter3/c3-16-3/index.html

```html
<div class="container">
  <div class="item">Item 1</div>
  <div class="item">Item 2</div>
  <div class="item">Item 3</div>
  <div class="item">Item 4</div>
</div>
```

chapter3/c3-16-3/style.css

```css
.container {
  display: flex;
  flex-direction: row-reverse;
}
.item {
  background: #0bd;
  color: #fff;
  margin: 10px;
  padding: 10px;
}
```

row-reverseの指定

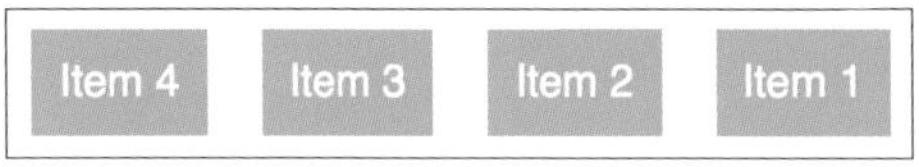

row-reverseが適用され要素が右から左の順に横並びになりました。

子要素の折り返し「flex-wrapプロパティ」

子要素を1行、または複数行に並べるかをflex-wrapプロパティで指定します。複数行にする場合は子要素が親要素の幅を超えてしまった場合、折り返して複数行に配置されていきます。

flex-wrapプロパティで使える値

値	説明
nowrap（初期値）	子要素を折り返しせず、1行に並べる
wrap	子要素を折り返し、複数行に上から下へ並べる
wrap-reverse	子要素を折り返し、複数行に下から上へ並べる

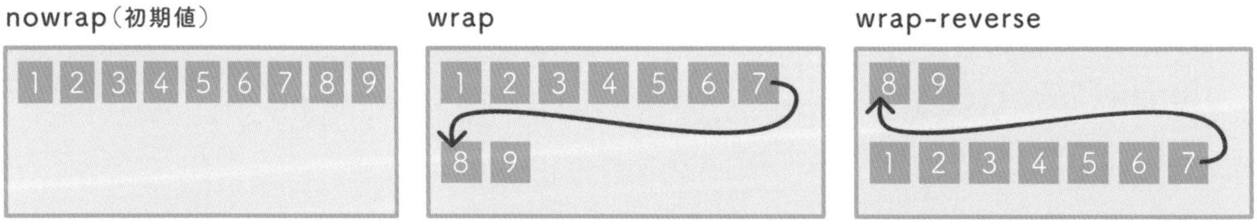

1行に並べる　　折り返し上から下へ並べる　　折り返し下から上に並べる

chapter3/c3-16-4/index.html

```html
<div class="container">
  <div class="item">Item 1</div>
  <div class="item">Item 2</div>
  <div class="item">Item 3</div>
  <div class="item">Item 4</div>
  <div class="item">Item 5</div>
  <div class="item">Item 6</div>
  <div class="item">Item 7</div>
  <div class="item">Item 8</div>
</div>
```

chapter3/c3-16-4/style.css

```css
.container {
  display: flex;
  flex-wrap: wrap;
}
.item {
  background: #0bd;
  color: #fff;
  margin: 10px;
  padding: 10px;
}
```

wrapの指定

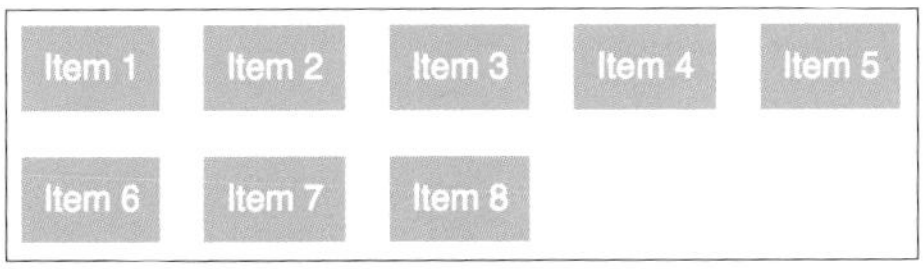

warpが適用され親要素の右端に到達した地点で、次の行に折り返されました。

水平方向の揃え「justify-contentプロパティ」

親要素に空きスペースがあった場合、子要素を水平方向のどの位置に配置するかをjustify-contentプロパティで指定します。

justify-contentプロパティで使える値

値	説明
flex-start(初期値)	行の開始位置から配置。左揃え
flex-end	行末から配置。右揃え
center	中央揃え
space-between	最初と最後の子要素を両端に配置し、残りの要素は均等に間隔を空けて配置
space-around	両端の子要素も含め、均等に間隔を空けて配置

flex-start（初期値）

左揃え

flex-end

右揃え

center

中央揃え

space-between

両端と均等配置

space-around

均等配置

chapter3/c3-16-5/index.html

```
<div class="container">
  <div class="item">Item 1</div>
  <div class="item">Item 2</div>
  <div class="item">Item 3</div>
  <div class="item">Item 4</div>
</div>
```

chapter3/c3-16-5/style.css

```
.container {
  display: flex;
  justify-content: flex-end;
}
.item {
  background: #0bd;
  color: #fff;
  margin: 10px;
  padding: 10px;
}
```

flex-endの指定

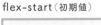

画面の右端に揃いました。

垂直方向の揃え「align-itemsプロパティ」

親要素に空きスペースがあった場合、子要素を垂直方向のどの位置に配置するかをalign-itemsプロパティで指定します。

align-itemsプロパティで使える値

値	説明
stretch（初期値）	親要素の高さ、またはコンテンツの一番多い子要素の高さに合わせて広げて配置
flex-start	親要素の開始位置から配置。上揃え
flex-end	親要素の終点から配置。下揃え
center	中央揃え
baseline	ベースラインで揃える

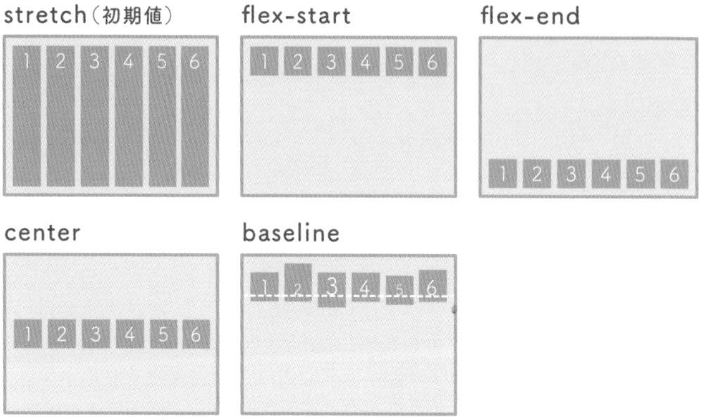

chapter3/c3-16-6/index.html

```
<div class="container">
  <div class="item">Item 1</div>
  <div class="item">Item 2</div>
  <div class="item">Item 3</div>
  <div class="item">Item 4</div>
</div>
```

chapter3/c3-16-6/style.css

```
.container {
  display: flex;
  align-items: center;
  height: 100vh;
}
.item {
  background: #0bd;
  color: #fff;
  margin: 10px;
  padding: 10px;
}
```

centerの指定

100vhの高さを指定

※vhはビューポートの高さを基準とした単位。

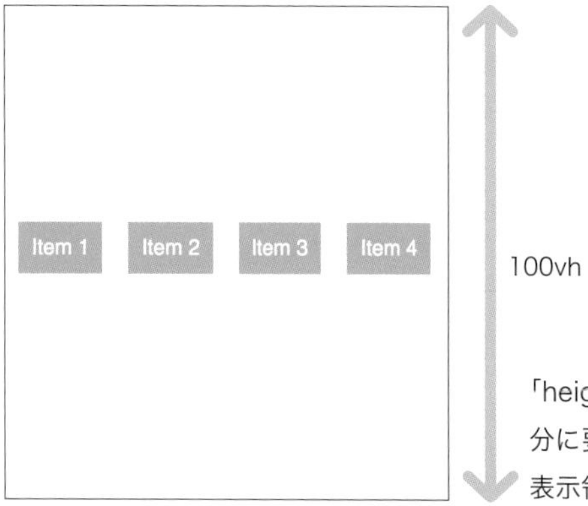

「height」で高さを指定し、そのちょうど中間の部分に要素が並びます。高さを「100vh」とすることで、表示領域いっぱいに広げています。

複数行にした時の揃え「align-contentプロパティ」

子要素が複数行にわたった場合の垂直方向の揃えをalign-contentプロパティで指定します。「flex-wrap: nowrap;」が適用されていると子要素が1行になるので、align-contentプロパティは無効になります。

align-contentプロパティで使える値

値	説明
stretch（初期値）	親要素の高さに合わせて広げて配置
flex-start	親要素の開始位置から配置。上揃え
flex-end	親要素の終点から配置。下揃え
center	中央揃え
space-between	最初と最後の子要素を上下の端に配置し、残りの要素は均等に間隔を空けて配置
space-around	上下端にある子要素も含め、均等に間隔を空けて配置

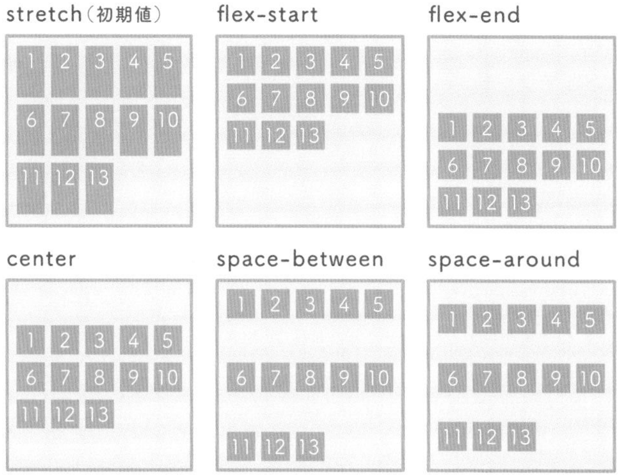

chapter3/c3-16-7/index.html

```
<div class="container">
  <div class="item">Item 1</div>
  <div class="item">Item 2</div>
  <div class="item">Item 3</div>
  <div class="item">Item 4</div>
  <div class="item">Item 5</div>
  <div class="item">Item 6</div>
  <div class="item">Item 7</div>
  <div class="item">Item 8</div>
</div>
```

chapter3/c3-16-7/style.css

```
.container {
  display: flex;
  flex-wrap: wrap;
  align-content: space-between;
  height: 300px;
}
.item {
  background: #0bd;
  color: #fff;
  margin: 10px;
  padding: 10px;
}
```

warp、space-betweenの指定、
height: 300pxの指定

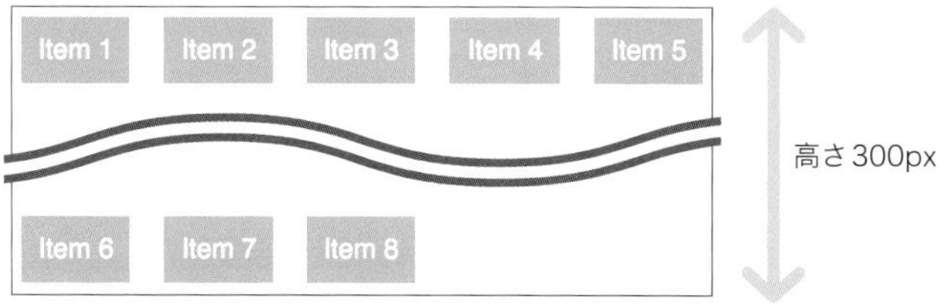

「flex-wrap: wrap;」で折り返されたボックスが、上下の端に揃って配置されます。

3-17 CHAPTER CSSグリッドでタイル型に並べよう

タイル型レイアウトとは、壁にタイルを敷き詰めるように同じ大きさのボックスを等しい間隔で並べていくレイアウトです。ここでは「CSSグリッド」という方法を紹介します。

CSSグリッドでタイル型にしよう

タイル型のレイアウトを作るには**CSSグリッド**が便利です。

CSSグリッドの基本的な書き方

CSSグリッドを使うにはflexboxと同じように、親要素と子要素が必要です。グリッドコンテナーと呼ばれる親要素で全体を囲み、その中に実際に横に並べていくグリッドアイテム（子要素）を配置します。また、グリッドアイテムの間の空白スペースのことをグリッドギャップと言います。ここでは例として、6つのボックスを横に3つずつ、2列に並べてみましょう。

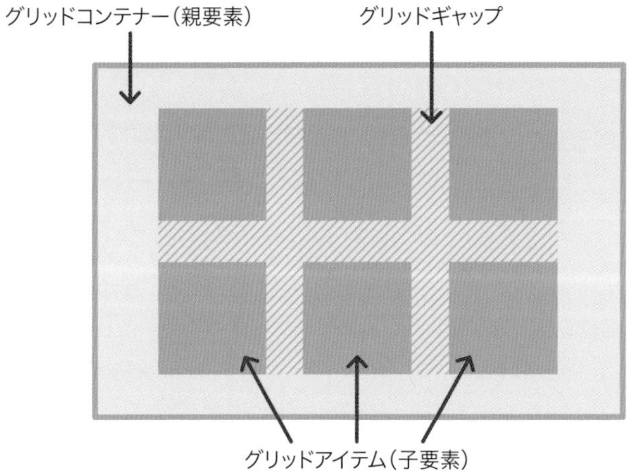

POINT

要素を横に並べるには親要素で並べたい要素を囲む必要がある。

CSSグリッドの書き方

HTMLはFlexboxの例と同じように、親要素である「container」というクラスのついた<div>タグの中に、子要素である「item」というクラスのついた<div>タグを6つ作成します。

CSSはグリッドコンテナーである「.container」に「display: grid;」を追加して、CSSグリッドのレイアウト組みを開始します。また、わかりやすいように「.item」に青い背景色などを指定しました。

```
chapter3/c3-17-1/index.html

<div class="container">
  <div class="item">Item 1</div>
  <div class="item">Item 2</div>
  <div class="item">Item 3</div>
  <div class="item">Item 4</div>
  <div class="item">Item 5</div>
  <div class="item">Item 6</div>
</div>
```

```
chapter3/c3-17-1/style.css

.container {
  display: grid;
}
.item {
  background: #0bd;
  color: #fff;
  padding: 10px;
}
```

.containerクラスに対してdisplay: grid;を追加

Item 1
Item 2
Item 3
Item 4
Item 5
Item 6

この時点ではグリッドアイテムは縦に並んでいるだけです。

グリッドアイテム(子要素)の横幅「grid-template-columnsプロパティ」

grid-template-columnsプロパティで各グリッドアイテムの幅を指定することで、横並びに設定できます。1列にグリッドアイテムが複数必要な場合は、半角スペースで区切って必要なグリッドアイテムの数だけ幅を指定します。

1列に3つのグリッドアイテムを、各200pxずつ並べる場合は「200px 200px 200px」と指定します。

```
chapter3/c3-17-2/style.css

.container {
  display: grid;
  grid-template-columns: 200px 200px 200px;
}
```

200pxずつ3つ指定

Item 1
Item 2
Item 3
Item 4
Item 5
Item 6

グリッドアイテムが1列に3つずつ横並びになりました。

グリッドアイテム(子要素)同士の余白「gapプロパティ」

前の作りのままだと少し見づらいので、グリッドアイテムの間に余白をつけましょう。gapプロパティで余白の値を指定します。上下左右の端は親要素であるグリッドコンテナーの枠に揃います。

chapter3/c3-17-3/style.css

```
.container {
  display: grid;
  grid-template-columns: 200px 200px 200px;
  gap: 10px;
}
```

gapを10pxと指定

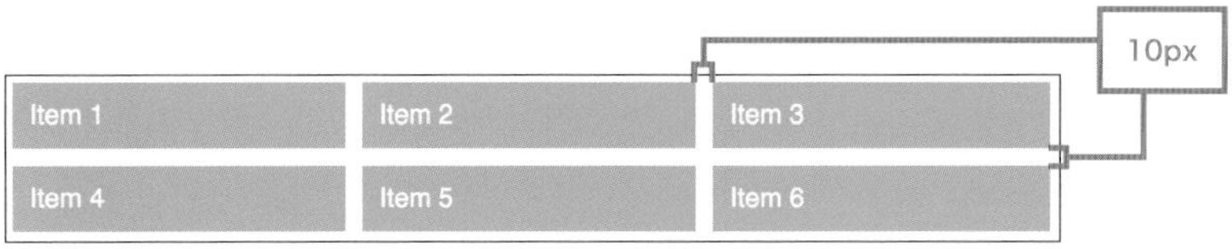

グリッドアイテム同士の間に10pxの余白がつきました。

なお、このgapプロパティはFlexboxで並べられた子要素の間にも指定可能です。

CSSグリッドで使える単位「fr」

CSSグリッドで使える「fr」という単位があります。「fr」は「fraction（比率）」のことで、親要素から見た子要素の大きさを具体的な数値ではなく割合で指定できます。「px」で幅を指定するとその幅で固定されてしまうので、画面の幅に合わせて自動で伸縮させるなら「fr」を使うと便利です。

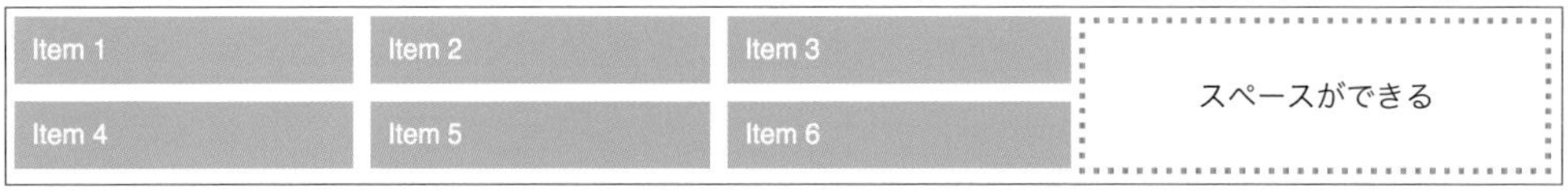

「px」を使うと、その幅で固定されるため、画面幅が広い時は右側にスペースができます。

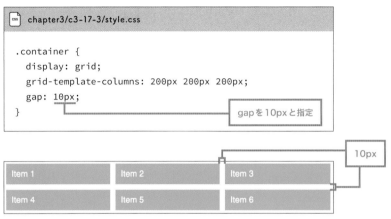

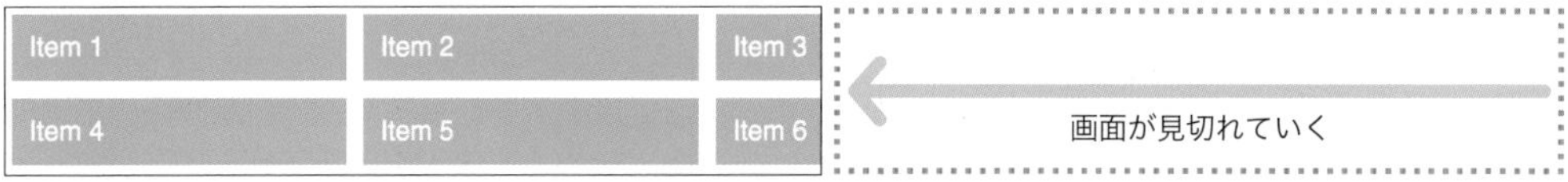

画面の幅が狭くなるにつれて見切れてしまいます。

grid-template-columnsプロパティの指定方法はgapプロパティと変わりません。値を「1fr 1fr 1fr」にすることで、1:1:1の割合でグリッドアイテムを表示できます。大きさを変えたい時は数値を変更しましょう。

chapter3/c3-17-4/style.css

```css
.container {
  display: grid;
  grid-template-columns: 1fr 1fr 1fr;
  gap: 10px;
}
```

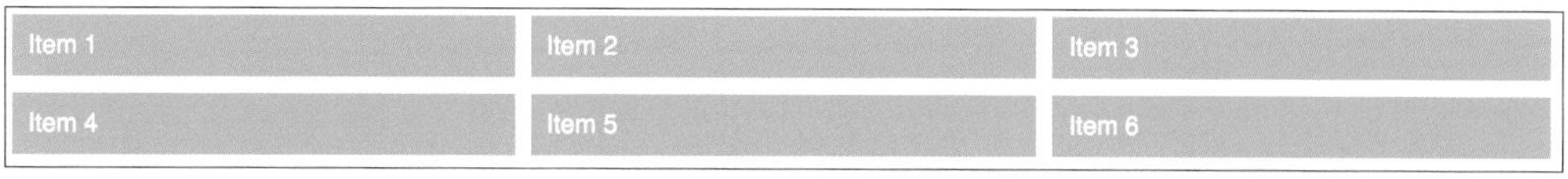

「fr」を使うと画面の幅に合わせて伸縮します。画面が広い場合はグリッドアイテムが広がります。

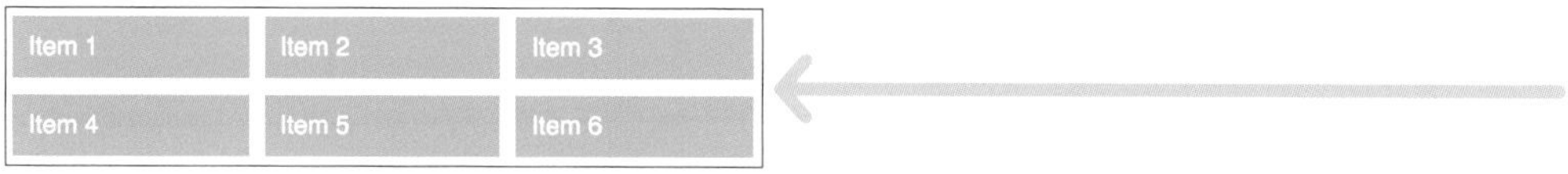

画面幅が狭まると、それに合わせて幅も縮小していきます。

グリッドアイテム(子要素)の高さ「grid-template-rowsプロパティ」

グリッドアイテムの高さはgrid-template-rowsプロパティで指定します。列が複数ある場合は半角スペースで区切って、必要な行の数だけ1行ごとに指定していきます。

2行とも200pxにしたい場合は「200px 200px」と記述しましょう。

chapter3/c3-17-5/style.css

```css
.container {
  display: grid;
  grid-template-columns: 1fr 1fr 1fr;
  gap: 10px;
  grid-template-rows: 200px 200px;
}
```

200pxずつ指定

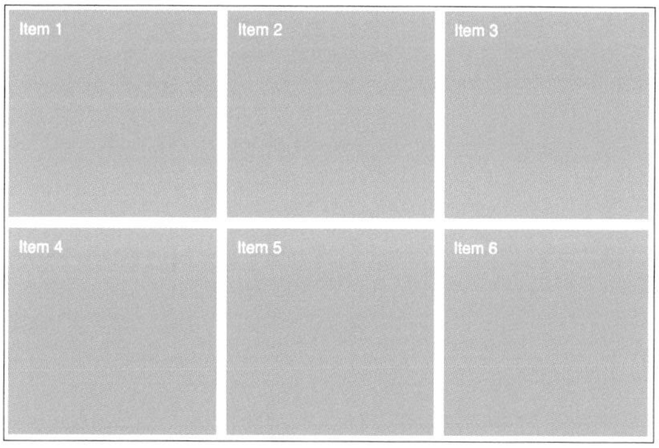

同じ大きさのボックスをタイル状に配置できました。

読みやすいレイアウトとは

レイアウトによってWebサイト全体のイメージが大きく変わってくるので、どの要素をどう配置するのかを事前にしっかりと検討する必要があります。ユーザーにうまく情報を伝えるにはどんなレイアウトがよいのか考えていきましょう。

視線の流れを理解する

ユーザーが画面を見る時、その視線の流れには決まった法則があります。動線に合わせて要素を配置すると効果的です。

Z型

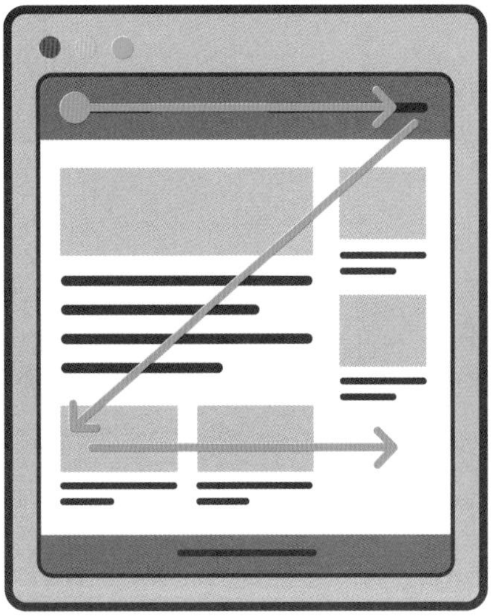

左上→右上→左下→右下の順に、「Z」の字のように視線が動くという法則。

F型

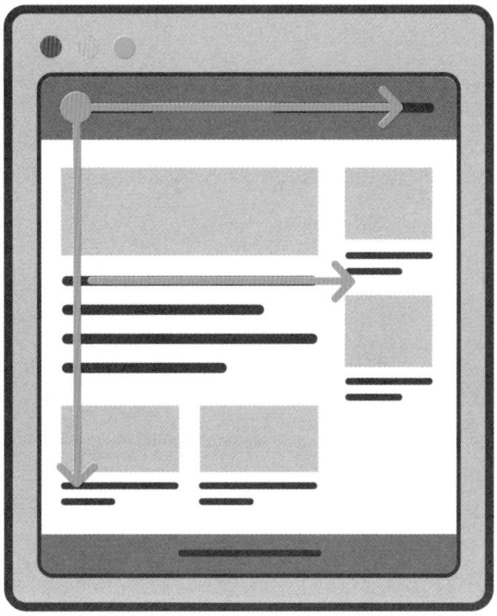

左上から開始し、メニューや見出しなど、右に向けて視線を動かしながら下へ下へと「F」の字に視線が動くという法則。

ユーザーは初めて訪れたWebサイトや画像の多いWebサイトは「Zの法則」で全体を見渡すことが多く、何度か訪れたことのあるWebサイトや情報量の多いWebサイトでは「Fの法則」で目的の情報を探すことが多いと言われています。

情報の優先順位を決めよう

「Zの法則」「Fの法則」でユーザーの視線の流れをつかんだ上で、まずはそのページで何を一番見てもらいたいのかを考えてレイアウトを組みます。伝えたい内容が多すぎたり、乱雑に組まれたレイアウトでは、要点を伝えることができず、ユーザーが離れていってしまいます。

配置する順番を考える

Webページは基本的に画面の左上から読まれ始めます。そのため、左上が一番目立つ場所となるので、重要な情報や注目してほしい要素はこの位置に配置するとよいでしょう。

逆に優先順位の低いものはページの下部や右側に配置していきます。

POINT

レイアウトはFlexboxやCSSグリッドを使って組める。

配置する面積を工夫する

目立たせたい情報の面積を大きくするだけで注目度が高まります。例えばトップページのメインビジュアルなどは大きく配置しましょう。

逆に重要ではない情報の面積は小さくします。そうすることで、画面にメリハリがついて読みやすいレイアウトとなっていきます。

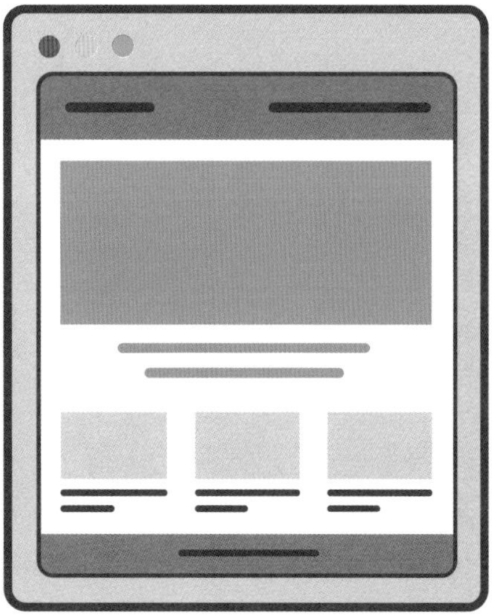

POINT

レイアウトを決める時は優先順位を考えて配置しよう。

レイアウト別参考Webサイト一覧

Webサイトの内容や目的によってレイアウトは大きく変わります。手本となるWebサイトを見つけ、そのサイトのレイアウトが何を一番伝えたいページなのかを調べてみるとよいでしょう。以下に参考サイトをいくつか紹介していきます。

メインビジュアルを大きく打ち出したレイアウト

見せたいものがはっきりと決まっている場合は、画像や動画を大きく表示させるとよいでしょう。ユーザーが最初にアクセスするトップページに大きく配置するのがコツです。インパクトのある、印象的で力強いデザインになります。

Fudo Food … https://fudofood.jp/

Design Museum … https://designmuseum.org/

タイル型レイアウト

たくさんの情報をなるべく一度に表示させたい場合は、タイル状に各ボックスを羅列するとよいでしょう。きれいに整列させることで、散らかった雰囲気はなくなり整然として美しい雰囲気を作ることができます。

未来ガ驚喜研究所 … https://miraiga-lab.com/

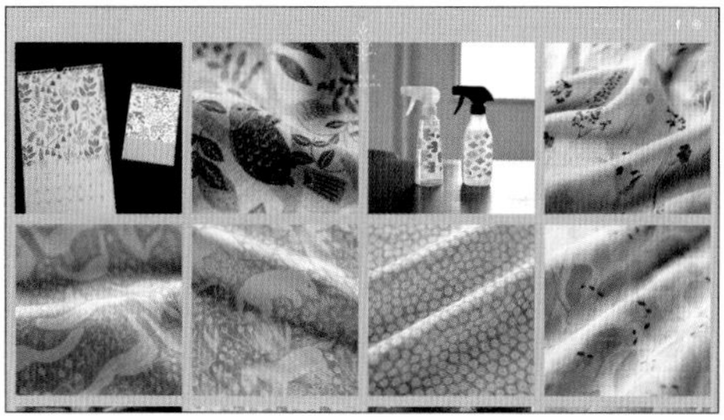

KAYO AOYAMA … http://kayoaoyama.com/

左右を分割したレイアウト

画面を縦に半分割することでスクロールをせずに複数の情報を表示できます。同じ重要度の要素を並べたい場合や、画像とテキストを同程度の分量で配置したい時に取り入れてみましょう。

RE-NEW … https://renew-sendai.jp/

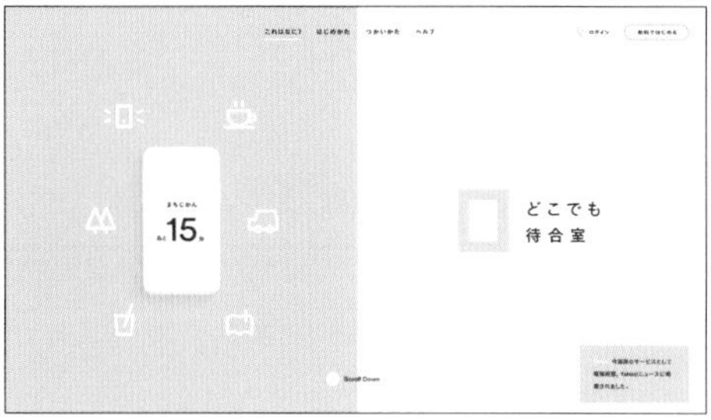

どこでも待合室 … https://dokodemo.app/ja/

斜めに配置したレイアウト

要素の一部を傾けるだけでデザインの印象は大きく変わります。活発さや躍動感を表現したい時に使えるレイアウトです。ただ、多用しすぎると情報が読みづらくなるので注意も必要です。

Mokhtar Saghafi … https://www.mrsaghafi.com/

Stripe … https://stripe.com/

フリーレイアウト

画面を絵画のキャンバスのように見立てて、自由にコンテンツを配置していくレイアウト。自由で大胆なデザインを実現できます。規則性がない分、見やすさにも気を配る必要があります。

https://www.felissimo.co.jp/gopeace/

https://analoguefoundation.com/ja/

COLUMN ｜「float」を使った要素の横並びについて

これまでに紹介したFlexboxやCSSグリッドで要素を並べる方法は比較的新しい実装方法です。かつては「float」というプロパティを使って横並びの指定をしていました。floatは少し実装が複雑なので、これからはFlexboxやCSSグリッドを使用すればよいかと思いますが、古いWebサイトの更新作業を行う際などのために覚えておくとよいでしょう。

例：「.item」というクラスのついた3つのボックスを横に並べてみます。

HTMLでは横並びにしたい要素を親要素である「.container」で囲んでおきます。

CSSは横に並べたい子要素に幅と「float: left;」を追加します。

```
<div class="container">
  <div class="item">Item 1</div>
  <div class="item">Item 2</div>
  <div class="item">Item 3</div>
</div>
```

```
.item {
  background: #0bd;
  color: #fff;
  padding: 10px;
  width: 200px;
  margin: 10px;
  float: left;
}
```

3つのボックスが横並びになりました。ただ、下に配置したい要素が重なっている状態です。

下にくる要素をうまく配置するためには「クリアフィックス」と呼ばれる技を使わなければいけません。親要素のクラス名の後に「::after」をつけ、以下の記述を追加します。

```
.container::after {
  content: '';
  display: block;
  clear: both;
}
```

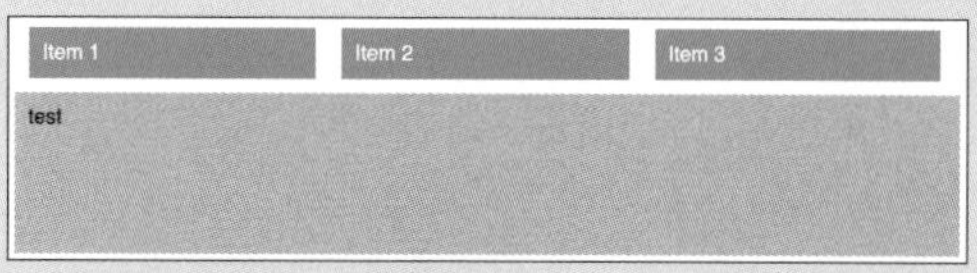

うまく下の要素が配置されました。

3-18 CHAPTER デフォルトCSSをリセットしよう

ブラウザーには様々な種類があります。それぞれのブラウザーはデフォルトで独自のCSSが適用されているので、CSSの指定に差が出てしまいます。CSSをリセットしましょう。

CSSをリセットするとは

ブラウザーのデフォルト※で適用されているCSSはブラウザーごとに異なります。例えば余白やフォント、文字サイズなど、それぞれのブラウザーによって指定が異なっているのです。自身で作成したCSSファイルは、デフォルトのCSSを上書きする形で適用されるので、場合によってはブラウザーごとに見え方が変わってきてしまいます。

そこで**リセットCSS**です。リセットCSSを使うことで、ブラウザーが本来適用させているCSSを打ち消し、異なるブラウザーで見ても表示を統一することができます。

ブラウザーによる見え方の違い

デフォルトのCSSがどう適用されているのか見てみましょう。余白やフォーム内の文字サイズなど、それぞれに微妙な違いがあることがわかります。

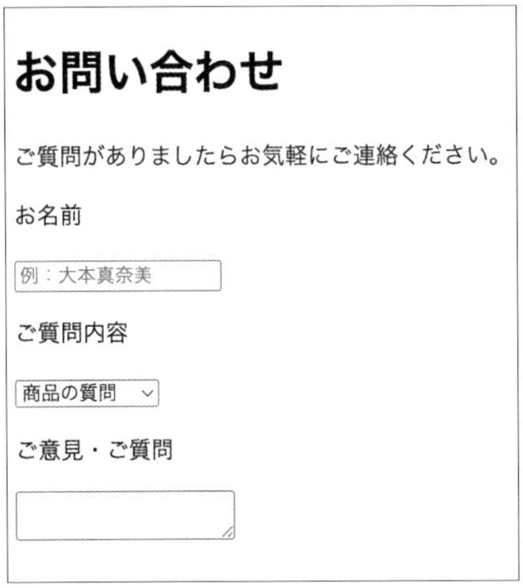

Chromeで見た場合…テキスト入力欄がやや短く表示されます。

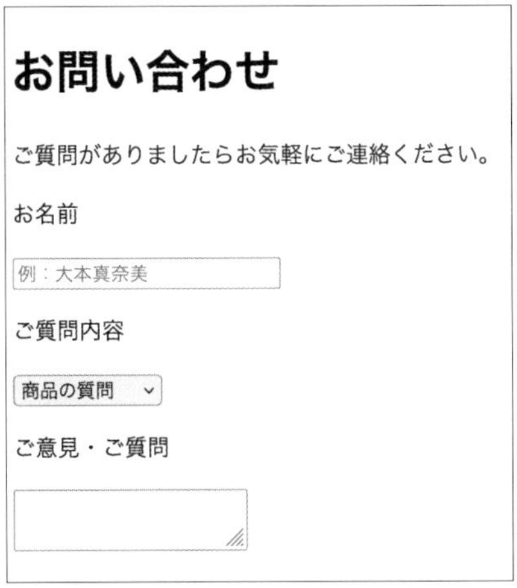

Firefoxで見た場合…テキスト入力欄がやや長く、余白も少し大きくとられています。

※デフォルト…あらかじめ設定されている標準の状態のこと。

リセットCSSの読み込ませ方

リセットCSSは自分で作成してもかまいませんが、書く量も多く最初のうちは難しいかと思います。外部のWebサイトで公開されているCSSファイルを利用するとよいでしょう。本書では「**ress.css**」というファイルを使います。このリセットCSSは厳密に言うとすべてのデフォルトCSSをリセットしているのではなく、デフォルトのスタイルを活かしてブラウザー間の最小限の誤差だけをなくすためのファイルです。

ress

ress.css … https://github.com/filipelinhares/ress
リセットCSSを自分で作るのは大変なので、外部Webサイトで公開されているCSSファイルを読み込ませると便利です。

HTMLへの書き込み方

HTMLファイルの「head」部分にress.cssを読み込ませます。ress.cssのファイルをダウンロードして読み込ませてもよいのですが、Web上で公開されている「https://unpkg.com/ress/dist/ress.min.css」を直接書き込めばress.cssが適用されます※。

chapter3/c3-18-1/index.html

```
<link rel="stylesheet" href="https://unpkg.com/ress/dist/ress.min.css">
```

直接書き込んだ

なお、「head」内に読み込ませる時は、記述する順番に気をつけましょう。ress.cssを自分で作成したCSSの下に書いてしまうと、後から読み込まれたress.cssが優先され、スタイルを上書きしてしまいます。必ず最初にress.cssを書き、その下に自作のCSSファイルを書きましょう。

chapter3/c3-18-2/index.html

```
<head>
    <meta charset="utf-8">
    <title>WCB Cafe</title>

<!-- CSS -->
    <link rel="stylesheet" href="https://unpkg.com/ress/dist/ress.min.css">
    <link href="css/style.css" rel="stylesheet">
</head>
```

ress.cssを先に書く

自作のCSSは下に書く

良い例 先にress.cssを読み込むことで、デフォルトCSSを無効化した上で自作のCSSを反映できます。

※Web上で公開されているCSSファイルは、インターネットに接続されていないと読み込まれません。インターネットに接続していることを確認し、ご活用ください。

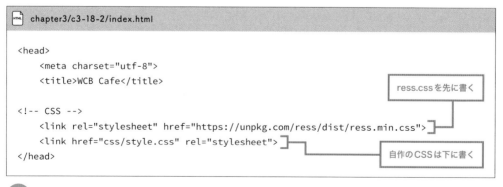

chapter3/c3-18-3/index.html

```
<head>
    <meta charset="utf-8">
    <title>WCB Cafe</title>

<!-- CSS -->
    <link href="css/style.css" rel="stylesheet">
    <link rel="stylesheet" href="https://unpkg.com/ress/dist/ress.min.css">
</head>
```

自作のCSSが先にある

ress.cssが後にある

悪い例 デフォルトのCSSだけではなく、自作したCSSまでもリセットされてしまいます。

ress.cssのブラウザーでの見え方

ress.cssを読み込ませるとフォームの線や余白が消え、違うブラウザーで見ても表示が統一されます。これをベースにCSSファイルを作成し、表示したいデザインに変更していきます。

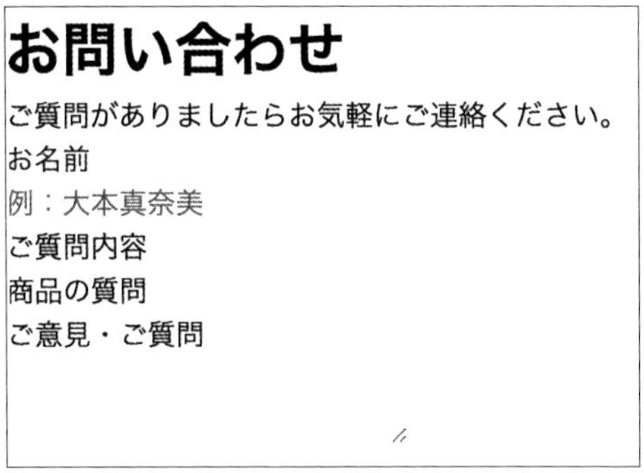

Chromeで見た場合…フォームで使われていたパーツの枠線などもすべて非表示となりました。

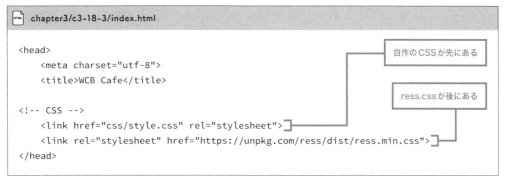

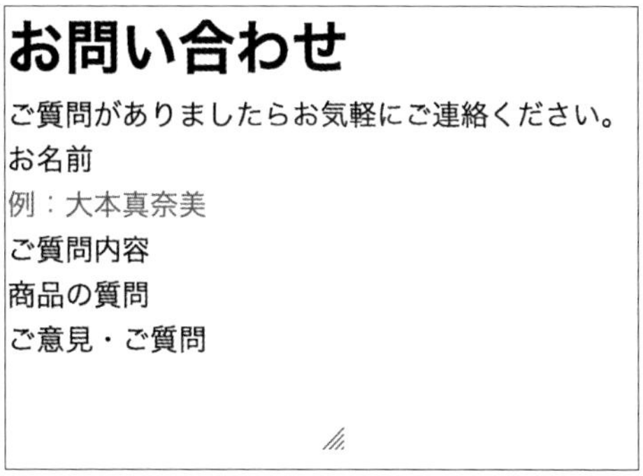

Firefoxで見た場合…独自に指定されていた余白もなくなっています。

COLUMN | CSS Flexboxチートシート

Flexboxは他にも様々な指定方法があります。使用できるプロパティをまとめたので、こちらの記事も参考にしてみてください。

Webクリエイターボックス … https://www.webcreatorbox.com/tech/css-flexbox-cheat-sheet

3-19 CHAPTER 練習問題

本章で学んだことを実際に活用できるようにするため、手を動かして学べる練習問題を用意いたしました。練習問題用に用意したベースファイルを修正して、以下の装飾を実装してください。

修正内容

❶ クラス「box」の要素の背景色を #aef にしてください
❷ クラス「box」の要素の横幅を 400px にしてください
❸ クラス「box」の要素の内側の余白を 2rem、外側の余白を 1remにしてください
❹ クラス「box」の要素を横に並べてください
❺ クラス「box」の要素を画面中央に表示させてください

ベースファイルを確認しよう

練習問題ファイル：chapter3/c3-19-1/practice-base

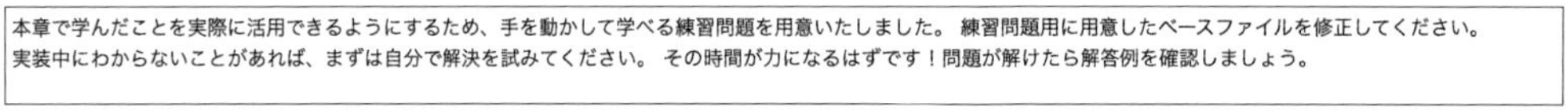

本章で学んだことを実際に活用できるようにするため、手を動かして学べる練習問題を用意いたしました。 練習問題用に用意したベースファイルを修正してください。
実装中にわからないことがあれば、まずは自分で解決を試みてください。 その時間が力になるはずです！問題が解けたら解答例を確認しましょう。

なんの装飾もしていないので、2行のテキストが縦に並べられているだけです。用意されている「css」フォルダー内の「style.css」に必要な指示を記述して反映させましょう。

解答例を確認しよう

練習問題ファイル：chapter3/c3-19-1/practice-answer

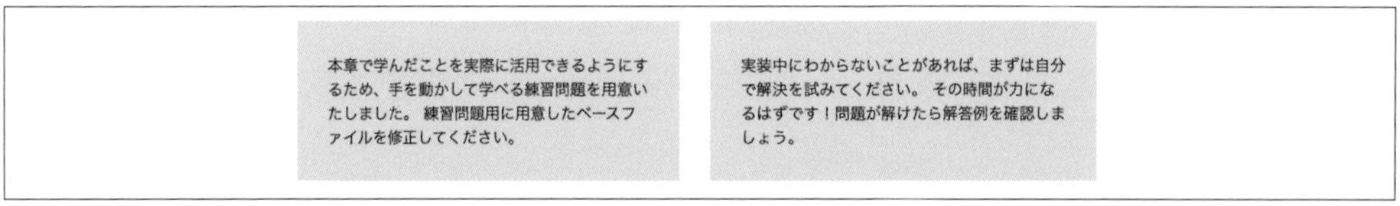

本章で学んだことを実際に活用できるようにするため、手を動かして学べる練習問題を用意いたしました。 練習問題用に用意したベースファイルを修正してください。
実装中にわからないことがあれば、まずは自分で解決を試みてください。 その時間が力になるはずです！問題が解けたら解答例を確認しましょう。

このように要素に色が付き、横に並べられている状態です。画面の中央に配置されるようにしましょう。

もし実装中にわからないことがあれば、CHAPTER 8「うまく表示されない時の確認と解決方法」を参考にまずは自分で解決を試みてください。その時間が力になるはずです！ 問題が解けたら解答例を確認しましょう。

CHAPTER

4

シングルカラムの Webサイトを制作する

このCHAPTERからは「WCB CAFE」という1つのWebサイトを完成させるまでの工程をステップごとに紹介していきます。まずはシングルカラムレイアウトを採用したホームページから一緒に作成していきましょう。

WEBSITE | DESIGN | HTML | CSS | SINGLE | MEDIA | TROUBLESHOOTING

4-1
CHAPTER

シングルカラムとは

シングルカラムは、1カラムとも言われ、コンテンツ内容を縦に並べて表示するレイアウトのことです。上から下へ、一方向にのみ視線を誘導させるため、ユーザーは掲載している内容に集中できる利点があります。

シングルカラムとは

レイアウトを組む時、縦に並んだ列のことを「**カラム**」と言い、このカラムをページに垂直方向に区切って組まれたレイアウトのことを「**カラムレイアウト**」と呼びます。

1カラムで作る**シングルカラム**は余白を十分に確保できるため、大きな画像などを用いて印象的なデザインを作ることができます。また、縦に並べて表示するレイアウトは画面の面積の小さなモバイルデバイスとも相性がよいカラムです。

モバイルサイズ

画面の小さなモバイルサイズでも大きく印象的に見える

POINT

シングルカラムだと一度に表示できる情報量が限られるため、掲載するコンテンツの数が多い場合は不向き。ショッピングサイトやギャラリーサイトなど、一度に多くのアイテムを一覧表示したい場合などは、複数のカラムを組み合わせたマルチカラムを採用するといい。
複数のカラムのレイアウトについてはCHAPTER 5「2カラムのWebサイトを制作する」で解説。

デスクトップサイズ

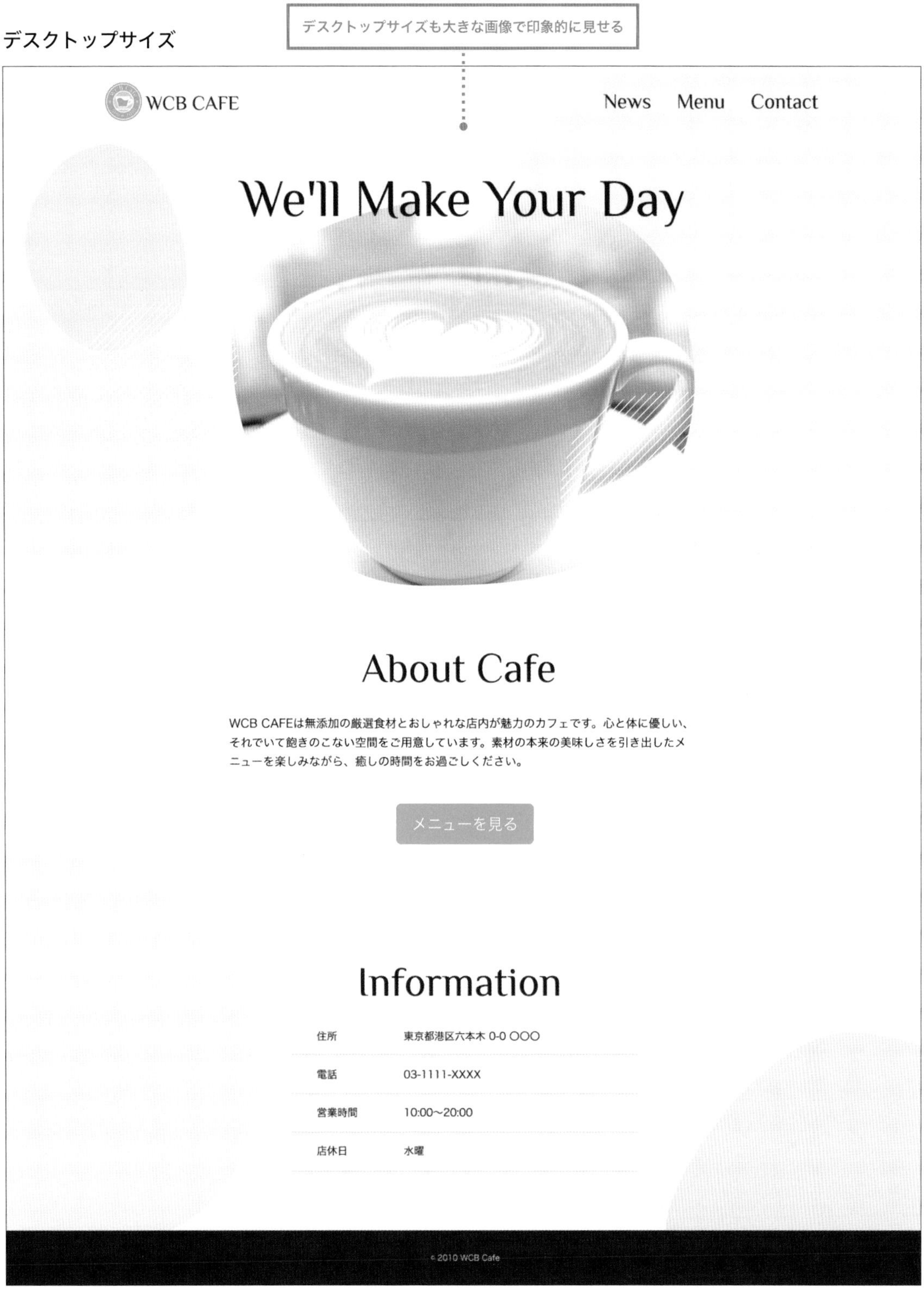
デスクトップサイズも大きな画像で印象的に見せる
WCB CAFE
News
Menu
Contact
We'll Make Your Day
About Cafe
WCB CAFEは無添加の厳選食材とおしゃれな店内が魅力のカフェです。心と体に優しい、それでいて飽きのこない空間をご用意しています。素材の本来の美味しさを引き出したメニューを楽しみながら、癒しの時間をお過ごしください。
メニューを見る
Information
住所
東京都港区六本木 0-0 OOO
電話
03-1111-XXXX
営業時間
10:00〜20:00
店休日
水曜
© 2010 WCB Cafe

4-2 CHAPTER シングルカラムページの制作の流れ

実際にシングルカラムレイアウトのWebページを作っていきましょう。本書で制作するのは無添加の食材を使った体にやさしいカフェ店「WCB CAFE」のWebサイトです。作成方法を解説していきます。

作成するページ

まずはWebサイトの顔となるホームページの作成です。大きな画像を一面に配置したインパクトのあるページにしましょう。ロゴ、ナビゲーションメニュー、キャッチコピー、文章、ボタン、表のあるホームページです。

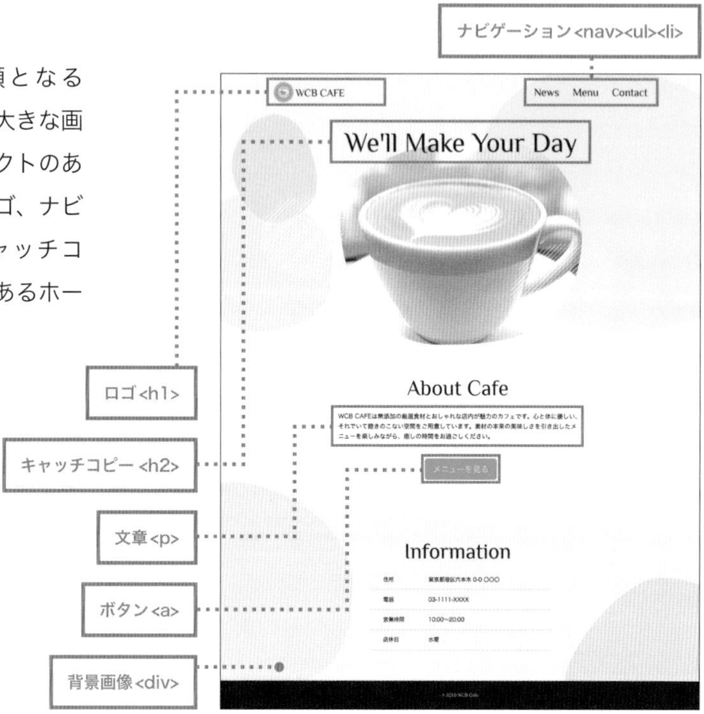

制作の流れ

01 「head」部分の記述

Webページの情報を記述する<head>タグから書いていきましょう。

基本的な書き方は決まっているので、形式通り記述します。

02 ロゴ、ナビゲーションメニューの作成

続いてページ上部に設置する、ロゴとナビゲーションメニューを作成します。

WCB CAFE
News
Menu
Contact

ロゴ、ナビゲーションメニューは全ページ共通となる部分です。

03 コンテンツ部分の作成

ページの肝となるコンテンツ部分の作成です。このページではキャッチコピー、文章、ボタン、表を用意します。

また、ボタンにはカーソルを合わせた時にアニメーションを加えます。

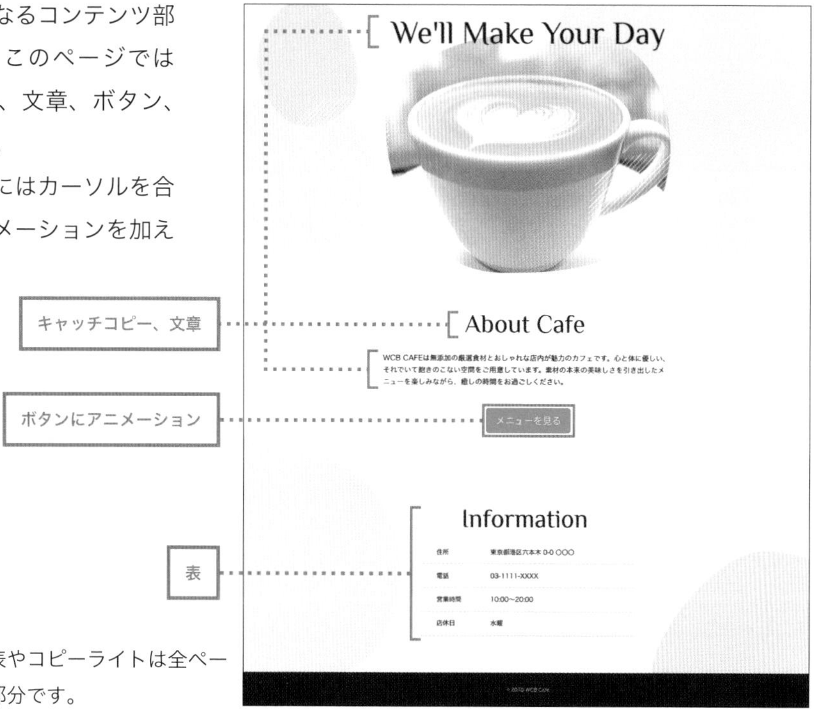

We'll Make Your Day
About Cafe
WCB CAFEは無添加の厳選食材とおしゃれな店内が魅力のカフェです。心と体に優しい、それでいて飽きのこない空間をご用意しています。素材の本来の美味しさを引き出したメニューを楽しみながら、癒しの時間をお過ごしください。
メニューを見る
Information
住所　東京都港区六本木0-0 ○○○
電話　03-1111-XXXX
営業時間　10:00~20:00
店休日　水曜
キャッチコピー、文章
ボタンにアニメーション
表

ページ下部の表やコピーライトは全ページ共通となる部分です。

04 ファビコンの設定

ページが完成したら、ページのタブに表示される「ファビコン」を作成しましょう。

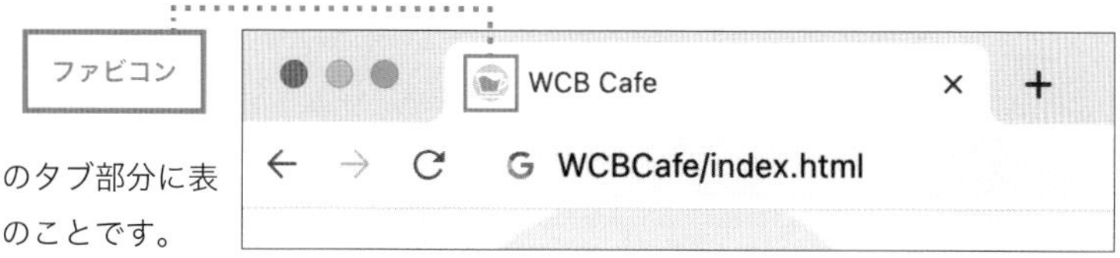

ファビコン
WCB Cafe
WCBCafe/index.html

ファビコンはブラウザーのタブ部分に表示される小さなアイコンのことです。

4-3 CHAPTER 「head」を記述しよう

前節の流れに沿ってまずは Web ページの情報部分となる「head」から記述していきましょう。index.html を新規作成してWebサイトのホームページを作っていきます。

ファイルの準備をしよう

フォルダーを新規作成し、フォルダー名を「WCBCafe」としましょう。その中に「index.html」という名前のHTMLファイルを新規作成します。このindex.htmlにコードを書いていきます。

HTMLの骨組みを記述する

HTMLファイルに必須となるタグから書いていきます。サンプルデータの用意はありますが、まずは本を見ながらご自身の手でコードを書いていくとよいでしょう。そうすることで実際に制作していく流れがわかり、確かな力が身につきます。

chapter4/c4-03-1/index.html

```
<!DOCTYPE html>
<html lang="ja">
    <head>

    </head>

    <body>

    </body>
</html>
```

「meta」情報と「title」を記述する

続いて<head>タグの中に文字コードの指定である<meta charset="utf-8">、Webページのタイトルとなる<title>タグ、そしてWebページの説明文を<meta name="description">で書き足します。

HTMLについて不安がある人はCHAPTER 2「Webの基本構造を作る！HTMLの基本」を確認するとよいでしょう。

chapter4/c4-03-2/index.html

```
<!DOCTYPE html>
<html lang="ja">
    <head>
        <meta charset="utf-8">
        <title>WCB Cafe</title>
        <meta name="description" content="ブレンドコーヒーとヘルシーなオーガニックフードを提供するカフェ">
    </head>

    <body>

    </body>
</html>
```

文字コード

タイトル

Webページの説明文

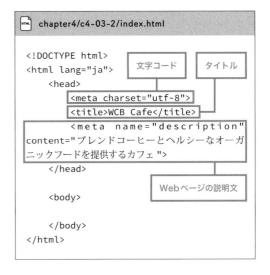

必要なCSSファイルを読み込もう

そしてWebページで必要になるCSSファイルの読み込みをします。各ブラウザーのデフォルトCSS は**ress.css**（P.170参照）を使ってリセットします。

また、見出しはGoogle Fontsを使って「Philosopher」というフォントを設定するので、Google Fonts用のCSSも読み込ませておきます（P.104参照）。その下にこれから指定していくstyle.cssを記述しておきましょう。

chapter4/c4-03-3/index.html

```
<!DOCTYPE html>
<html lang="ja">
    <head>
        <meta charset="utf-8">
        <title>WCB Cafe</title>
        <meta name="description" content="ブレンドコーヒーとヘルシーなオーガニックフードを提供するカフェ">

    <!-- リセットCSS -->
        <link rel="stylesheet" href="https://unpkg.com/ress/dist/ress.min.css">

    <!-- Googleフォント -->
        <link rel="preconnect" href="https://fonts.googleapis.com">
        <link rel="preconnect" href="https://fonts.gstatic.com" crossorigin>
        <link href="https://fonts.googleapis.com/css2?family=Philosopher&display=sw
ap" rel="stylesheet">

    <!-- オリジナルCSS -->
        <link rel="stylesheet" href="css/style.css">
    </head>

    <body>

    </body>
</html>
```

ress.cssの指定

Google Fontsの指定

これから指定するCSS

書き終わったら保存し、ブラウザーで立ち上がるか確認してみます。まだ <body> タグ内に記述していないので、コンテンツは何も表示されていません。タブには <title>タグで指定したタイトルが表示されています。これで準備は完了です！

まだ<body>タグ内に記述していないので、コンテンツは何も表示されていません。タブには<title>タグで指定したタイトルが表示されています。

4-4 CHAPTER モバイルファーストで作成する準備

今やどの年代の人でもスマートフォンでWebサイトを閲覧します。これから作成していく「WCBCafe」のWebサイトも、モバイルサイズで閲覧できるよう、先に準備しておきましょう。

モバイルファーストとは

デバイスの表示領域によってWebページの表示を切り替える手法のことを「**レスポンシブWebデザイン**」と言います。詳しい説明や制作の手順はP.206から解説しますが、本書で作成するサンプルサイトは、まずモバイル幅に合わせて作成していきます。このようにモバイルデバイスでの装飾を先に記述し、デスクトップサイズの装飾を後から適用させる制作方法を「**モバイルファースト**」と言います。

モバイルファーストのメリット

現在のWebサイトではスマートフォンでの利用の方が､PCでの利用よりも多くなっています。場合によってはモバイル表示を主体として制作する必要があります。モバイルファーストで実装していくことにより、スマートフォンでの表示が速くなるというメリットがあります。

デスクトップファーストの方が向いているケース

モバイルファーストとは逆で、デスクトップサイズから制作していく方法を「**デスクトップファースト**」と言います。そのWebサイトを閲覧するユーザーがPCを利用する方が多い場合はデスクトップファーストが有効です。必要に応じてどちらがいいか検討するとよいでしょう。

モバイルサイズでの確認方法

異なる表示領域での確認は､Chromeに標準搭載されている**デベロッパーツール**で検証すると便利です。デベロッパーツールはWebサイトの構成やCSSの検証などができます。使い方はWebページ内のどこでもいいので右クリックし、[検証] をクリックすると起動します。

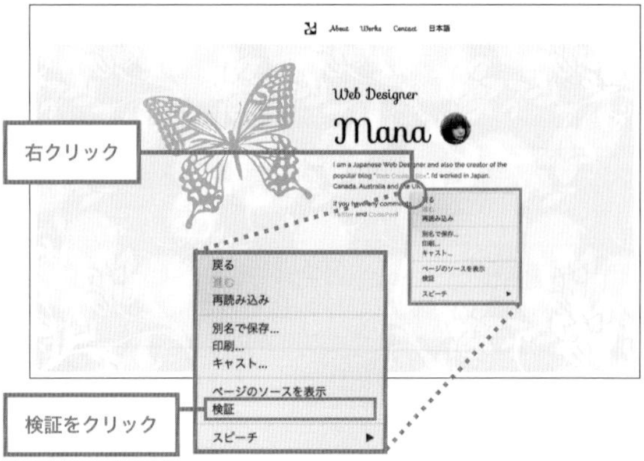

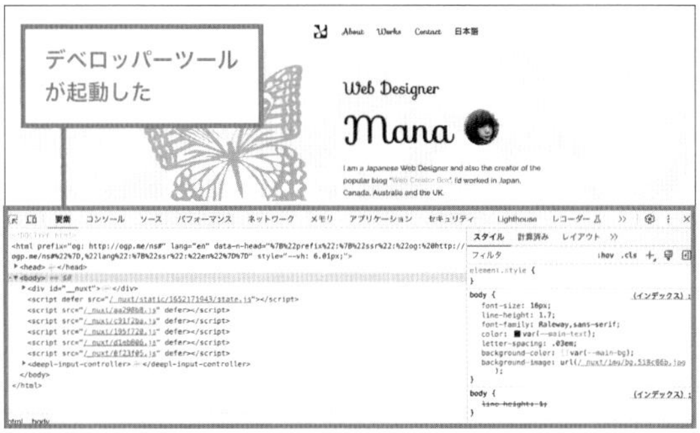

POINT

デベロッパーツールはショートカットキーでも起動できる。Windowsは Ctrl + Shift + C キー、Macは Shift + ⌘ + C キーで使用できる。

別のデバイスサイズで検証する

別のデバイスサイズで検証する場合は、デベロッパーツールの左上にある2つの四角が重なったようなアイコンをクリックします。すると画面上部にサイズとデバイス名が表示されます。サイズとデバイス名をクリックすると、様々なデバイスの表示領域での確認ができるようになります。

なお、モバイルサイズだと表示が縦長になるので、デベロッパーツールのレイアウトを変更するとより見やすくなります。レイアウトの変更はデベロッパーツールのパネル右上にある3つのドットをクリックして、下画像の「固定サイド」から変更しましょう。

[左に固定][下部に固定][右に固定]の他、[固定を解除して別ウィンドウに表示]でブラウザーの画面から切り出して表示させることもできます。

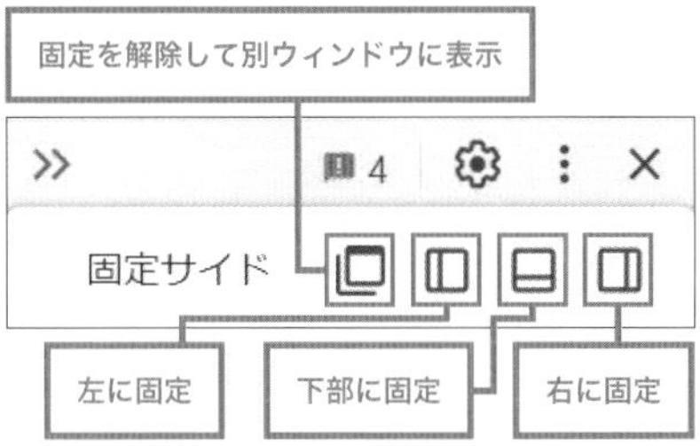

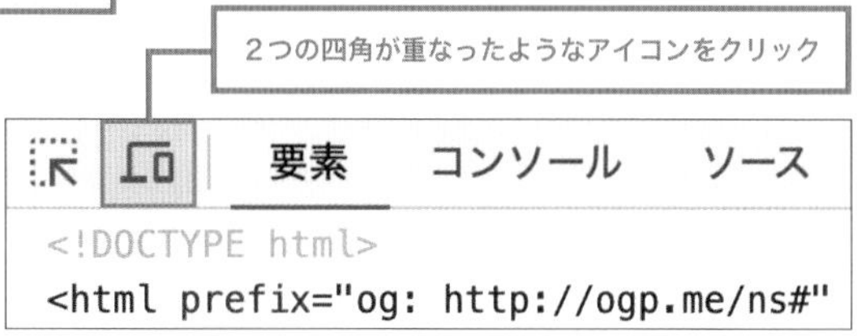

「右に固定」に設定した状態。モバイルサイズに合わせて縦長になり画面が見やすく、使いやすくなりました。画面のレイアウトは境界線へマウスカーソルを合わせてドラッグすることでも調整できます。

COLUMN ｜ デベロッパーツールの日本語化の方法

もしデベロッパーツールが英語になっている場合は、右上の歯車アイコンをクリックして、表示されたPreferencesの画面のLanguageの項目を「Japanese - 日本語」に変更しましょう。

さらに右上のバツボタンをクリックして元の画面に戻ると、デベロッパーツールを再度読み込むよう促されるので上部の「Reload DevTools」ボタンをクリックします。するとデベロッパーツールが日本語化されます。

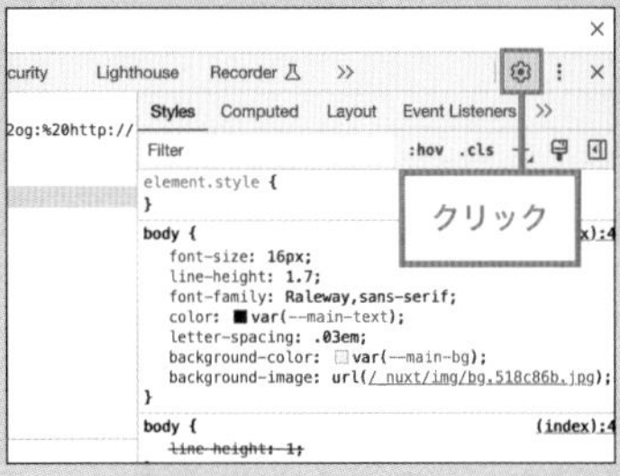

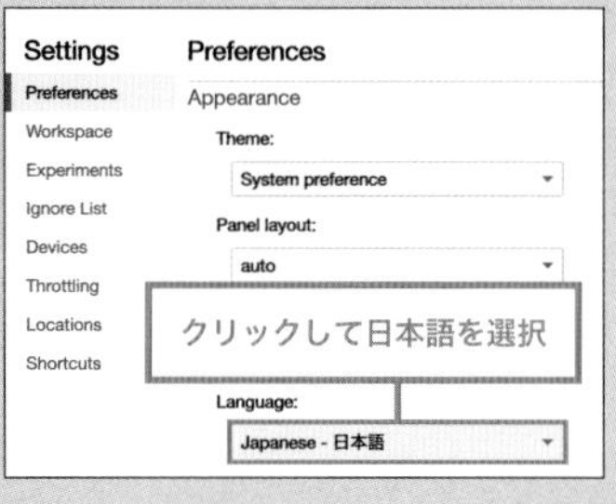

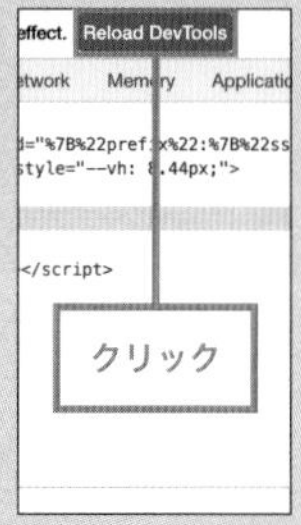

viewportの設定

viewport（ビューポート）とは、様々なデバイスにおける表示領域のことです。何も指定しないとスマートフォンで表示した時に、デスクトップサイトの横幅に合わせてそのままの大きさで表示されます。この状態は文字が小さくなり非常に閲覧しづらいです。そこでHTMLの「head」内に下記の<meta>タグを記述して表示領域の横幅を合わせましょう。

chapter4/c4-04-01/index.html

```
<!DOCTYPE html>
<html lang="ja">
    <head>
        <meta charset="utf-8">
        <title>WCB Cafe</title>
        <meta name="description" content="ブレンドコーヒーとヘルシーなオーガニックフードを提供するカフェ">
        <meta name="viewport" content="width=device-width, initial-scale=1">

    <!-- リセットCSS -->
        <link rel="stylesheet" href="https://unpkg.com/ress/dist/ress.min.css">
```

viewportの指定

```
    <!-- Googleフォント -->
        <link rel="preconnect" href="https://fonts.googleapis.com">
        <link rel="preconnect" href="https://fonts.gstatic.com" crossorigin>
        <link href="https://fonts.googleapis.com/css2?family=Philosopher&display=swap" rel="stylesheet">

    <!-- オリジナルCSS -->
        <link rel="stylesheet" href="css/style.css">
    </head>

    <body>

    </body>
</html>
```

なお、作成途中のサンプルサイトでは、まだbody内に何も記述していないので、特に変化はありません。この節で例にあげているWebサイトで確認してみると、何も指定がない場合はスマートフォンでもデスクトップと同じように表示されています。viewportを加えることでデバイスに合わせて文字も大きく、見やすくなりました。

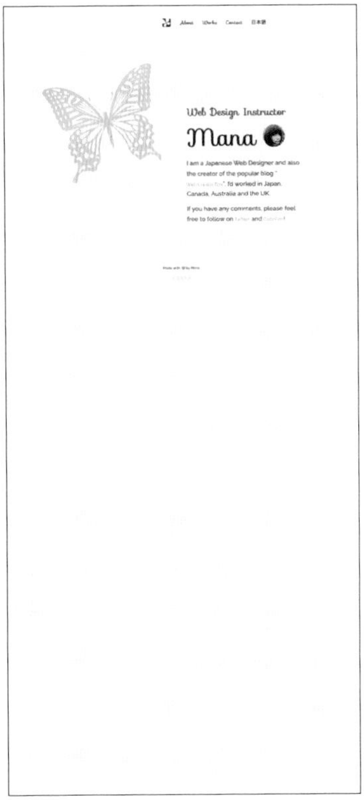

viewportの指定前。スマートフォンでもデスクトップと同じように表示

viewportの指定後。デバイスに合わせて文字が大きくなり見やすい表示

4-5 CHAPTER 「header」部分を作ろう

Webページ上部に表示させる「header」部分にはロゴとナビゲーションメニューを設置します。ここはWebサイトの全ページ共通となる部分なので、最初に作成しておきましょう。

HTMLに「header」部分を記述する

index.htmlの<body>タグ内に<header>タグを記述します。続いてその中に<h1>タグでロゴ画像を、<nav>タグでナビゲーションメニューとなるリストを書いていきます。

ロゴの画像は「WCBCafe」フォルダー内に「images」フォルダーを作成し、その中に保存しておきます。なお、制作で使う画像はサンプルデータの「images」フォルダーにまとまって入っているので、そのまま利用しましょう。

chapter4/c4-05-1/index.html

```html
<body>
    <header class="page-header">
        <h1 class="align-center">
            <a href="index.html"><img class="logo" src="images/logo.svg" alt="WCBカフェ ホーム"></a>
        </h1>
        <nav>
            <ul class="main-nav font-english">
                <li><a href="news.html">News</a></li>
                <li><a href="menu.html">Menu</a></li>
                <li><a href="contact.html">Contact</a></li>
            </ul>
        </nav>
    </header>
</body>
```

追加

<h1>にロゴを配置

ナビゲーションメニュー

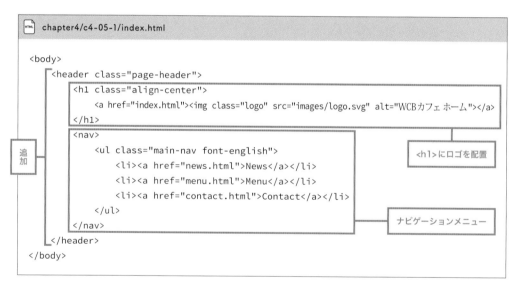

現状ではCSSでの装飾がないので、画像が画面いっぱいに表示され、ナビゲーションメニューのリストも青文字で縦に並んでいます。

CSSファイルの準備をしよう

「WCBCafe」フォルダー内に「css」フォルダーを作成し、その中に「style.css」という名前のCSSファイルを新規作成します。このstyle.cssにスタイルを記述していきます。

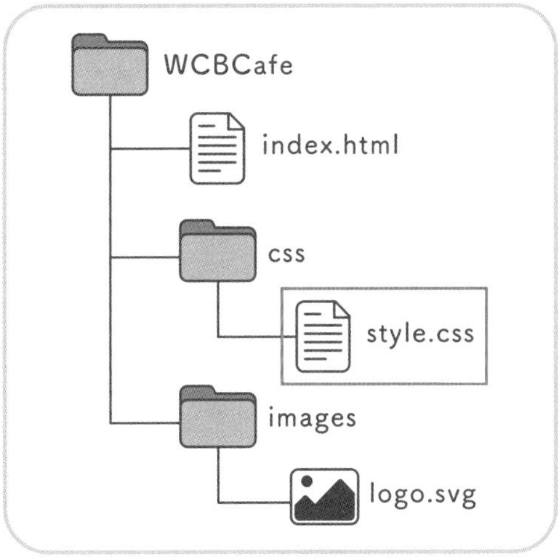

このようなファイル構成になっています。

共通部分を記述する

CSSファイルの１行目には「@charset"UTF-8";」を書き、コードの文字化けを防ぎます。CSSについて不安がある人はCHAPTER 3「Webデザインを作る！ CSSの基本」を確認するとよいでしょう。

続いて<html>タグに文字サイズを100%と指定することで、ブラウザーのデフォルトの文字サイズ（通常は16px）やユーザーが設定した文字サイズが正しく反映されるようになります。その他、書体や文字色などを書いていきましょう。<img>タグに「max-width:100%;」を指定することで、画像が親要素よりも大きくなることを防ぎます。

chapter4/c4-05-2/css/style.css

```
@charset "UTF-8";

/* 共通部分
------------------------------- */
html {
    font-size: 100%;
}
body{
    font-family: "Hiragino Kaku Gothic ProN", "Hiragino Sans", "BIZ UDPGothic", sans-serif;
    line-height: 1.7;
    color: #432;
}
a {
    text-decoration: none;
}
img {
    max-width: 100%;
}
```

- @charset "UTF-8"; → コードの文字化けを防ぐ
- font-size: 100%; → ユーザーの設定した文字サイズを正しく反映
- font-family → 書体の指定
- line-height: 1.7; → 行の高さの指定
- color: #432; → 色の指定
- text-decoration: none; → <a>タグの傍線の指定
- max-width: 100%; → 画像の大きさの指定

ロゴのサイズと余白を調整する

ロゴ画像が大きいままなので、サイズを指定しましょう。ロゴ画像を含めた<h1>タグには「align-center」クラスを指定しています。この「align-center」には中央揃えの指定である「text-align: center;」を記述します。

他のページでも利用できるよう、共通のクラスとして使い回せるようにしておきます。これらは記述した共通部分のCSSの下に書き足していきます。

chapter4/c4-05-3/css/style.css

```
/* レイアウト */
.align-center {
    text-align: center;
}

/* ヘッダー
------------------------------- */
.page-header {
    padding-top: .5rem;
}
.logo {
    width: 210px;
}
```

ロゴの横幅の指定

ロゴ画像が小さくなり、画面中央に表示されました。

ナビゲーションメニューを装飾する

先程作成した「align-center」クラスと同様、欧文フォント「Philosopher」を利用する部分では、他の箇所でも使い回せるよう共通のクラスを作っておくと便利です。ここでは「font-english」クラスに欧文フォントの指定をしました。

ナビゲーションメニューには<ul>タグに「main-nav」というクラスがついているので、そちらに文字サイズや余白などの装飾を加えていきます。ポイントは「display: flex;」を使って中の<li>タグを横並びにする点です。今後もFlexboxを指定する箇所は多いので、使い方をしっかり覚えておきましょう。

「a:hover」はリンクテキストにカーソルを合わせた時に適用される疑似クラスと呼ばれるものです。カーソルを合わせた時の装飾を指定できます。ここではカーソルを合わせると文字色を「#0bd」になるように変更します。

chapter4/c4-05-4/css/style.css

```
/* レイアウト */
.align-center {
    text-align: center;
}

/* 見出し */
.font-english {
    font-family: 'Philosopher', sans-serif;
    font-weight: normal;
}

/* ヘッダー
------------------------------- */
.page-header {
    padding-top: .5rem;
}
.logo {
    width: 210px;
}
.main-nav {
    display: flex;
    justify-content: center;
    gap: 2.5rem;
    font-size: 1.5rem;
    list-style: none;
}
.main-nav a {
    color: #432;
}
.main-nav a:hover {
    color: #0bd;
}
```

追加（.font-english { … }）

display: flex;を使う

追加（.main-nav { … } から .main-nav a:hover { … } まで）

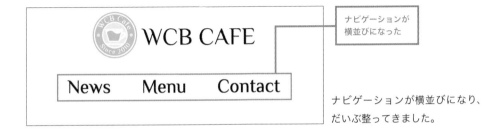

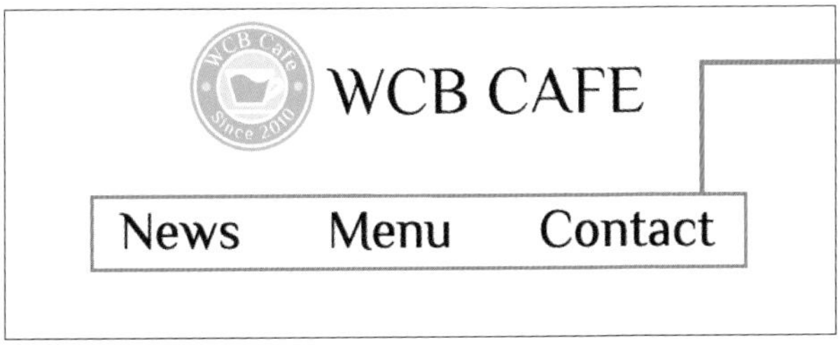

ナビゲーションが横並びになった

ナビゲーションが横並びになり、だいぶ整ってきました。

4-6 CHAPTER

キャッチコピーとカバー画像を作ろう

続いて、ホームページの顔となるキャッチコピー部分を作成しましょう。背景画像を大きく打ち出して、印象的なページに仕上げていきます。

キャッチコピーを設置しよう

まずはページの上部中心部分に配置するキャッチコピーを作成します。

<header>タグの下に、キャッチコピーとなる<h2>タグの「We'll Make Your Day」を追加します。クラスにはこの後で指定する「page-title」と、前ページで作成した「font-english」を当てています。

chapter4/c4-06-1/index.html

```
<header class="page-header">
    <h1 class="align-center">
        <a href="index.html"><img class="logo" src="images/logo.svg" alt="WCBカフェ ホーム"></a>
    </h1>
    <nav>
        <ul class="main-nav font-english">
            <li><a href="news.html">News</a></li>
            <li><a href="menu.html">Menu</a></li>
            <li><a href="contact.html">Contact</a></li>
        </ul>
    </nav>
</header>
<h2 class="page-title font-english">We’ll Make Your Day</h2>
```

追加

クラスを指定

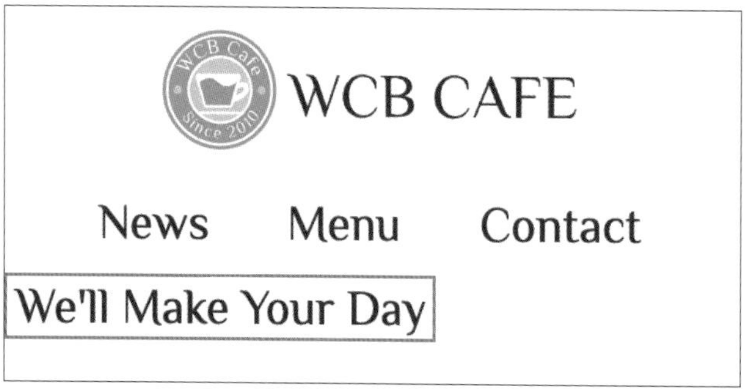

「font-english」クラスには、前節で指定した欧文フォントが反映されています。

続いて、CSSファイルに「page-title」クラスへの指示を追加しましょう。

「text-align: center;」で画面の中央に文章を配置します。その他、余白や文章のフォントサイズを指定しましょう。

chapter4/c4-06-2/css/style.css

```
/* 見出し */
.font-english {
    font-family: ‘Philosopher’, sans-serif;
    font-weight: normal;
}
.page-title {
    font-size: 3rem;
    text-align: center;
    margin-top: 2rem;
    line-height: 1.4;
}
```

文章のフォントサイズ

追加

画面の中央に配置

余白の指定

キャッチコピーが大きくなった

文字が大きく、画面の真ん中に表示されました。

画面いっぱいに背景画像を設置しよう

ホームの上部に横幅いっぱいに広がるように背景画像を設置します。設置する画像は「images」フォルダーに保存しておきましょう。

まずはHTMLに追加します。記述していた<header>部分と<h2>部分を、新たに<div>タグで囲みます。その<div>タグには「cover」と「cover-home」というクラスを指定しておきましょう。この部分に背景画像を当てます。

chapter4/c4-06-3/index.html

```
<div class="cover cover-home">
    <header class="page-header">
        <h1 class="align-center">
            <a href="index.html"><img class="logo" src="images/logo.svg" alt="WCBカフェ ホーム"></a>
        </h1>
        <nav>
            <ul class="main-nav font-english">
                <li><a href="news.html">News</a></li>
                <li><a href="menu.html">Menu</a></li>
                <li><a href="contact.html">Contact</a></li>
            </ul>
        </nav>
    </header>
    <h2 class="page-title font-english">We'll Make Your Day</h2>
</div>
```

追加

クラスを指定

追加

次にstyle.cssの下に追加していきます。

「cover」クラスに「background-size: cover;」を指定して、画像の縦横の比率を保ったまま画面いっぱいに広げます。なお、この指定は他のページでも使いまわしたいので、あえて「cover-home」クラスではなく、別のクラスとして設定しています。

chapter4/c4-06-3/css/style.css

```
.cover {
    background-size: cover;
    background-position: center bottom;
    height: 800px;
}
```

「cover」クラスに画面いっぱいに広げる指定

さらにその下に追加します。「cover-home」クラスにはホームで表示したい背景画像を指定しましょう。

chapter4/c4-06-3/css/style.css

```
.cover-home {
    background-image: url(../images/cover-home-s.webp);
}
```

「cover-home」クラスに背景画像を指定

モバイルサイズで確認している
(P.180参照)

Webページにアクセスした時に、最初に表示される部分の完成です！

COLUMN ｜ うまく表示されない時に確認したいチェックリスト

Webサイトの制作中に、うまく表示されないことはよくあります。とくに最初は簡単なミスを見落としがちです。初学者がやりがちなミスをCHAPTER 8「うまくいかない時の解決方法」にまとめました。うまく表示されない時、まずはこのリストを確認し、何がエラーの原因なのか、1つひとつ解決していきましょう。

4-7 CHAPTER コンテンツ部分を作ろう

メインとなる画像の下には、Webサイトの簡単な紹介文と、別のページに誘導するボタンを設置します。このWebサイトに初めて訪れた人でも、すぐにどんな内容が掲載されているのかがわかるような文章がよいでしょう。

見出しと文章を設置しよう

前節で作成したキャッチコピー部分の下に「about」クラスのついた<section>を用意します。その中に見出しの<h3>タグの「About Cafe」、本文となる<p>タグの「WCB CAFEは無添加の厳選食材とおしゃれな店内が魅力のカフェです。～癒しの時間をお過ごしください。」を追加します。

chapter4/c4-07-1/index.html

```
<body>
    <div class="cover cover-home">
        <header class="page-header">
            <h1 class="align-center">
                <a href="index.html"><img class="logo" src="images/logo.svg" alt="WCB
カフェ ホーム"></a>
            </h1>
            <nav>
                <ul class="main-nav font-english">
                    <li><a href="news.html">News</a></li>
                    <li><a href="menu.html">Menu</a></li>
                    <li><a href="contact.html">Contact</a></li>
                </ul>
            </nav>
        </header>
        <h2 class="page-title font-english">We'll Make Your Day</h2>
    </div>

    <section class="about">
        <h3 class="heading-large font-english">About Cafe</h3>
        <p>
            WCB CAFEは無添加の厳選食材とおしゃれな店内が魅力のカフェです。心と体に優しい、それでい
て飽きのこない空間をご用意しています。
            素材の本来の美味しさを引き出したメニューを楽しみながら、癒しの時間をお過ごしください。
        </p>
    </section>
</body>
```

追加

本文

見出し

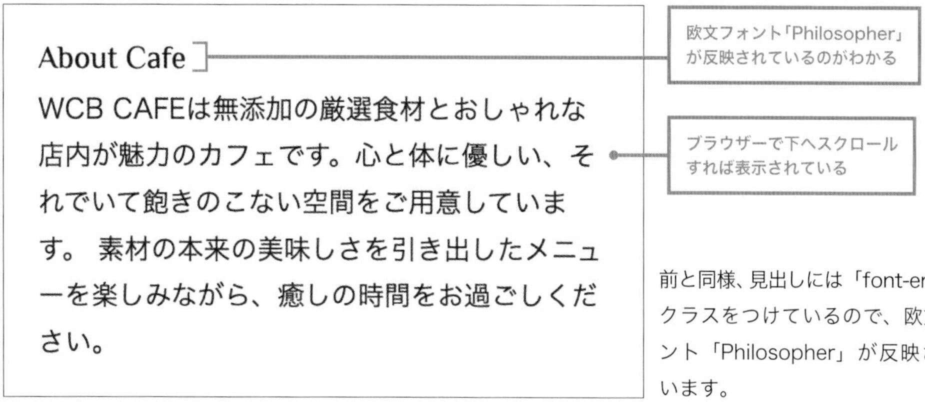
About Cafe
WCB CAFEは無添加の厳選食材とおしゃれな店内が魅力のカフェです。心と体に優しい、それでいて飽きのこない空間をご用意しています。 素材の本来の美味しさを引き出したメニューを楽しみながら、癒しの時間をお過ごしください。
欧文フォント「Philosopher」が反映されているのがわかる
ブラウザーで下へスクロールすれば表示されている

前と同様、見出しには「font-english」クラスをつけているので、欧文フォント「Philosopher」が反映されています。

続いて、全体を囲んでいる<section class="about">にはCSSで最大幅の指定である「max-width: 736px;」を記述します。この指定をすることで、デスクトップサイズで閲覧すると、文章が画面幅いっぱいに広がることなく表示されます。

その他、余白の指定などもしておきます。

chapter4/c4-07-1/css/style.css

```
.about {
    max-width: 736px;
    padding: 0 1.5rem;
    margin: 3rem auto 4rem;
}
.about p {
    margin-bottom: 3rem;
}
```

文章の最大幅の指定

余白の指定

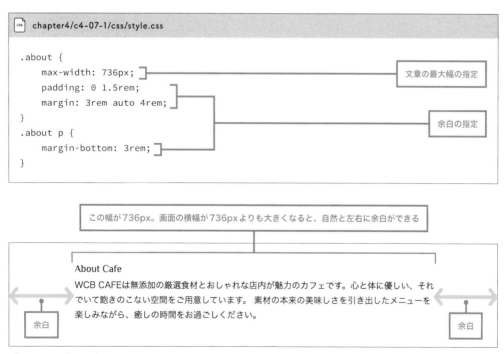

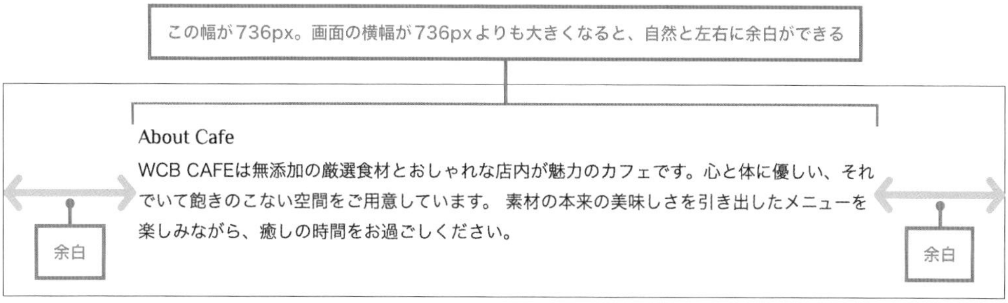
この幅が736px。画面の横幅が736pxよりも大きくなると、自然と左右に余白ができる
About Cafe
WCB CAFEは無添加の厳選食材とおしゃれな店内が魅力のカフェです。心と体に優しい、それでいて飽きのこない空間をご用意しています。 素材の本来の美味しさを引き出したメニューを楽しみながら、癒しの時間をお過ごしください。
余白
余白

デスクトップサイズで見た時

最大幅の指定がなくてもモバイルサイズでは特に変化は見られません。しかし、大きな画面で見ると画面中央にほどよい幅で文章が配置されているのがわかります。

共通のスタイルはまとめよう

見出しの<h3>に指定している「heading-large」クラスには、文字サイズや中央揃え、余白の指定を加えます。

chapter4/c4-07-2/css/style.css

```
.page-title {
    font-size: 3rem;
    text-align: center;
    margin-top: 2rem;
    line-height: 1.4;
}
.heading-large {
    font-size: 3rem;
    text-align: center;
    margin-bottom: 1rem;
}
```

追加

ここでよく見ると「font-size: 3rem;」と「text-align: center;」の指定が P.188「4-6 キャッチコピーとカバー画像を作ろう」で記述した「page-title」のものと一緒であることがわかります。共通のスタイルはクラス名をカンマで区切り、まとめておくと管理しやすくなります。

chapter4/c4-07-3/css/style.css

```
.page-title,
.heading-large {
    font-size: 3rem;
    text-align: center;
}
.page-title {
    margin-top: 2rem;
    line-height: 1.4;
}
.heading-large {
    margin-bottom: 1rem;
}
```

カンマで区切り共通スタイルはまとめる

共通でないものは別で管理

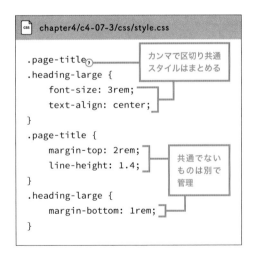

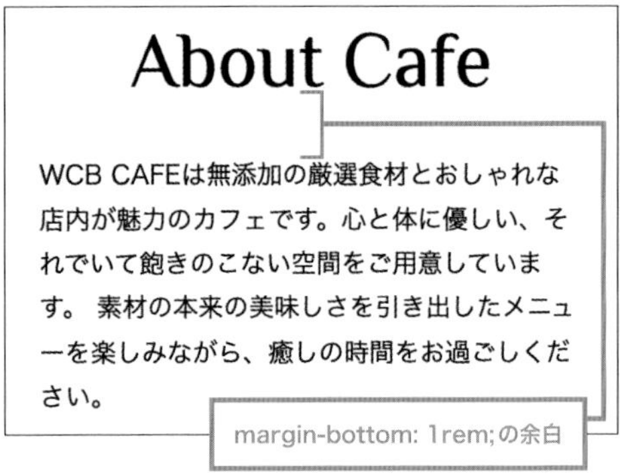
About Cafe
WCB CAFEは無添加の厳選食材とおしゃれな店内が魅力のカフェです。心と体に優しい、それでいて飽きのこない空間をご用意しています。 素材の本来の美味しさを引き出したメニューを楽しみながら、癒しの時間をお過ごしください。
margin-bottom: 1rem;の余白

画面中央に、大きな文字で表示されました。

ボタンを設置しよう

文章の<p>タグの下に、リンク先となる<a>タグの「メニューを見る」をボタンとして追加します。ボタンは中央揃えにしたいので、<a>タグをP.184「4-5「header」部分を作ろう」で作成した「align-center」クラスのついた<div>で囲います。

chapter4/c4-07-4/index.html

```
<section class="about">
    <h3 class="heading-large font-english">About Cafe</h3>
    <p>
        WCB CAFEは無添加の厳選食材とおしゃれな店内が魅力のカフェです。心と体に優しい、それでいて飽きのこない空間をご用意しています。
        素材の本来の美味しさを引き出したメニューを楽しみながら、癒しの時間をお過ごしください。
    </p>
    <div class="align-center">
        <a class="btn" href="menu.html">メニューを見る</a>
    </div>
</section>
```

追加

ボタンを追加

align-centerのクラス

CSSでは色や文字サイズ、余白などの指定を加えます。

なお、「border-radius」は四角形の角を丸めるためのプロパティ、「:hover」はカーソルを上に重ねた時に適用される疑似クラスと呼ばれるものです。

chapter4/c4-07-4/css/style.css

```
(・・・省略・・・)
.heading-large {
    margin-bottom: 1rem;
}

/* ボタン */
.btn {
    display: inline-block;
    font-size: 1.5rem;
    background-color: #0bd;
    color: #fff;
    border-radius: 8px;
    padding: .75rem 1.5rem;
}
.btn:hover {
    background-color: #0090aa;
}

/* ヘッダー
------------------------------ */
.page-header {
    padding-top: .5rem;
}
(・・・省略・・・)
```

余白を含めたサイズを認識させるため記述

角を丸めるプロパティ

ボタンにカーソルを重ねた時に適用される色

追加

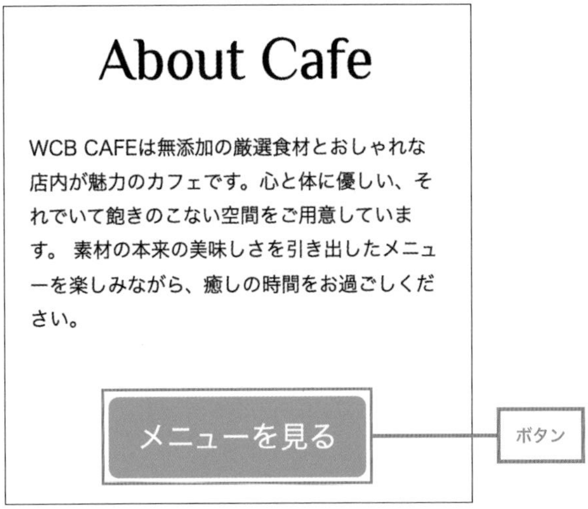
About Cafe
WCB CAFEは無添加の厳選食材とおしゃれな店内が魅力のカフェです。心と体に優しい、それでいて飽きのこない空間をご用意しています。 素材の本来の美味しさを引き出したメニューを楽しみながら、癒しの時間をお過ごしください。
メニューを見る
ボタン

ボタンが配置されました。

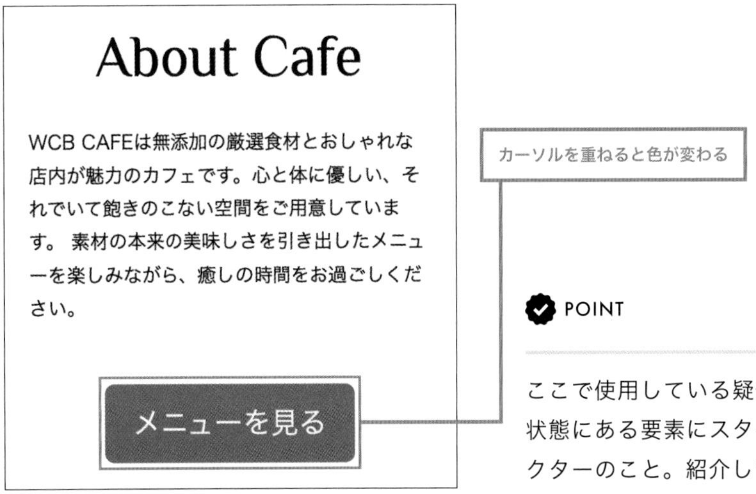
About Cafe
WCB CAFEは無添加の厳選食材とおしゃれな店内が魅力のカフェです。心と体に優しい、それでいて飽きのこない空間をご用意しています。 素材の本来の美味しさを引き出したメニューを楽しみながら、癒しの時間をお過ごしください。
メニューを見る
カーソルを重ねると色が変わる

ボタンにカーソルを合わせる、またはタップした時に背景色が変化します。

POINT

ここで使用している疑似クラスとは、特定の状態にある要素にスタイルを当てられるセレクターのこと。紹介しているボタンの例のように :hover をつけてその要素にカーソルが当たっている時にのみ、スタイルを適用できる。

4-8 CHAPTER ボタンにアニメーションを加えよう

かつてはWebサイトに動きをつけるためにはJavaScriptが必要でしたが、現在はCSSで様々なアニメーションを加えられます。本書ではCSSアニメーションの入門編とも言える、トランジションの使い方を見ていきましょう。

トランジションとは

指定の時間をかけてプロパティを変化させられるのが**transitionプロパティ（トランジション）**です。トランジションでは始点と終点の装飾の変化を表現できるので、単純な動き（下のCOLUMN参照）であればtransitionプロパティを使うといいでしょう。

それではボタンにカーソルを合わせた時に背景色がふんわり変化するようなアニメーションを加えてみましょう。「btn」クラスの指定に「transition: .5s;」を追加します。

なお、ここで記載している「.5s」は「0.5 second（0.5秒）」を表します。「0.5s」とも指定できますが、最初の「0」は省略可能です。次のページに追加したコードは0.5秒かけて始点である「btn」クラスの装飾と、.btn:hoverの装飾の相違点である背景色を変化させるという意味です。500ms（ミリ秒）とも指定できます。

COLUMN |「単純な動き」の程度

トランジションでは始点・終点の2点間の動きしか設定できないため、途中で別の動きを追加したり、繰り返し動かすことはできません。また、アニメーションを自動再生はできず、:hover（マウスカーソルを要素の上に乗せる）など、発動させるきっかけが必要です。

ここで伝えている単純な動きとは2点間の動きや、マウスカーソルによる動きの発動などになります。

chapter4/c4-08-1/css/style.css

```
/* ボタン */
.btn {
    display: inline-block;
    font-size: 1.5rem;
    background-color: #0bd;
    color: #fff;
    border-radius: 8px;
    padding: .75rem 1.5rem;
    transition: .5s;
}
```

追加。0.5秒かけて背景色を変化させる指定

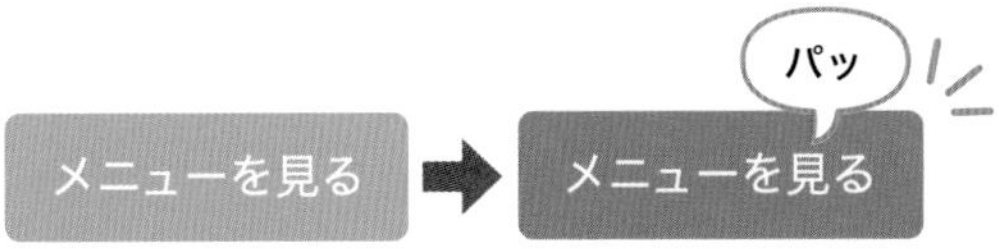

transitionを使わない場合。カーソルを合わせた瞬間に背景色がパッと変化します。

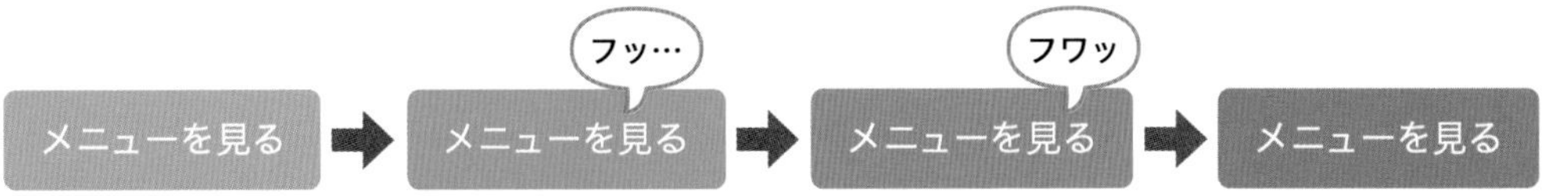

transitionを使った場合。背景色が0.5秒かけてフワッと変化します。

transition関連のプロパティ

よく指定するのは変化させるプロパティを指示するtransition-propertyや、変化させる時間を指示するtransition-durationです。ここではより深く知るためにもトランジションで利用できる各プロパティを確認しましょう。

プロパティ名	意味	指定できる値
transition-property	アニメーションを適用するプロパティ	all（初期値）… すべてのプロパティに適用 プロパティ名 … CSSプロパティの名前を記述 none … 適用させない
transition-duration	アニメーションの実行にかかる所要時間	数値s … 秒、数値ms（ミリ秒）
transition-timing-function	アニメーションの速度やタイミング	ease（初期値）… 開始時と終了時は緩やかに変化 linear … 一定の速度で変化 ease-in … 最初はゆっくり、だんだん速く変化 ease-out … 最初は速く、だんだんゆっくりと変化 ease-in-out … 開始時と終了時はかなり緩やかに変化 steps() … ステップごとに変化 cubic-bezier() … 変化の度合いを3次ベジェ曲線で指定
transition-delay	アニメーションが始まるまでの待ち時間	数値s … 秒、数値ms（ミリ秒）

プロパティをまとめて記述する方法

デモサイトでは前ページで紹介したプロパティではなく、「transition」という、まとめて記述する方法を採用しています。この記述方法は各プロパティの値をスペースで区切って指定できるので、コードが短くて済みます。

項目は省略可能ですが、transition-durationは記述しておかないと実行されません。以下の順序で記述します。

❶ transition-property
❷ transition-duration
❸ transition-timing-function
❹ transition-delay

記述例

```css
transition: background-color 1s ease-out 200ms;
```

❶transition-property　アニメーションを適用するプロパティ

❷transition-duration　アニメーションの実行にかかる所要時間
※このtransition-durationは記述しておかないと実行されない

❸transition-timing-function　アニメーションの速度やタイミング

❹transition-delay　アニメーションが始まるまでの待ち時間

上記の記述は以下の記述と同じ意味になります。

記述例

```css
transition-property: background-color;
transition-duration: 1s;
transition-timing-function: ease-out;
transition-delay: 200ms;
```

❶transition-property　この例では背景色を指定している

❷transition-duration　この例では1秒を指定している

❸transition-timing-function　この例では最初は速く、だんだんゆっくりと変化の指定をしている

❹transition-delay　この例では200ミリ秒と指定している

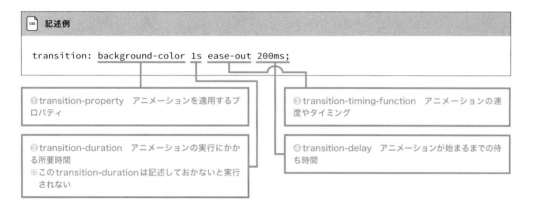

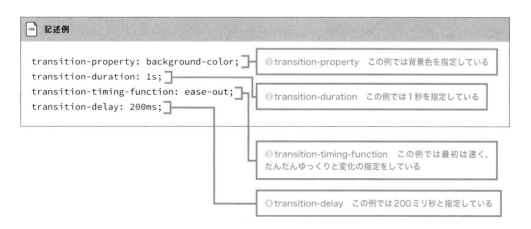

COLUMN ｜ 心地よいアニメーションのデザインとは？

心地よいアニメーションには「アニメーションだと気づかせない自然さ」があります。具体的にどのようなアニメーションだと心地よく感じるのか考えてみましょう。

タイミングと速度を考える

アニメーションが開始するタイミングは非常に重要です。ユーザーの操作でアニメーションが開始する場合は、操作が終わると速やかに動き出すことが理想です。

また、動きの速度にも気を配るといいでしょう。あまりに速すぎても変化に気づけませんし、遅すぎるとユーザーを待たせてしまいます。具体的な数値はアニメーションの内容や動かすものによって変わるため一概には言えませんが、100ミリ秒（0.1秒）よりも速い動きではアニメーションだと認識されづらいので気をつけましょう。

動かすものの数を決める

「動かすものの数を絞る」「同時に多くのものを動かさない」ことも、不快にさせないポイントです。もし複数のものを動かしたい時は、動かす順番を決めておいたり、速度に強弱をつけるなどの工夫をするといいでしょう。

再生回数を考える

素晴らしいアニメーションでも、ずっと見ているとうっとうしく感じてしまうこともあります。アニメーションは無限ループをさせることも可能ですが、「再生回数を考える」必要があります。一定の回数再生したら停止させる。無限ループさせるならその速度にも気を配るといいでしょう。

動きの加減速を調整する

アニメーションを指定する際に、**「イージング」**という項目があります。これは動きの加速や減速の効果を加える機能です。例えば現実の物理的な世界では、開始から終了まで物が一定の速度で動き続けるわけではありません。少しゆっくりと開始して、だんだん加速していき、終了時に再び減速する…というのが自然です。アニメーションもその動きに近づけることで、不自然さをなくし自然に見せることができるでしょう。

デザインテーマに合った動きにする

Webサイトを作成する時は必ずそのデザインのテーマを考えます。親しみやすいのか、真面目な雰囲気なのか…。こういったテーマに合わせてアニメーションもデザインすると、世界観とマッチして心地よく感じられます。例えば柔らかな触り心地が人気の寝具のWebサイトなら、ピョンピョン飛び跳ねるような動きよりも、ふわふわ浮かび上がるような表現の方がうまく調和するでしょう。

4-9
CHAPTER

「footer」部分を作ろう

Webページ下部に表示させる「footer」部分にはお店の情報をまとめた表とコピーライトを設置します。「footer」は「header」と同様、Webサイトの全ページ共通となる部分です。

表を設置しよう

まずは全体を<footer>タグで囲みます。見出しにはこれまでも使用してきた「heading-large」と「font-english」クラスを付与して装飾を加えます。

表には<table>タグを使います。基本的な使い方はP.069「2-10 表を作ろう」をおさらいしておくといいでしょう。

chapter4/c4-09-1/index.html

```
(・・・省略・・・)

        <footer class="page-footer">
            <h3 class="heading-large font-english">Information</h3>
            <table class="info">
                <tr>
                    <th>住所</th>
                    <td>東京都港区六本木 0-0 ○○○</td>
                </tr>
                <tr>
                    <th>電話</th>
                    <td>03-1111-XXXX</td>
                </tr>
                <tr>
                    <th>営業時間</th>
                    <td>10:00 ～ 20:00</td>
                </tr>
                <tr>
                    <th>店休日</th>
                    <td>水曜</td>
                </tr>
            </table>
        </footer>
    </body>
</html>
```

クラスを付与

追加

見出しには欧文フォントの指定

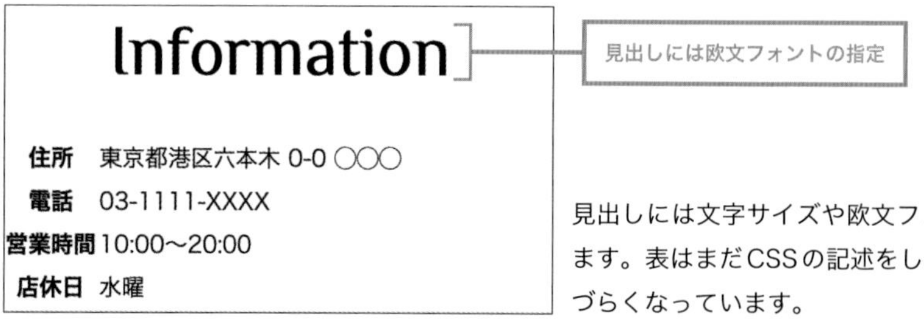

見出しには文字サイズや欧文フォントの指定が適用されます。表はまだCSSの記述をしていないため、少し読みづらくなっています。

続いてCSSで表の装飾を加えます。<table>タグに付与している「info」クラスには、P.192「4-7 コンテンツ部分を作ろう」の「about」部分でも指定したように最大幅を加えています。これでデスクトップサイズで見ても画面幅いっぱいに表が広がることなく、画面中央に表示されるようになります。

また、「border-spacing: 0;」を加えることで、セル間の余白がなくなり、1行ごとに1本の線が引かれたような表現が可能になります。

```
css  chapter4/c4-09-1/css/style.css

/* フッター
------------------------------ */
.info {
    width: 100%;
    max-width: 544px;        最大幅の指定
    margin: auto;
    padding: 0 1.5rem;
    border-spacing: 0;
}
.info th,            1行ごとに1本の線を引く指定
.info td {
    border-bottom: 1px solid #c9c2bc;
}
.info th {
    text-align: left;
    font-weight: normal;
    padding: 1rem;
}
.info td {
    padding: 1rem 0;
}
```

Information

住所	東京都港区六本木 0-0 ◯◯◯
電話	03-1111-XXXX
営業時間	10:00〜20:00
店休日	水曜

行ごとに下線が引かれました。

下線

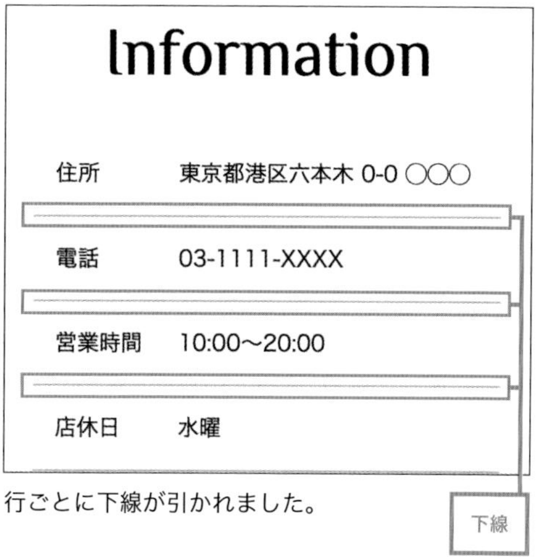

最大幅の指定があるので、大きな画面で見ても、ほどよい幅で画面中央に配置されます。

背景画像を設置しよう

フッター部分にも大きな背景画像を加えます。<footer> タグに指定している「page-footer」に背景画像や余白の指定をします。

背景画像はP.188「4-6 キャッチコピーとカバー画像を作ろう」のカバー部分と同様、「background-size: cover;」を指定して、画像の縦横の比率を保ったまま画面いっぱいに広げます。

chapter4/c4-09-2/css/style.css

```
/* フッター
------------------------------- */
.page-footer {
    background-image: url(../images/
footer-s.webp);
    background-size: cover;
    background-position: center;
    padding-top: 12rem;
}
.info {
    width: 100%;
    max-width: 544px;
    margin: auto;
    padding: 0 1.5rem;
    border-spacing: 0;
}
.info th,
.info td {
    border-bottom: 1px solid #c9c2bc;
}
.info th {
    text-align: left;
    font-weight: normal;
    padding: 1rem;
}
.info td {
    padding: 1rem 0;
}
```

追加

画面いっぱいの指定

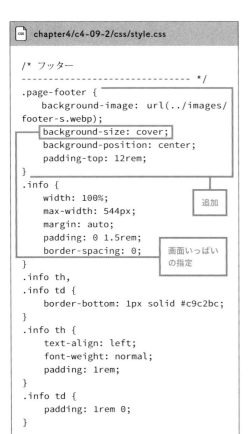

背景画像が表示されました。

コピーライト部分を作成しよう

画面の一番下にはコピーライトを追加しましょう。<table>タグの下、</footer>の上に記述します。コピーライトは<small>タグで囲みましょう。<small>タグは免責や著作権などの注釈を表すタグです。「©」はブラウザーで「©」と表示させる記述です。

chapter4/c4-09-3/index.html

```
        <footer class="page-footer">
            <h3 class="heading-large font-english">Information</h3>
            <table class="info">
                <tr>
                    <th>住所</th>
                    <td>東京都港区六本木 0-0 ○○○</td>
                </tr>
                <tr>
                    <th>電話</th>
                    <td>03-1111-XXXX</td>
                </tr>
                <tr>
                    <th>営業時間</th>
                    <td>10:00 ～ 20:00</td>
                </tr>
                <tr>
                    <th>店休日</th>
                    <td>水曜</td>
                </tr>
            </table>
            <div class="copyright">
                <small>&copy; 2010 WCB Cafe</small>
            </div>
        </footer>
    </body>
</html>
```

追加

ブラウザーで©と表示させる記述

CSS では背景色や文字色、文字サイズ、余白などの指定をします。

chapter4/c4-09-3/css/style.css

```
.copyright {
    background-color: #432;
    text-align: center;
    padding: 2rem 0;
    margin-top: 6rem;
    color: #fff;
}
```

これでモバイルサイズのホームページが完成です！

COLUMN ｜ 記号・特殊文字

記号や特殊文字は直接入力したり、また、日本語だと変換して入力することもできます。ただ、ユーザーが使用している言語や環境によってうまく表示されないこともあります。

そのため、HTMLでは記号や特殊文字を入力する一般的な方法として、「アンパサンド（&）で始まりセミコロン（；）で終わる」あらかじめ決められたテキスト（文字列）を入力して表示させます。

記号	記述	意味
©	©	コピーライト
®	®	登録商標
<	<	小なり
>	>	大なり
		半角スペース

その他にも多くの記号や特殊文字が用意されています。一度公式のリストを見ておくといいでしょう。

https://html.spec.whatwg.org/multipage/named-characters.html#named-character-references

4-10 CHAPTER レスポンシブに対応させよう

ここまでモバイルサイズをベースにホームページを作成してきました。この後は画面の大きなデバイスでも見やすいよう、微調整を加えましょう。

レスポンシブWebデザインとは

レスポンシブWebデザインとは、表示領域の幅によって見え方が変わるようデザインされたWebサイトのことです。

例えばデスクトップのパソコンとスマートフォンでは画面の横幅が大きく違います。レスポンシブWebデザインを使えば、Webサイトに掲載するコンテンツは変更せず、デバイスのサイズに合わせてCSSだけで見た目を変更することができます。それではどのように見た目を変えると、小さな画面でも見やすくなるのか考えてみましょう。

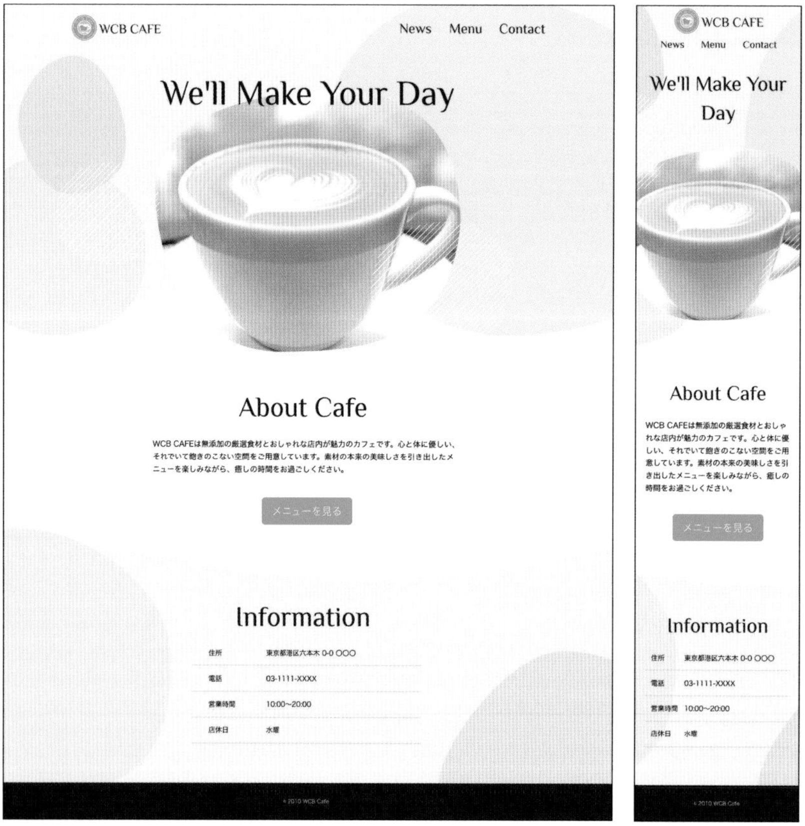
WCB CAFE
News
Menu
Contact
We'll Make Your Day
About Cafe
WCB CAFEは無添加の厳選食材とおしゃれな店内が魅力のカフェです。心と体に優しい、それでいて飽きのこない空間をご用意しています。素材の本来の美味しさを引き出したメニューを楽しみながら、癒しの時間をお過ごしください。
メニューを見る
Information
住所
東京都港区六本木 0-0 OOO
電話
03-1111-XXXX
営業時間
10:00~20:00
店休日
水曜

本書で制作するWebサイト。左がデスクトップサイズで右がモバイルサイズ。画面の横幅が大きく違うのがわかる。

カラム数を減らす

2カラム、3カラムなど、複数のカラムが横に並んでいると、スマートフォンでは非常に見づらくなります。そこで多くのWebサイトではスマートフォンで表示される時にはデスクトップでは横に並んでいたカラムを下へ下へと縦に置き、1カラムにする手法をとっています。

例えば下で紹介している「カルティエ … https://www.cartier.jp/」のサイトでは、デスクトップサイズでは複数のボックスがありカラムも横に並べているページもありますが、スマートフォン向けのモバイルサイズではすべて縦に並ぶよう工夫されています。

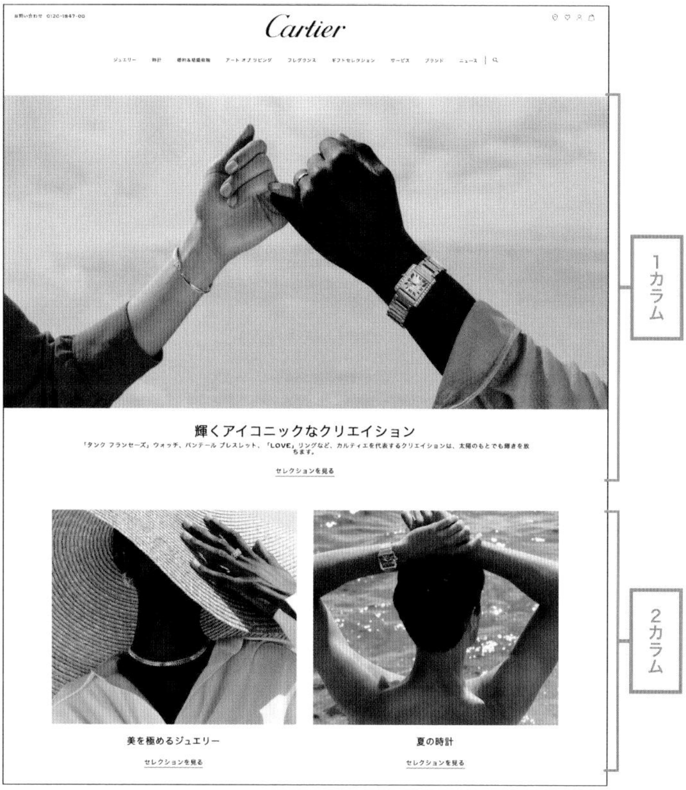

デスクトップサイズ（1、2複数のカラム）

モバイルサイズ（1カラム）

表示するナビゲーションメニューの数を減らす

ナビゲーションメニューが画面上部に複数並んでいる時は、少ない画面領域に入りきらないことが多くあります。そこで最初はナビゲーションメニューを非表示にし、メニュー用のアイコンをタップすることで、すべてのナビゲーションメニューを表示させる方法があります。

次のページで紹介する「RENEUTO LAB … https://lab.reneuto.com/」ではデスクトップサイズで横一列に並べていたナビゲーションメニューを、スマートフォンのモバイルサイズでは非表示にしています。2本線のアイコンをタップするとナビゲーションメニューが縦に表示されます。

RENEUTO LAB … https://lab.reneuto.com/

デスクトップサイズ

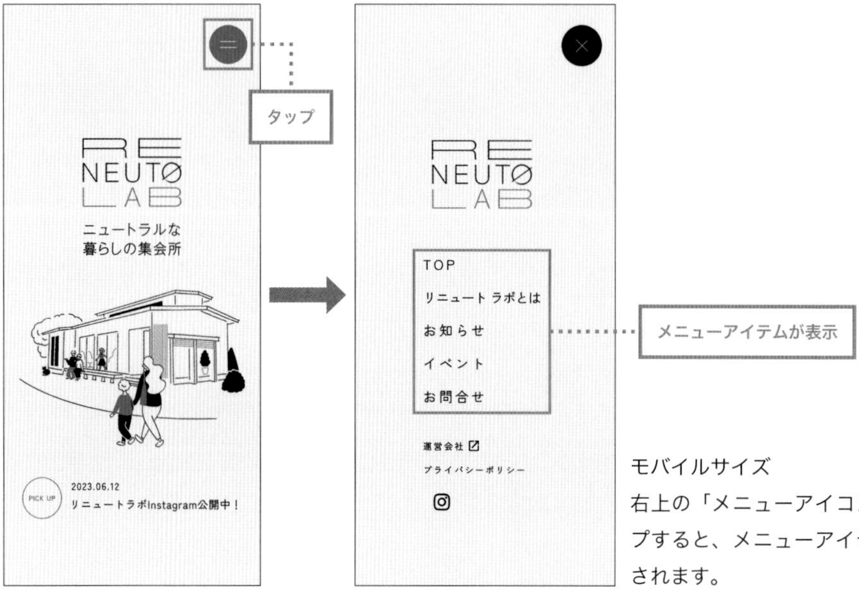

モバイルサイズ
右上の「メニューアイコン」をタップすると、メニューアイテムが表示されます。

メディアクエリーでレスポンシブに対応させる

メディアクエリー（Media Queries）は、Webページで表示された画面サイズに合わせて、適用するCSS を切り替える機能です。

例えば「画面のサイズが800pxより大きいのなら文字を大きく表示する」といったように、ユーザーの見ている環境に合わせてスタイルを変更できます。

メディアクエリーはCSSに記述していきます。まずは「@media」と書いて「メディアクエリーを書きます」という宣言をします。続いて丸かっこの中に、スタイルを適用させる分岐ポイントとなる位置を指定します。例えば「min-width: 800px」と書くと「最小（min）の幅（width）が800pxの時」という意味なので、800px以上の画面サイズに対してスタイルが適用されるようになります。

記述例

```
@media (min-width: 800px) {
    h1 {
        font-size: 5rem;
    }
}
```

この例だと800px以上の画面サイズで見ると<h1>タグの文字サイズが5remになります。

文字サイズを変更しよう

それでは実際に制作中の「WCBCafe」にメディアクエリーを適用させていきましょう。まずは全ページ共通部分です。style.cssの一番下に次のスタイルを追加します。ここでは「800px以上の画面で、キャッチコピーやナビゲーションメニュー、見出しの文字サイズを大きくして、大きな画面でも見やすい」ように調整しています。

chapter4/c4-10-1/css/style.css

```
/* デスクトップ版
------------------------------- */
@media (min-width: 800px) {
    /* 見出し */
    .page-title {
        font-size: 5rem;
    }
    .heading-large {
        font-size: 4rem;
    }

    /* ヘッダー */
    .main-nav {
        font-size: 2rem;
    }
}
```

メディアクエリーの宣言

800px以上の画面について指定を行う

見出しとヘッダーに指定を入れた

メディアクエリーを記述する前は、大きな画面で見ると少し文字が小さく余白が目立っています。

文字スタイルが適用された

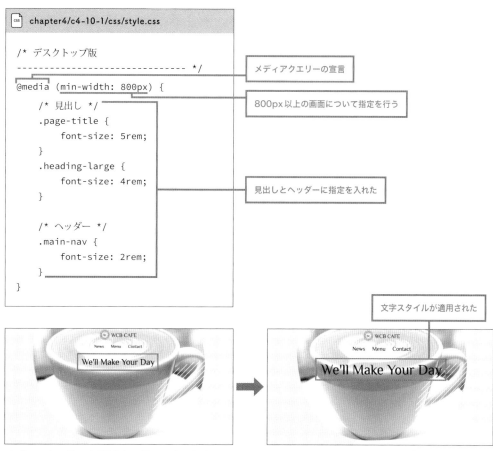

800px以上の画面では文字サイズなどのスタイルが適用されキャッチコピーが読みやすくなりました。

ロゴとナビゲーションメニューを横並びにしよう

ヘッダー部分では、ロゴを左に、ナビゲーションメニューを右に置きたいので、それぞれを囲っている「page-header」クラスにFlexboxで横並びに設定します。「justify-content: space-between;」を書くことで両端に設置できます。

chapter4/c4-10-2/css/style.css

```
/* デスクトップ版
------------------------------ */
@media (min-width: 800px) {
    /* 見出し */
    .page-title {
        font-size: 5rem;
    }
    .heading-large {
        font-size: 4rem;
    }

    /* ヘッダー */
    .page-header {
        display: flex;
        justify-content: space-between;
        padding-top: 1.5rem;
    }
    .main-nav {
        font-size: 2rem;
    }
}
```

追加

両端に設置する指定

ロゴとナビゲーションをうまく画面の両端に配置できました。

コンテンツの最大表示幅を設定

このままだとロゴとナビゲーションメニューが離れすぎているので、コンテンツ全体を囲むボックスに最大幅を指定しましょう。このような調整を行うと大きな画面でも違和感なく閲覧できるようになります。

HTMLの<header>タグに「wrapper」というクラスを追加しておきます。

chapter4/c4-10-3/index.html

```
(・・・省略・・・)
<body>
    <div class="cover cover-home">
        <header class="page-header wrapper">        追加
            <h1 class="align-center">
                <a href="index.html"><img class="logo" src="images/logo.svg" alt="WCB
カフェ ホーム"></a>
            </h1>
            <nav>
                <ul class="main-nav font-english">
                    <li><a href="news.html">News</a></li>
                    <li><a href="menu.html">Menu</a></li>
                    <li><a href="contact.html">Contact</a></li>
                </ul>
            </nav>
        </header>
        <h2 class="page-title font-english">We’ll Make Your Day</h2>
    </div>

(・・・省略・・・)
```

続いて、CSSでは「wrapper」クラスを作成し、「max-width」で最大幅を指定します。

「margin: auto;」を指定すると、ボックスを画面の中央に配置できます。また、左右に「padding」をつけておくと、狭い画面幅で見ても余白ができて見やすくなります。そのため、この部分の指定はメディアクエリーの中ではなく、共通部分に記述するといいでしょう。

chapter4/c4-10-3/css/style.css

```
/* 共通部分
------------------------------- */
html {
    font-size: 100%;
}
body{
    font-family: "Hiragino Kaku Gothic ProN", "Hiragino Sans", "BIZ UDPGothic", sans-serif;
    line-height: 1.7;
    color: #432;
}
a {
    text-decoration: none;
}
img {
    max-width: 100%;
}

/* レイアウト */
.wrapper {
    max-width: 1120px;
    margin: auto;
    padding: 0 1.5rem;
}
.align-center {
    text-align: center;
}
```

最大幅の指定

ボックスを画面中央にする

左右に余白を指定

追加

左右に余白ができた

左右に余白ができ、画面中央にコンテンツが表示されました。

背景画像と余白を調整しよう

スマートフォンは縦長、デスクトップは横長であることが多いため、それぞれ最適な画像の縦横比率は異なります。そこで、モバイルサイズとデスクトップサイズで、別の画像を用意しておくと、より画面が見やすくなります。ここではページ上部にあたる「cover-home」クラスと、ページ下部の「page-footer」クラスの2箇所の画像を、デスクトップ用のものに変更しましょう。

また、デスクトップサイズの方が全体的にゆとりがあるため、余白を大きくとってバランスを整えます。

chapter4/c4-10-4/css/style.css

```css
@media (min-width: 800px) {
    /* 見出し */
    .page-title {
        font-size: 5rem;
    }
    .heading-large {
        font-size: 4rem;
    }

    /* ヘッダー */
    .page-header {
        display: flex;
        justify-content: space-between;
        padding-top: 1.5rem;
    }
    .main-nav {
        font-size: 2rem;
    }

    /* HOME */
    .cover-home {
        background-image: url(../images/cover-home-l.webp);
    }
    .about {
        margin: 4rem auto 0;
    }

    /* フッター */
    .page-footer {
        background-image: url(../images/footer-l.webp);
        padding-top: 12rem;
    }
    .info th {
        padding-left: 2.5rem;
    }
}
```

ページ上部の画像を変更

ページ下部の画像を変更

追加

横長の画像が背景に配置され、ゆとりのある画面に変更されました。

ブレークポイントについて考えよう

メディアクエリーを使えば、デバイスの画面サイズによってスタイルを変更できます。その切り替わるポイントとなる画面サイズを「**ブレークポイント**」と言います。これまでの例では「@media (min-width: 800px)」と指定していたので、ブレークポイントは800pxです。モバイルデバイスは縦に持って使うことが多いので、縦にした時の画面幅 ＝ デバイスの短い方の幅を基準にブレークポイントを考えるとよいでしょう。

デバイスにはたくさんの種類があり、「このブレークポイントにしておけば大丈夫！」とは一概に言い切れません。しかし、多くの場合、小さい画面サイズは400pxあたり、大きい画面サイズは800pxあたりを起点に設定されています。その前後にブレークポイントを設定しておくとよいでしょう。

主なiOSデバイスの画面幅

デバイス	横にした時の画面幅	縦にした時の画面幅
iPad Pro (12.9")	1366	1024
iPad Pro (10.5")	1112	834
iPad Pro (9.7") / iPad mini	1024	768
iPhone 14 Pro Max	932	430
iPhone 12 ～ 14	844	390
iPhone 11 Pro / iPhone X / iPhone Xs	812	375
iPhone 6 ～ 8 Plus	736	414
iPhone 6 ～ 8	667	375

4-11 CHAPTER

ファビコンを用意しよう

Webサイトの制作時に設置を忘れがちなのがファビコンです。ホームページができた段階で用意しておくとよいでしょう。

ファビコンとは

Webサイトをブックマークしたり、タブ表示した際に、サイト名の横にちょこんと表示されている小さなアイコンのことを**ファビコン**と呼びます。Favorite（お気に入り）＋Icon（アイコン）で「Favicon」です。ファビコンは実際に表示されるのは16px四方とかなり小さいながらも、その存在は偉大です。複数のタブを開いている時や、ブックマークリストの中から選ぶ時、ユーザーがひと目見て、どのサイトか区別できるからです。

ファビコンを設定していないとWebページのタイトルの左側にファイルを示すアイコンが表示されています。

どんなデザインのファビコンがよいのか

多くの場合、そのWebサイトのロゴマークを縮めたり、簡略化したものがファビコンのデザインとして採用されています。「Nike」「Instagram」など、ロゴマークの認知度が高いブランドほど、ファビコンにした時でもそのシンプルさが活かされています。

Nike … https://www.nike.com/jp/

Instagram … https://www.instagram.com/

では、ロゴが長方形だったり、テキストのみのデザインだったりする場合はどうすればよいのでしょうか？ 単純に縮小しただけでは、なんのサイトなのかわかりづらい時があります。

例えば「YouTube」のロゴデザインはテキストとテーマカラーの赤を使った再生ボタンのアイコンを組み合わせて作ったものですが、ファビコンには再生ボタンのアイコンのみを採用し、そのブランドを連想させています。

YouTube … https://www.youtube.com/

また、「任天堂」のロゴはテキストのみですが、ファビコンにはトレードマークであるゲームキャラクターのドット絵を用いて見せています。このようにそのブランドを連想させるアイコンを作り、ファビコンとして利用することでWebサイトのデザインに生かすことができます。ファビコンは小さく、サイズ制限がある分、テーマカラーを利用したり、シンプルな図形を使って、わかりやすくデザインすることがポイントです。

ファビコン用の画像を用意しよう

IllustratorやPhotoshopなどのグラフィックツールを使ってファビコン用のファイルを作成します。サイズは縦横32px以上の正方形で、保存形式はPNG形式にするとよいでしょう。

今回作成するサンプルサイトのロゴは少し複雑なので、簡略化したものをファビコンに設定しました。

HTMLの「head」内でファビコンを読み込もう

それではファビコンを実際にWebサイトで表示できるようにしましょう。作成したファビコン画像を「favicon.png」という名前で「images」フォルダーに保存します。

そしてindex.htmlの「head」内にこちらのコードを記述します。

chapter4/c4-11-1/index.html

```
<!DOCTYPE html>
<html lang="ja">
    <head>
        <meta charset="utf-8">
        <title>WCB Cafe</title>
        <meta name="description" content="ブレンドコーヒーとヘルシーなオーガニックフードを提供するカフェ">
        <meta name="viewport" content="width=device-width, initial-scale=1">
```

```
    <!-- ファビコン -->
        <link rel="icon" type="image/png" href="images/favicon.png">

    <!-- リセットCSS -->
        <link rel="stylesheet" href="https://unpkg.com/ress/dist/ress.min.css">

(・・・省略・・・)
```

追加

index.htmlをWebブラウザーで開くと、タブのところにファビコンが表示されました。

ファビコンの生成サービスを使おう

今回作成したファビコンはWebブラウザー用のものだけだったので記述もシンプルでしたが、高解像度ディスプレイや異なるデバイスにも対応させるにはもう少しコードを書き足す必要があります。例えばiOSのホームスクリーンやWindowsのスタートメニューでは用意するファイルサイズも「head」内に記述する内容も異なります。

すべてに対応する画像の作成や、コードの記述を楽にしたい時は、「RealFaviconGenerator」というWebのサービスを利用してみるとよいでしょう。このサイトに縦横260px以上の大きさの画像ファイルを指定すると、デスクトップのWebサイト用ファビコンだけでなく、スマートフォンのホームスクリーン、Windowsのスタートメニューなども一度に生成してくれます。デモ画面では実際にどのように表示されるのかが一目でわかります。エラーがある場合も教えてくれます。

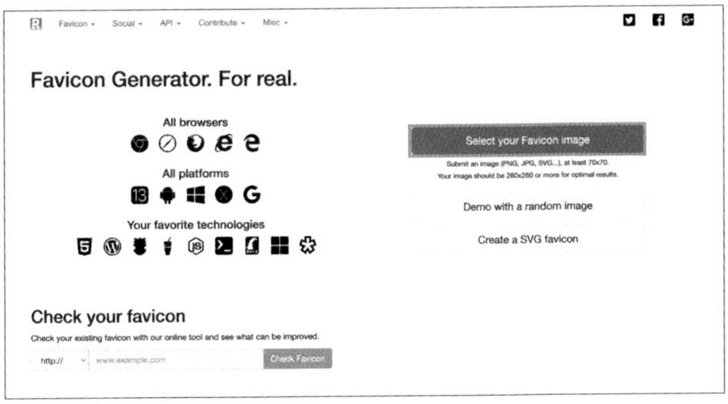

RealFaviconGenerator … https://realfavicongenerator.net/

POINT

テーマカラーを利用したり、シンプルな図形を使ってわかりやすいファビコンを用意する。

POINT

ファビコン画像は縦横32px以上の正方形で、保存形式はPNGにする。HTMLファイルの「head」内にファビコンを読み込むコードを記述する。

4-12 CHAPTER

ボタンアニメーションのカスタマイズ例

CHAPTER 4で作成したホームページに少し手を加えてカスタマイズしてみましょう。デザインのアレンジの他、オリジナルサイト作成の際のアイデアとしてお役立てください。

scaleで大きさを変える

P.197「4-8 ボタンにアニメーションを加えよう」ではボタンにカーソルを合わせると、ふんわりと背景色を変化させました。ここではscaleプロパティを使ってボタンを拡大させてみましょう。

chapter4/c4-12-1/css/style.css

```
/* ボタン */
.btn {
    display: inline-block;
    font-size: 1.5rem;
    background-color: #0bd;
    color: #fff;
    border-radius: 8px;
    padding: .75rem 1.5rem;
    transition: .5s;
}
.btn:hover {
    scale: 1.2;
}
```

scaleを使って拡大指定

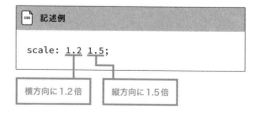

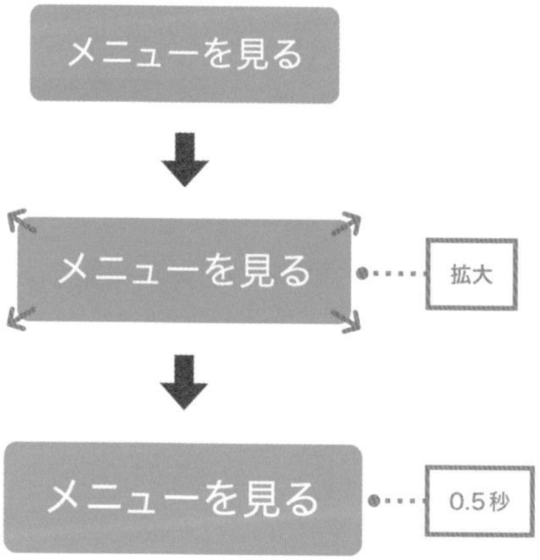

ボタンにカーソルをあわせると、0.5秒かけて少しずつ拡大されます。

値が1つだけだと上下左右に同じ倍率で拡大されますが、半角スペースで区切ると1つ目の値が横方向、2つ目の値が縦方向の拡大倍率の指定ができます。右の例だと横方向に1.2倍、縦方向に1.5倍で拡大されます。

このようにscaleプロパティの値には拡大率を指定します。単位は不要です。

記述例

```
scale: 1.2 1.5;
```

横方向に1.2倍　縦方向に1.5倍

rotateで回転させる

rotateプロパティでは要素をくるっと回転できます。単位はdegです。360degで1回転します。マイナス値も指定可能です。通常は時計回りに回転しますが、反時計回りにしたい時はマイナス値を指定しましょう。

chapter4/c4-12-2/css/style.css

```
/* ボタン */
.btn {
    display: inline-block;
    font-size: 1.5rem;
    background-color: #0bd;
    color: #fff;
    border-radius: 8px;
    padding: .75rem 1.5rem;
    transition: .5s;
}
.btn:hover {
    rotate: -5deg;
}
```

rotateで-5度の角度を指定

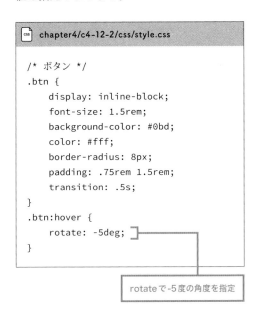

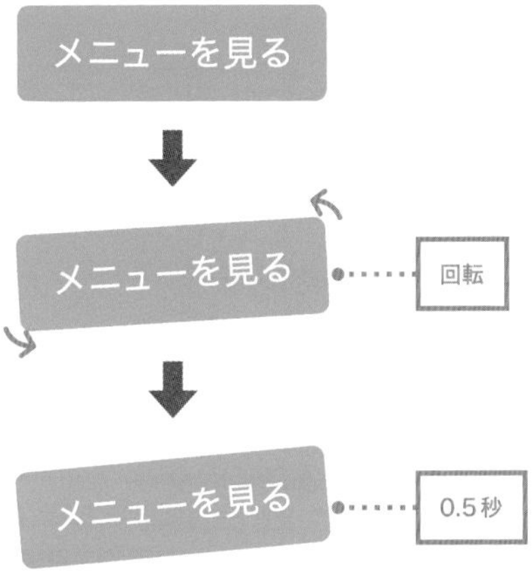

ボタンにカーソルを合わせると、0.5秒かけて右斜め上に-5度ほど回転していきます。

translateで移動させる

表示する要素の位置を変更するには、様々な方法がありますが、ここではtranslateプロパティを使ってみましょう。translate では現在表示されている位置からどれくらい移動させるかを指定できます。値が1つの場合は横方向に動かす距離を単位をつけて記述します。正の値だと右方向、負の値だと左方向に移動します。

chapter4/c4-12-3/css/style.css

```
/* ボタン */
.btn {
    display: inline-block;
    font-size: 1.5rem;
    background-color: #0bd;
    color: #fff;
    border-radius: 8px;
    padding: .75rem 1.5rem;
    transition: .5s;
}
.btn:hover {
    translate: 10px;
}
```

translateで10pxの移動距離を指定

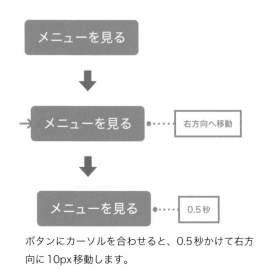

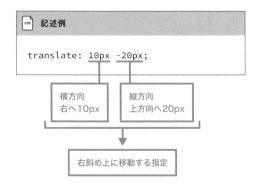

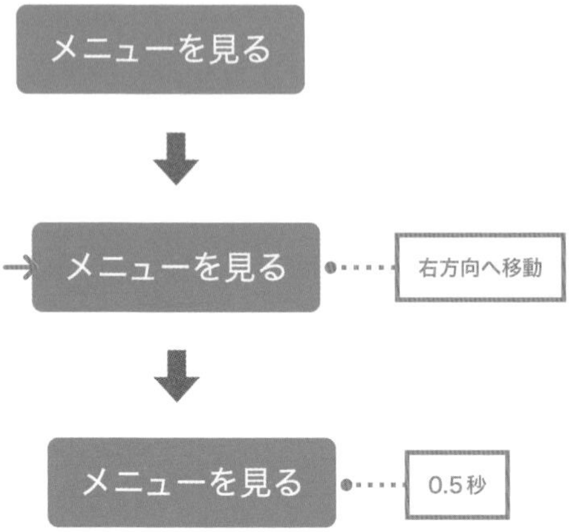

ボタンにカーソルを合わせると、0.5秒かけて右方向に10px移動します。

半角スペースで区切って2つの値を指定すると、1つ目の値が横方向、2つ目の値が縦方向の移動距離を指定できます。右の例だと右方向に10px、上方向に20px、つまり右斜め上に移動されます。

記述例

```
translate: 10px -20px;
```

横方向
右へ10px

縦方向
上方向へ20px

右斜め上に移動する指定

CHAPTER

5

2カラムの Webサイトを制作する

下層ページが異なるレイアウトを作成していきましょう。Webサイトを作る上で必ず出てくる「カラム」の制作手順を理解し、効果的なレイアウトを実装していきます。

WEBSITE | DESIGN | HTML | CSS | SINGLE | MEDIA | TROUBLESHOOTING

HTML & CSS & WEB DESIGN
INTRODUCTORY COURSE

5-1 CHAPTER 2カラムのレイアウトとは

「カラム」とは縦の列のことです。垂直方向にコンテンツを区切ってレイアウトを組むことを「カラムレイアウト」と呼びます。このCHAPTERではWebサイトでよく見かける店舗のお知らせを掲載する「NEWS」のページを作ります。

2カラムのレイアウトのメリットと構成要素

2カラムのレイアウトとは「2列に並んだレイアウト」のことです。2カラムのレイアウトはコンテンツ量が多いニュースサイトやブログなどのWebサイトの見せ方として適しています。汎用性が高いので作り方を覚えておきましょう。作成する構成要素を見ていきます。

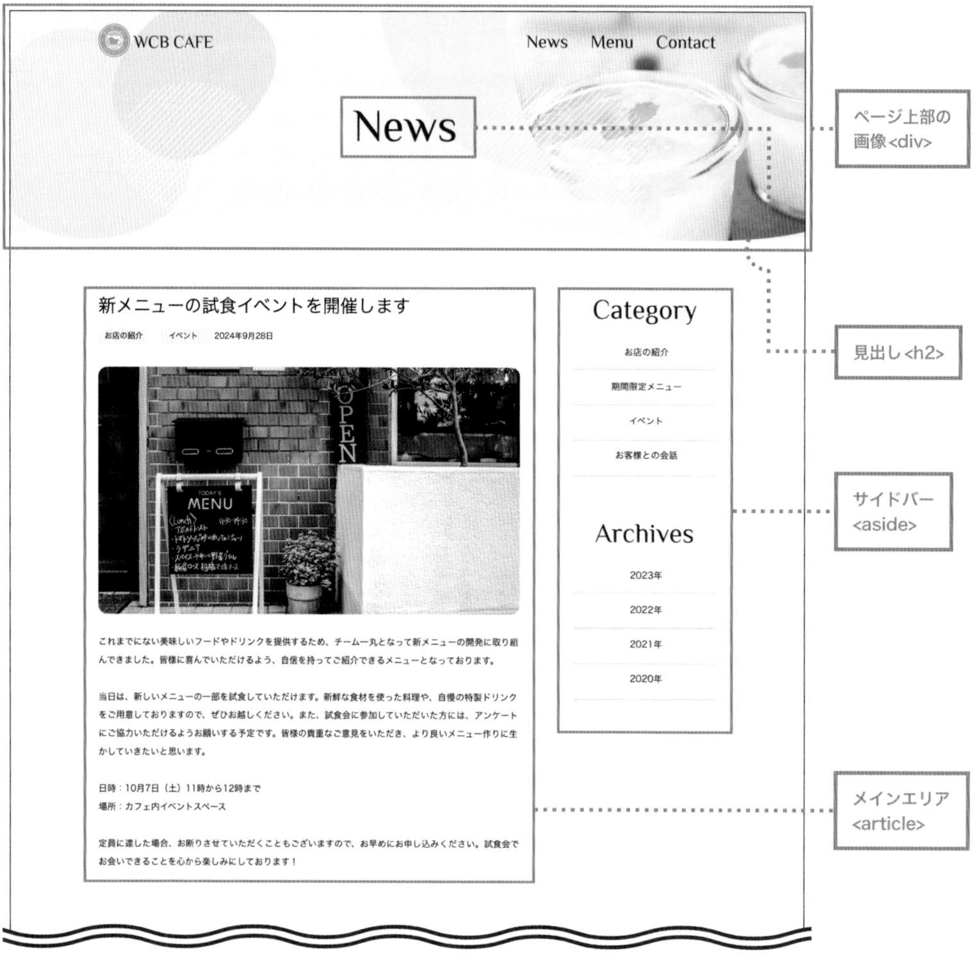

モバイルサイズでの配置

スマートフォンなど画面が小さい際は要素が縦に並びます。

2カラムの幅の比率

それぞれのカラムを、どれくらいの幅で横に並べるかは自由です。多くの場合はメインエリアとサイドバーを「2:1」や「3：1」という割合で作成しています。

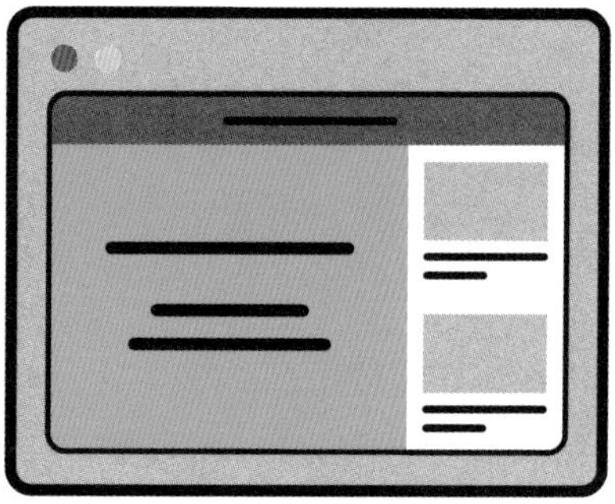

メインエリアとサイドバーを設置した例です。多くの場合「3：1」に近い割合になります。

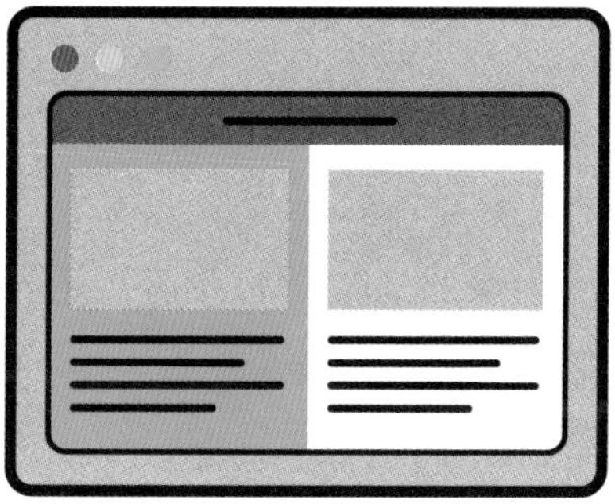

デザインや内容によっては半分で割ってみてもよいでしょう。このようなレイアウトを「**スプリットスクリーン**」と呼びます。

5-2 CHAPTER 2カラムページの制作の流れ

「NEWS」ページをデスクトップサイズでは２カラムのレイアウトになるように作っていきましょう。まずはホームと同じように、モバイルサイズから作成していきます。

制作の流れ

01 ページ全体の見出しを作成

まずはモバイルサイズでページ全体の見出しを作成していきます。ページに背景画像とともにページタイトルを表示させます。

WCB CAFE
News
Menu
Contact
News
見出しを作成
背景画像を表示する

モバイルサイズ

02 メインエリアの作成

メインエリアを作成します。ニュースサイトやブログの記事によくある見出しや画像、文章を配置しましょう。

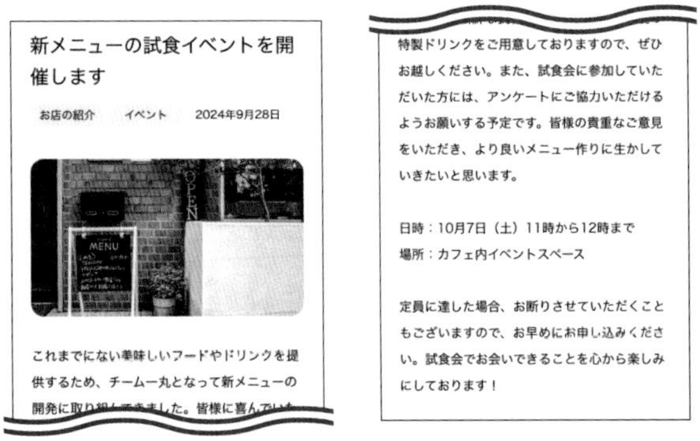
新メニューの試食イベントを開催します
お店の紹介
イベント
2024年9月28日
これまでにない華味しいフードやドリンクを提供するため、チーム一丸となって新メニューの
特製ドリンクをご用意しておりますので、ぜひお越しください。また、試食会に参加していただいた方には、アンケートにご協力いただけるようお願いする予定です。皆様の貴重なご意見をいただき、より良いメニュー作りに生かしていきたいと思います。
日時：10月7日（土）11時から12時まで
場所：カフェ内イベントスペース
定員に達した場合、お断りさせていただくこともございますので、お早めにお申し込みください。試食会でお会いできることを心から楽しみにしております！

03 サイドバーの作成

カテゴリーの一覧リストやアーカイブなど、ページの補足説明となる部分をサイドバーに設置します。

04 レスポンシブに対応させる

モバイルサイズが完成したら次はデスクトップサイズです。デスクトップサイズでは2カラムで表示されるようレイアウトを組みます。

デスクトップサイズ

POINT

全体的に窮屈な印象にしないためにも、カラム間の余白をしっかり入れるようにしよう。

5-3 CHAPTER ページ全体の見出しを作成しよう

ページ上部に表示させる見出しの部分から作成していきます。ホーム以外のページは共通のデザインとなりますが、ページごとに背景画像を変更します。

ファイルの準備をしよう

ロゴやナビゲーションメニュー、フッター部分は前のCHAPTERで作成した「index.html」と共通なので、VSCodeの左側のindex.htmlを右クリックし［コピー］を選択します。

その後左側の枠内で右クリックして［貼り付け］を選択します。index.htmlが複製されるので、「news.html」という名前をつけて保存しましょう。

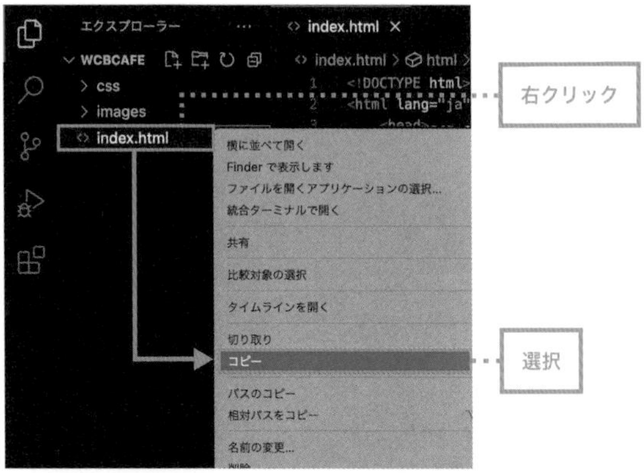

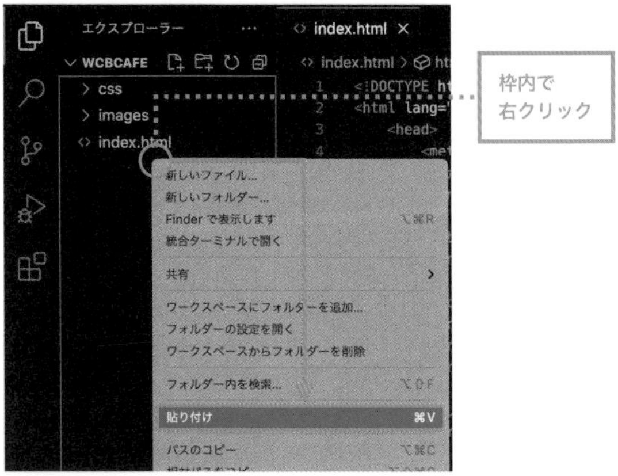

このようなファイル構成になります。

POINT

共通部分が多い場合は、既存のファイルを複製して編集していくとミスが少なくて済む。また、VSCode以外のテキストエディターを使用している時はファイルの操作でindex.htmlをコピーしてもよい。

HTMLを編集しよう

共通部分は残し、必要な箇所は編集していきます。

「head」内の「title」を編集する

ニュースページ用のタイトルに変更します。

chapter5/c5-03-1/news.html

```
<!DOCTYPE html>
<html lang="ja">
    <head>
        <meta charset="utf-8">
        <title>WCB Cafe - NEWS</title>
        <meta name="description" content="ブレンドコーヒーとヘルシーなオーガニックフードを提供するカフェ">
        <meta name="viewport" content="width=device-width, initial-scale=1">
```

タイトルを変更

不要なコンテンツを削除する

ホームページのコンテンツである <section class="about"> 部分はこのページでは不要なので削除します。

chapter5/c5-03-2/news.html

```
(・・・省略・・・)
    <h2 class="page-title font-english">We'll Make Your Day</h2>
</div>

<section class="about">
    <h3 class="heading-large font-english">About Cafe</h3>
    <p>
        WCB CAFEは無添加の厳選食材とおしゃれな店内が魅力のカフェです。心と体に優しい、それでいて飽きのこない空間をご用意しています。
        素材の本来の美味しさを引き出したメニューを楽しみながら、癒しの時間をお過ごしください。
    </p>
    <div class="align-center">
        <a class="btn" href="menu.html">メニューを見る</a>
    </div>
</section>

<footer class="page-footer">
(・・・省略・・・)
```

この部分を削除

クラス名を変更する

「cover」と「cover-home」をつけていたクラス名を「sub-cover」と「cover-news」に変更します。

chapter5/c5-03-3/news.html

```
<body>
    <div class="sub-cover cover-news"> <!-- ← クラス名変更 -->
        <header class="page-header wrapper">
            <h1 class="align-center">
                <a href="index.html"><img class="logo" src="images/logo.svg" alt="WCB
カフェ ホーム"></a>
            </h1>
```

クラス名を変更

見出しのテキストを変更する

「header」の下に見出しとして表示する部分を「News」に変更します。

chapter5/c5-03-4/news.html

```
<div class="sub-cover cover-news">
    <header class="page-header wrapper">
        <h1 class="align-center">
            <a href="index.html"><img class="logo" src="images/logo.svg" alt="WCB カ
フェ ホーム"></a>
        </h1>
        <nav>
            <ul class="main-nav font-english">
                <li><a href="news.html">News</a></li>
                <li><a href="menu.html">Menu</a></li>
                <li><a href="contact.html">Contact</a></li>
            </ul>
        </nav>
    </header>
    <h2 class="page-title font-english">News</h2>
</div>
```

見出しのテキストを変更

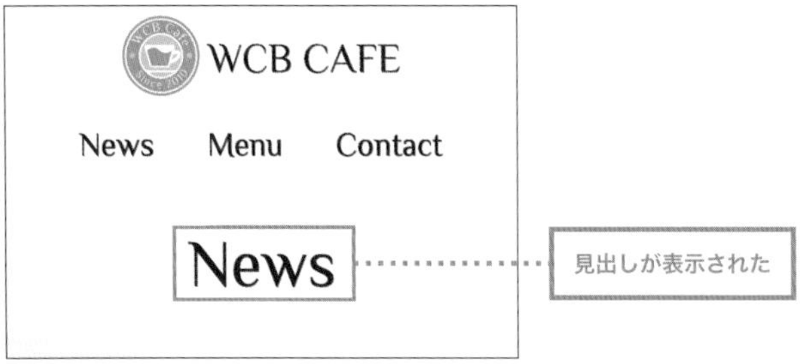

CSSで装飾しよう

CSSファイルは先に制作してあるものを利用することができます。新たに作成する必要はありません。前のCHAPTERで作成したstyle.cssに書き足していきましょう。詳しい場所はサンプルデータを確認するといいでしょう。背景画像や見出し部分の高さ、余白などを指定します。

chapter5/c5-03-5/css/style.css

```
/* ヘッダーカバー画像
------------------------------- */
.cover {
    background-size: cover;
    background-position: center bottom;
    height: 800px;
}
.sub-cover {
    background-size: cover;
    background-position: center bottom;
    height: 528px;
    margin-bottom: 4rem;
}

/* HOME
------------------------------- */
.cover-home {
    background-image: url(../images/cover-home-s.jpg);
}
.about {
    max-width: 736px;
    padding: 0 1.5rem;
    margin: 3rem auto 4rem;
}
.about p {
    margin-bottom: 3rem;
}

/* NEWS
------------------------------- */
.cover-news {
    background-image: url(../images/cover-news-s.webp);
}
```

余白などを追加

背景画像を追加

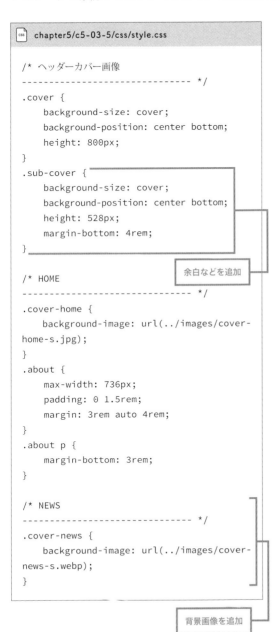

ページ上部に背景画像が表示された

5-4 CHAPTER メインエリアを作ろう

大きく記事が掲載される部分を作っていきましょう。タイトルや日付、画像と余白など細かい所も調整して作っていきます。

記事の情報部分の作成

まずはHTMLで記事上部に表示するタイトル、日付、カテゴリー部分の作成をしていきます。メインコンテンツ部分なので、全体を<main>タグで囲み、画面両端に余白がつくよう、P.211で設定した「wrapper」クラスを付与しておきます。

続いて<article>タグ内に<header>部分を書きます。カテゴリーは複数指定されることを想定して<ul>タグで箇条書きリストを使用します。

日付には日時や時間を表すときに使える<time>というタグが使えます。datetime属性には「年-月-日」の形式で記述します。この部分のデータが、Googleなどの検索エンジンに拾われ、検索結果の画面に表示されるようになります。

POINT

きちんとdatatime属性のつけられたtimeタグを利用すると、Googleなどの検索エンジンに拾われ検索結果に反映される。

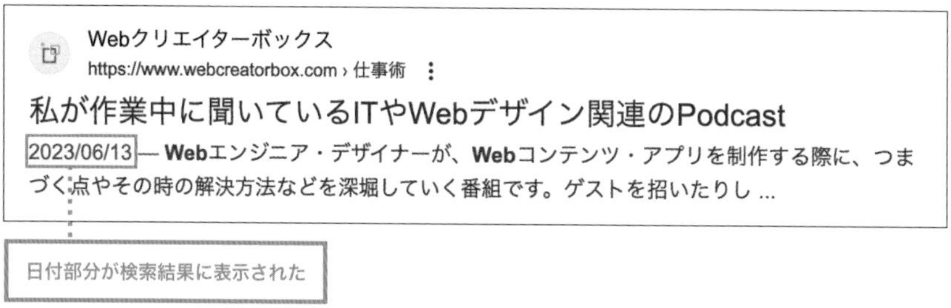
Webクリエイターボックス
https://www.webcreatorbox.com › 仕事術
私が作業中に聞いているITやWebデザイン関連のPodcast
2023/06/13 — Webエンジニア・デザイナーが、Webコンテンツ・アプリを制作する際に、つまづく点やその時の解決方法などを深堀していく番組です。ゲストを招いたりし ...
日付部分が検索結果に表示された

chapter5/c5-04-1/news.html

```html
(・・・省略・・・)
    <h2 class="page-title font-english">News</h2>
</div>

<main class="wrapper">
    <article class="post">
        <header>
            <h2 class="post-title">新メニューの試食イベントを開催します</h2>
            <div class="post-info">
                <ul class="post-cat">
                    <li><a href="#">お店の紹介</a></li>
                    <li><a href="#">イベント</a></li>
                </ul>
                <time class="post-date" datetime="2024-09-28">2024年9月28日</time>
            </div>
        </header>
    </article>
</main>

<footer class="page-footer">
    <h3 class="heading-large font-english">Information</h3>
(・・・省略・・・)
```

追加

wrapperクラスの付与

記事のタイトル

カテゴリーは<ul>タグで複数指定

datetime属性の記述

「wrapper」クラスが適用され、画面の両端に余白が加えられています。

タイトルと日付を装飾しよう

それではCSSを書いていきましょう。まず全体を囲んでいる「post」クラス部分には余白の指定をします。続いて、タイトルと日付部分は文字サイズや文字の太さを指定します。

chapter5/c5-04-2/css/style.css

```css
/* NEWS
------------------------------ */
.cover-news {
    background-image: url(../images/cover-news-s.webp);
}

/* 記事部分 */
.post {
    margin-bottom: 3rem;
}
.post-title {
    font-weight: normal;
    margin-bottom: 1.25rem;
}
.post-date {
    font-size: .875rem;
}
```

余白を指定

タイトル部分の指定

日付部分の指定

追加

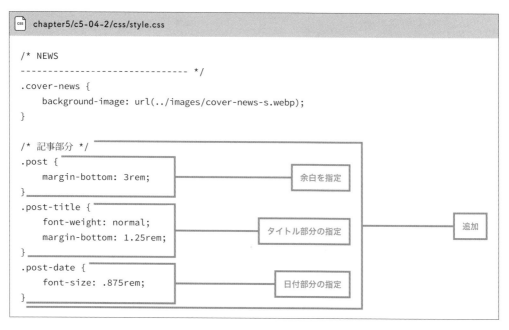

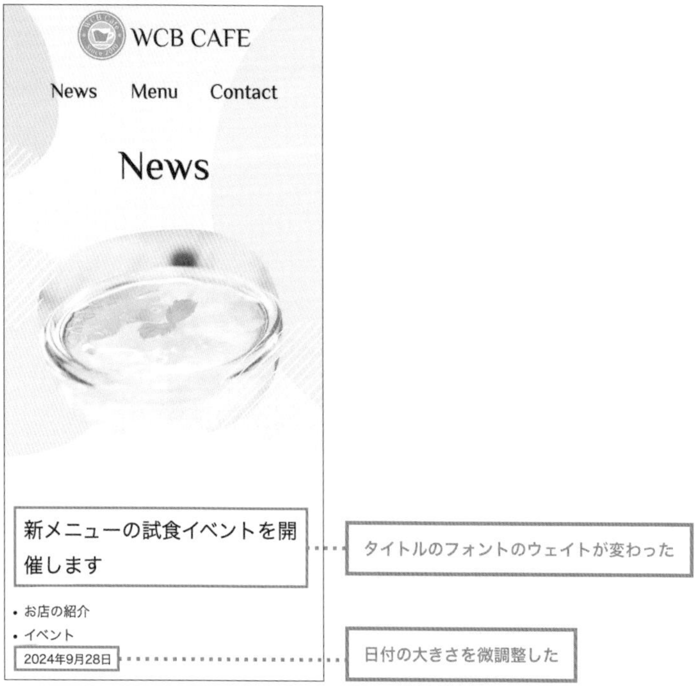

カテゴリーと日付を横並びにしよう

カテゴリーと日付は<div class="post-info">で囲んでいるので、この「post-info」クラスに「display: flex;」で横並びの指定や余白の指定を加えます。

chapter5/c5-04-3/css/style.css

```
/* 記事部分 */
.post {
    margin-bottom: 3rem;
}
.post-title {
    font-weight: normal;
    margin-bottom: 1.25rem;
}
.post-info {
    display: flex;
    gap: 1rem;
    margin-bottom: 2rem;
}
.post-date {
    font-size: .875rem;
}
```

横並びの指定

追加

余白の指定

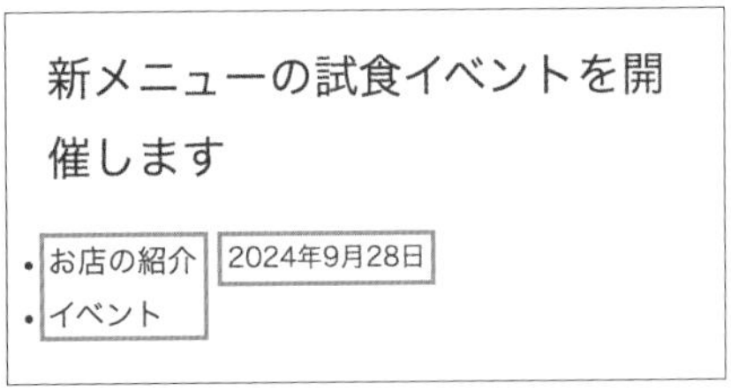

カテゴリーと日付が横に並びました。

カテゴリーの装飾をしよう

各カテゴリー項目も横並びにしたいので、<ul class="post-cat">の部分にはdisplay:flex;で横並びの指定をします。カテゴリー項目はリンクテキストとして、<a>タグに色や文字サイズ、余白、角丸の指定をします。

chapter5/c5-04-4/css/style.css

```
/* 記事部分 */
.post {
    margin-bottom: 3rem;
}
.post-title {
    font-weight: normal;
    margin-bottom: 1.25rem;
}
.post-info {
    display: flex;
    gap: 1rem;
    margin-bottom: 2rem;
}
```

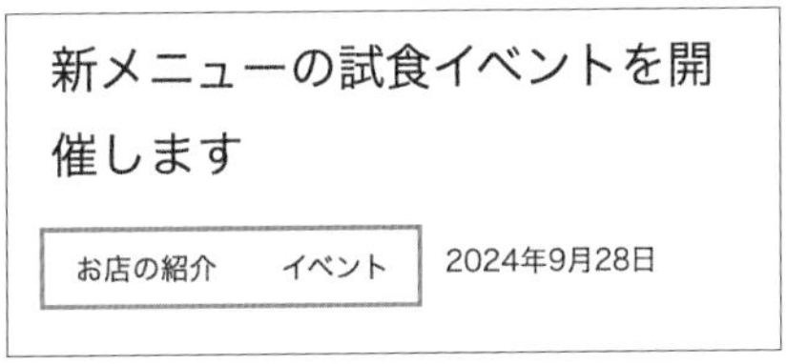

カテゴリー部分ができました。

```
.post-cat {
    display: flex;
    gap: .5rem;
    list-style: none;
}
.post-cat a {
    color: #432;
    background-color: #faf7f0;
    border-radius: 8px;
    font-size: .875rem;
    padding: .5rem .75rem;
}
.post-cat a:hover {
    background-color: #c9c2bc;
}
.post-date {
    font-size: .875rem;
}
```

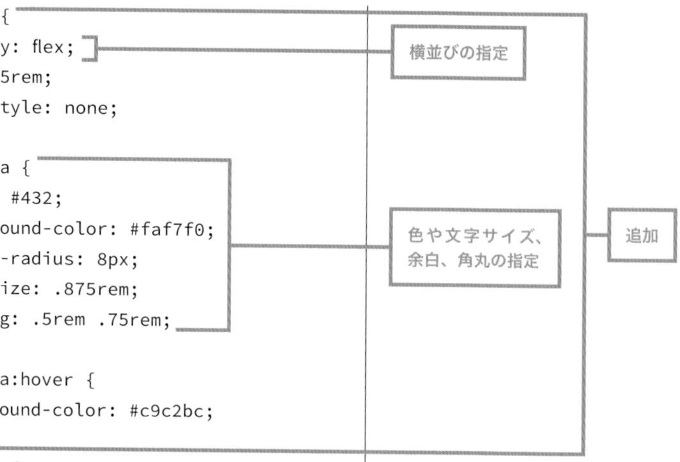

COLUMN ｜ 代表的なリセットCSS

本書で紹介しているress.css以外にもリセットCSSは公開されています。それぞれを適用させてみて、違いを確認するとよいでしょう。

- **destyle.css** … https://nicolas-cusan.github.io/destyle.css/
  文字サイズや太さ、余白を含めすべてのスタイルをリセットします。
- **normalize.css** … http://necolas.github.io/normalize.css/
  ress.cssと同じようにデフォルトCSSの有用なスタイルは残して表示を統一します。

画像と本文を書こう

作成した<header>の下に画像と本文を書きます。文章は段落ごとに<p>タグで囲みましょう。

chapter5/c5-04-5/news.html

```
<article class="post">
    <header>
        <h2 class="post-title">新メニューの試食イベントを開催します</h2>
        <div class="post-info">
            <ul class="post-cat">
                <li><a href="#">お店の紹介</a></li>
                <li><a href="#">イベント</a></li>
            </ul>
            <time class="post-date" datetime="2024-09-28">2024年9月28日</time>
        </div>
    </header>
    <img class="post-thumbnail" src="images/outside.webp" alt="店内の様子">
    <p>
        これまでにない美味しいフードやドリンクを提供するため、チーム一丸となって新メニューの開発に取り組んできました。
        皆様に喜んでいただけるよう、自信を持ってご紹介できるメニューとなっております。
    </p>
    <p>
        当日は、新しいメニューの一部を試食していただけます。
        新鮮な食材を使った料理や、自慢の特製ドリンクをご用意しておりますので、ぜひお越しください。
        また、試食会に参加していただいた方には、アンケートにご協力いただけるようお願いする予定です。
        皆様の貴重なご意見をいただき、より良いメニュー作りに生かしていきたいと思います。
    </p>
    <p>
        日時：10月7日（土）11時から12時まで<br>
        場所：カフェ内イベントスペース
    </p>
    <p>
        定員に達した場合、お断りさせていただくこともございますので、お早めにお申し込みください。
        試食会でお会いできることを心から楽しみにしております！
    </p>
</article>
```

画像と本文の追加

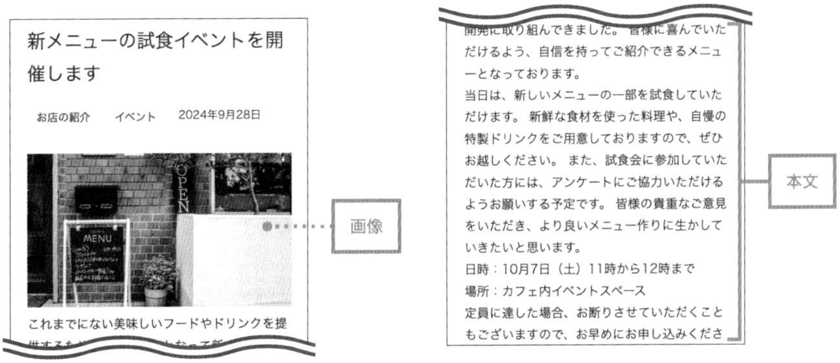
新メニューの試食イベントを開催します
お店の紹介
イベント
2024年9月28日
OPEN
MENU
これまでにない美味しいフードやドリンクを提
画像
だけるよう、自信を持ってご紹介できるメニュ
ーとなっております。
当日は、新しいメニューの一部を試食していた
だけます。新鮮な食材を使った料理や、自慢の
特製ドリンクをご用意しておりますので、ぜひ
お越しください。また、試食会に参加していた
だいた方には、アンケートにご協力いただける
ようお願いする予定です。皆様の貴重なご意見
をいただき、より良いメニュー作りに生かして
いきたいと思います。
日時：10月7日（土）11時から12時まで
場所：カフェ内イベントスペース
定員に達した場合、お断りさせていただくこと
もございますので、お早めにお申し込みくださ
本文

あとはCSSでこの部分の装飾です。画像はborder-radiusで角丸にし、柔らかい印象にします。文章はより読みやすくするため、line-heightで行間を広く取ってゆとりをもたせました。

chapter5/c5-04-6/css/style.css

```
.post-cat a {
    color: #432;
    background-color: #faf7f0;
    border-radius: 8px;
    font-size: .875rem;
    padding: .5rem .75rem;
}
.post-cat a:hover {
    background-color: #c9c2bc;
}
.post-date {
    font-size: .875rem;
}
.post-thumbnail {
    border-radius: 16px;
    margin-bottom: 1.5rem;
}
.post p {
    margin-bottom: 1.5rem;
    line-height: 2;
}
```

角丸の指定

追加

行間の指定

WCB CAFE
News
Menu
Contact
News
新メニューの試食イベントを開催します
お店の紹介
イベント
2024年9月28日
MENU
これまでにない美味しいフードやドリンクを提供するため、チーム一丸となって新メニューの開発に取り組んできました。皆様に喜んでいただけるよう、自信を持ってご紹介できるメニューとなっております。
当日は、新しいメニューの一部を試食していただけます。新鮮な食材を使った料理や、自慢の特製ドリンクをご用意しておりますので、ぜひお越しください。また、試食会に参加していただいた方には、アンケートにご協力いただけるようお願いする予定です。皆様の貴重なご意見をいただき、より良いメニュー作りに生かしていきたいと思います。
日時：10月7日（土）11時から12時まで
場所：カフェ内イベントスペース
定員に達した場合、お断りさせていただくこともございますので、お早めにお申し込みくださ
角丸
Information
住所
東京都港区六本木 0-0 ○○○
電話
03-1111-XXXX
営業時間
10:00~20:00
店休日
水曜
© 2010 WCB Cafe

記事部分が完成しました。

5-5 CHAPTER サイドバーを作ろう

続いてニュースページの補足情報を掲載するサイドバー部分を作成します。サイドバーは大きなデスクトップの画面サイズで見ると右側に掲載されますが、モバイルサイズだとメインコンテンツの下に配置されます。

サイドバーの内容を追加

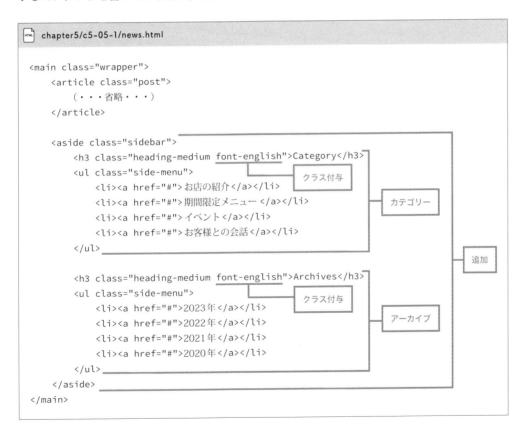

「news.html」の<article>タグの下に<aside>タグを追加します。その中にサイドバーに掲載するコンテンツを書いていきます。カテゴリーやアーカイブのリストは<ul>タグで作成します。

chapter5/c5-05-1/news.html

```
<main class="wrapper">
    <article class="post">
        （・・・省略・・・）
    </article>

    <aside class="sidebar">
        <h3 class="heading-medium font-english">Category</h3>
        <ul class="side-menu">
            <li><a href="#">お店の紹介</a></li>
            <li><a href="#">期間限定メニュー</a></li>
            <li><a href="#">イベント</a></li>
            <li><a href="#">お客様との会話</a></li>
        </ul>

        <h3 class="heading-medium font-english">Archives</h3>
        <ul class="side-menu">
            <li><a href="#">2023年</a></li>
            <li><a href="#">2022年</a></li>
            <li><a href="#">2021年</a></li>
            <li><a href="#">2020年</a></li>
        </ul>
    </aside>
</main>
```

クラス付与
カテゴリー
追加
クラス付与
アーカイブ

POINT

カテゴリーやアーカイブの見出しにfont-englishのクラスを付与している。

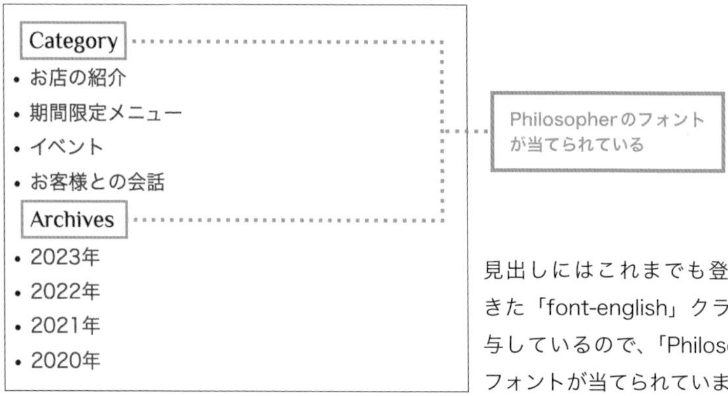

見出しにはこれまでも登場してきた「font-english」クラスを付与しているので、「Philosopher」フォントが当てられています。

見出しの装飾

文字サイズや中央揃えの指定はこれまで指定してきた「page-title」や「heading-large」と同じなので、カンマで区切って適用させます。すでにあるこれらのクラスを使わない理由は、デスクトップサイズにした時、それぞれ異なる文字サイズに設定したいからです。

chapter5/c5-05-2/css/style.css

```
/* 見出し */
.font-english {
    font-family: 'Philosopher', sans-serif;
    font-weight: normal;
}
.page-title,
.heading-large,
.heading-medium {
    font-size: 3rem;
    text-align: center;
}
```

追加。カンマで区切って適用

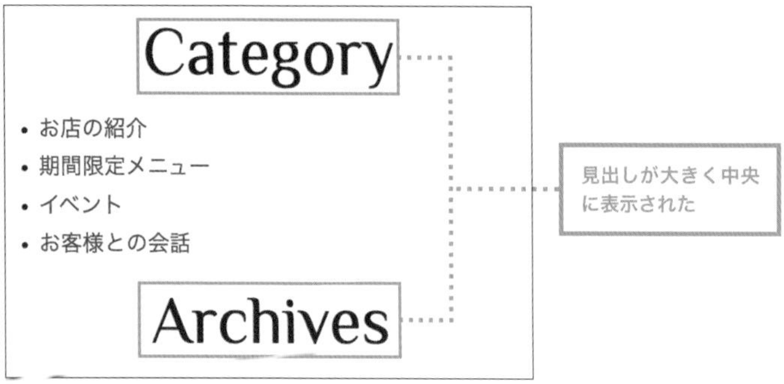

リストの装飾

CSSのデフォルトではリスト項目に丸いマークがついているので、「list-style: none;」で非表示にします。さらに<a>タグに「display: block;」を加えることで、通常、テキスト部分しかクリックできなかったものから、リスト項目の横幅いっぱいまでクリック範囲を広げることができます。

このように整えていくと、よりクリックしやすく、使いやすいWebサイトとなります。その他にも余白や文字色、下線の指定を加えました。

chapter5/c5-05-3/css/style.css

```css
/* サイドバー */
.side-menu {
    list-style: none;
    text-align: center;
    margin-bottom: 4rem;
}
.side-menu li {
    border-bottom: 1px solid #c9c2bc;
}
.side-menu a {
    color: #432;
    display: block;
    padding: 1rem;
}
.side-menu a:hover {
    color: #0bd;
}
```

リストの丸マークを非表示にする

この指定でリスト項目の横幅いっぱいまでクリックできる

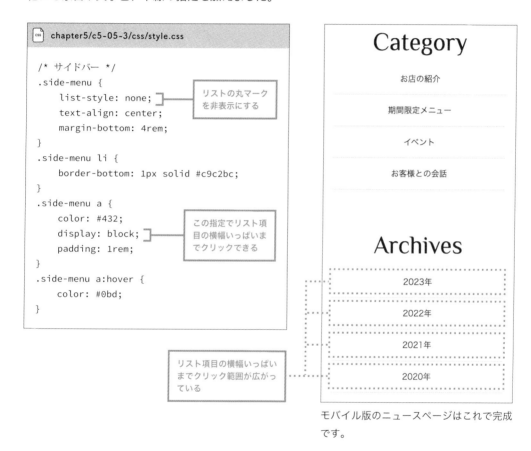

リスト項目の横幅いっぱいまでクリック範囲が広がっている

モバイル版のニュースページはこれで完成です。

5-6 CHAPTER レスポンシブに対応させよう

このCHAPTERで作成するWebサイトはデスクトップサイズでは2カラムの構成です。メディアクエリーを使って2つのボックスを横に並べるレイアウトを組みましょう。

記事タイトルの文字サイズを調整しよう

デスクトップサイズのスタイルはP.206「4-10 レスポンシブに対応させよう」のように、「@media (min-width: 800px) {」と「}」の間に追加します。まずは記事タイトルである「post-title」クラスの文字を少し大きく指定します。

chapter5/c5-06-1/css/style.css

```
/* デスクトップ版
------------------------------ */
@media (min-width: 800px) {
    /* 見出し */
    .page-title {
        font-size: 5rem;
    }
    .heading-large {
        font-size: 4rem;
    }
    .post-title {
        font-size: 2rem;
    }

    (・・・省略・・・)
}
```

記事タイトルの文字を大きくする指定を追加

実装前はモバイルサイズに合わせた小さめのタイトルでした。

デスクトップサイズではフォントのサイズが少し大きく表示されました。

背景画像と余白を調整しよう

続いてページ上部のカバー画像部分である「sub-cover」クラスの高さや余白を調整します。ホームでは画像を大きく表示しましたが、ホーム以外ではコンテンツ内容を重要視したいので、ページ上部の画像は少し短かく控えめに表示させます。

chapter5/c5-06-2/css/style.css

```
/* デスクトップ版
------------------------------ */
@media (min-width: 800px) {
    (・・・省略・・・)

    /* ヘッダー */
    .page-header {
        display: flex;
        justify-content: space-between;
        padding-top: 1.5rem;
    }
    .main-nav {
        font-size: 2rem;
    }

    /* ヘッダーカバー画像 */
    .sub-cover {
        height: 400px;
        margin-bottom: 6rem;
    }

    /* HOME */
    .cover-home {
        background-image: url(../images/cover-home-l.webp);
    }
    (・・・省略・・・)
}
```

追加

カバー画像部分が少し短く表示されました。

このヘッダー部分はページによって画像を変えます。ニュースページでは「cover-news」クラスを付与し、このページ用に用意した背景画像を設定しましょう。

chapter5/c5-06-3/css/style.css

```
/* デスクトップ版
------------------------------- */
@media (min-width: 800px) {
    (・・・省略・・・)

    /* HOME */
    .cover-home {
        background-image: url(../images/cover-home-l.webp);
    }
    .about {
        margin: 4rem auto 0;
    }

    /* NEWS */
    .cover-news {
        background-image: url(../images/cover-news-l.webp);
    }

    /* フッター */
    .page-footer {
        background-image: url(../images/footer-l.webp);
        padding-top: 12rem;
    }
    .info th {
        padding-left: 2.5rem;
    }
}
```

追加

このページ用に用意した画像の指定

デスクトップサイズでは背景画像が変わる

背景画像がデスクトップ用の横長のものになりました。

コンテンツを横並びにしよう

最後に縦並びにしていたメインエリアとサイドバーを、デスクトップサイズでは横に並べましょう。そのために、HTMLでは<article>タグと<aside>タグを囲む親要素、<main>タグに「news-contents」クラスを追加します。この部分に横並びにする指定を追加していきます。

chapter5/c5-06-4/news.html

```
<main class="wrapper news-contents">
    <article class="post">
        (・・・省略・・・)
    </article>

    <aside class="sidebar">
        (・・・省略・・・)
    </aside>
</main>
```

クラスを追加

CSSでは「news-contents」クラスに「display: flex;」を指定して横並びにします。「justify-content: space-between;」を足すと子要素が両端に揃えられるので、自動的に2つのボックスの間に余白が生まれます。

そしてメインコンテンツ部分である<article class="post">と、サイドバー部分である<aside class="sidebar">に幅の指定をします。単位を「%」にすることで、画面幅が変わっても伸縮するようになります。70%のメインコンテンツと22%のサイドバーを両端揃えにすることで、間に8%の余白が生まれるというわけです。

なお、このままだとサイドバーの上部が若干揃わない状態なので、最後に「sidebar」クラス内の「heading-medium」クラスに対して余白や行間の指定を加えてバランスを整えます。

chapter5/c5-06-4/css/style.css

```
/* デスクトップ版
------------------------------- */
@media (min-width: 800px) {
    (・・・省略・・・)

    /* NEWS */
    .cover-news {
        background-image: url(../images/cover-news-l.webp);
    }
    .news-contents {
        display: flex;
        justify-content: space-between;
    }
```

子要素を両端に
横並びの指定
追加

```
    .post {
        width: 70%;
    }
    .sidebar {
        width: 22%;
    }
    .sidebar .heading-medium {
        line-height: 1;
        margin-bottom: 1rem;
    }

    /* フッター */
    .page-footer {
        background-image: url(../images/footer-l.webp);
        padding-top: 12rem;
    }
    .info th {
        padding-left: 2.5rem;
    }
}
```

メインコンテンツ70%

サイドバー 22%

余白や行間の指定を加えてバランスを整える

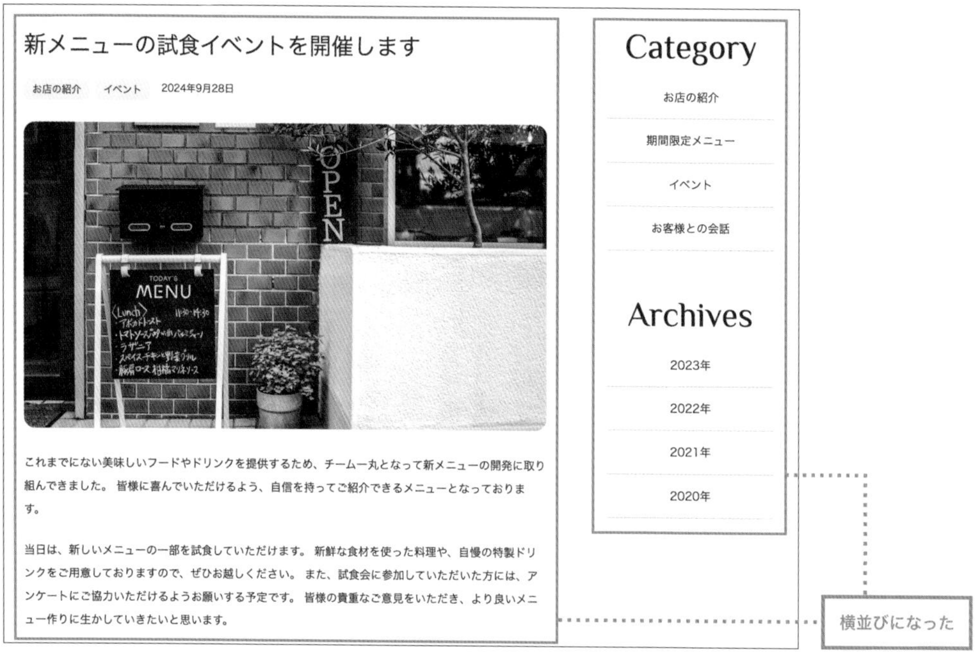

新メニューの試食イベントを開催します
お店の紹介
イベント
2024年9月28日
OPEN
TODAY'S MENU
これまでにない美味しいフードやドリンクを提供するため、チーム一丸となって新メニューの開発に取り組んできました。 皆様に喜んでいただけるよう、自信を持ってご紹介できるメニューとなっております。
当日は、新しいメニューの一部を試食していただけます。 新鮮な食材を使った料理や、自慢の特製ドリンクをご用意しておりますので、ぜひお越しください。 また、試食会に参加していただいた方には、アンケートにご協力いただけるようお願いする予定です。 皆様の貴重なご意見をいただき、より良いメニュー作りに生かしていきたいと思います。
Category
お店の紹介
期間限定メニュー
イベント
お客様との会話
Archives
2023年
2022年
2021年
2020年
横並びになった

デスクトップサイズできれいに横並びになりました。これで２カラムのWebサイトの完成です。

5-7 CHAPTER カラムページのカスタマイズ例

このCHAPTERで作成した「NEWS」ページのレイアウトをカスタマイズしてみましょう。3カラムの設定や表示するカラムの順序を変えてみます。3カラムもよく使われるパターンなので覚えておいて損はないでしょう。

3カラムのレイアウトに設定しよう

デモファイル：chapter5/c5-07-1/Demo-3columns

NEWSページでは2カラムのレイアウトを作りましたが、ここではカラムを1つ追加して、3カラムに変更しましょう。例として、縦長のバナー画像を追加します。

まずは「news.html」を開き、<main class="wrapper news-contents"> 内に「ad」というクラスのついた<aside>タグと画像を追加します。

chapter5/c5-07-1/news.html

```
<main class="wrapper news-contents">
    <article class="post">
        (・・・省略・・・)
    </article>

    <aside class="sidebar">
        (・・・省略・・・)
    </aside>

    <aside class="ad">
        <img src="images/banner.jpg" alt="新メニュー登場">
    </aside>
</main>
```

adというクラスをつける

ここを追加

画像を追加

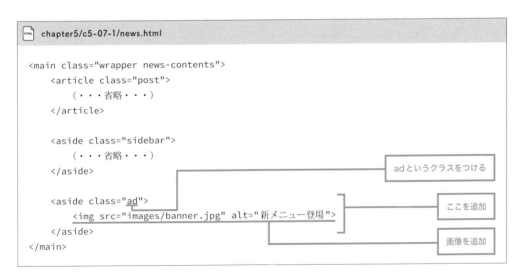

新メニューの試食イベントを開催します
お店の紹介　イベント　2024年9月28日
OPEN
MENU
これまでにない美味しいフードやドリンクを提供するため、チーム一丸となって新メニューの開発に取り組んできました。皆様に喜んでいただけるよう、自信を持ってご紹介できるメニューとなっております。
Category
お店の紹介
期間限定メニュー
イベント
お客様との会話
Archives
2023年
2022年
2021年
2020年
新メニュー登場

画面の右端にバナー画像が追加されました。

このままだと全体が窮屈なので、CSSでメインエリアである「post」クラスのついた部分の横幅を、70%から60%に縮めてバランスを整えます。3カラムの指定はデスクトップサイズに対して反映させるので、メディアクエリーの「@media (min-width: 800px) { 」と「 } 」の間の記述を変更しましょう。

chapter5/c5-07-2/css/style.css

```
/* デスクトップ版
------------------------------ */
@media (min-width: 800px) {
    (・・・省略・・・)

    /* NEWS */
    .cover-news {
        background-image: url(../images/cover-news-l.webp);
    }
    .news-contents {
        display: flex;
        justify-content: space-between;
    }
    .post {
        width: 60%;
    }

    (・・・省略・・・)
}
```

70%から60%に少し縮めた

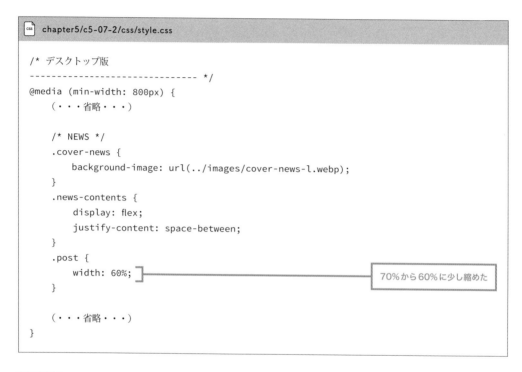

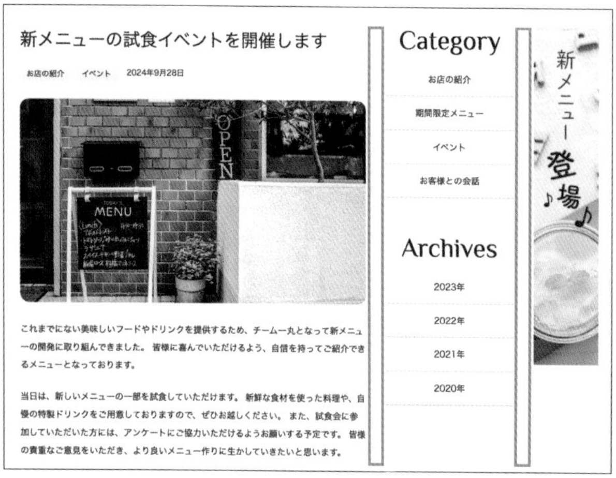

新メニューの試食イベントを開催します
お店の紹介　イベント　2024年9月28日
OPEN
MENU
これまでにない美味しいフードやドリンクを提供するため、チーム一丸となって新メニューの開発に取り組んできました。 皆様に喜んでいただけるよう、自信を持ってご紹介できるメニューとなっております。
当日は、新しいメニューの一部を試食していただけます。 新鮮な食材を使った料理や、自慢の特製ドリンクをご用意しておりますので、ぜひお越しください。 また、試食会に参加していただいた方には、アンケートにご協力いただけるようお願いする予定です。 皆様の貴重なご意見をいただき、より良いメニュー作りに生かしていきたいと思います。
Category
お店の紹介
期間限定メニュー
イベント
お客様との会話
Archives
2023年
2022年
2021年
2020年
新メニュー登場♪

余白が追加され、ゆとりのある3カラムになりました。

このようにFlexboxを使うと「display: flex」が指定された要素の中のボックスをすべて自動で横並びにしてくれます。他にコードを追記しなくてもHTMLファイルにコンテンツを追加するだけで複数の要素を横並びにできます。

表示するカラムの順序を変えよう

現状、左から「メインエリア」「サイドバー」「バナー画像」の順に並んでいます。これを左から「バナー画像」、「メインエリア」、「サイドバー」の順に変更しましょう。

順序を変えるにはCSSのorderプロパティを使います。値には表示したい順に数字を書きます。なお、このorderプロパティは「display:flex」の指定がある要素の子要素でしか動作しないので注意しましょう。

chapter5/c5-07-3/css/style.css

```
/* デスクトップ版
------------------------------- */
@media (min-width: 800px) {
    (・・・省略・・・)

    .post {
        width: 60%;
        order: 2;
    }
    .sidebar {
        width: 22%;
        order: 3;
    }
    .ad {
        order: 1;
    }

    .sidebar .heading-medium {
        line-height: 1;
        margin-bottom: 1rem;
    }

    (・・・省略・・・)
}
```

追加。orderプロパティを表示したい順に指定

追加

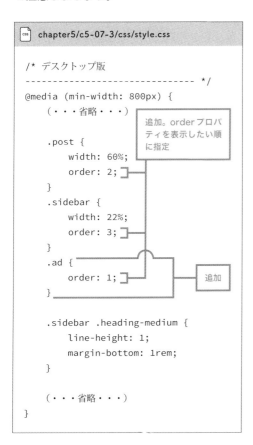

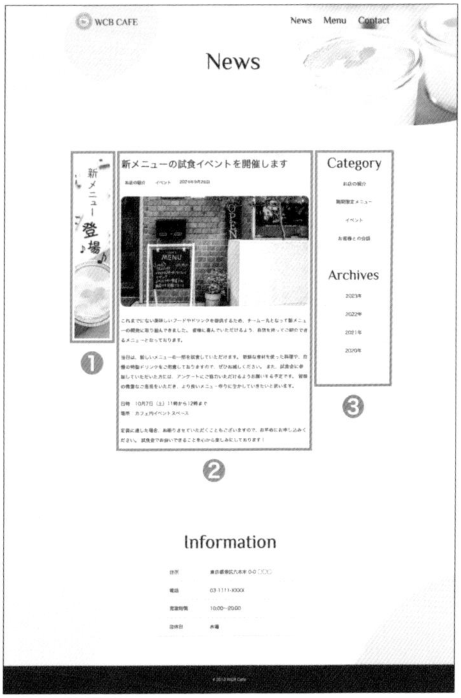

バナー画像が一番左に配置されカラムが番号順になりました。

COLUMN | HTMLでコンテンツの順序を変えないのはなぜ？

P.245「5-7 カラムページのカスタマイズ例」で表示の順序を変えるなら、HTMLで記述順を変えればよいのでは？ と思いますよね。もちろんそれで解決することもあります。ただ、ここで考慮したいのはページ内で重要なコンテンツはなにかという点です。

Webブラウザーはファイルを上から順に読み込むため、重要なコンテンツを優先的にすばやく読み込ませる必要があります。これは、Googleなどの検索エンジンにも影響すると言われています。

このニュースページで一番重要なのは「記事の部分」なので、「記事の部分」をHTMLファイルのなるべく上部に記述するのがベストです。それほど重要ではないコンテンツは下に追加し、CSSで見栄えを変更するということになります。

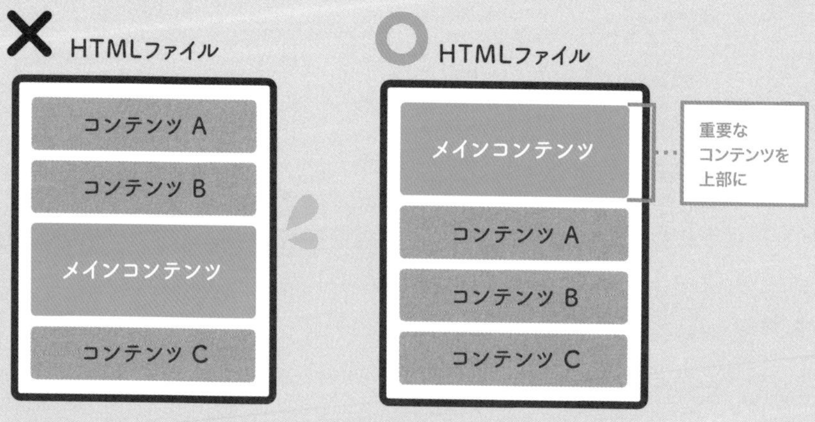

重要なコンテンツをHTMLファイルの上部に記述して、すばやく読み込ませましょう。

CHAPTER

6

タイル型の Webサイトを制作する

画像を一覧で表示させたい時は、タイル型のレイアウトが適しています。CSSグリッドを使ってレイアウトを組む方法や、レスポンシブに対応させるテクニックを学んでいきましょう。

WEBSITE | DESIGN | HTML | CSS | SINGLE | MEDIA | TROUBLESHOOTING

6-1 CHAPTER タイル型レイアウトとは

画像や四角形の要素を、整然と並べたレイアウトのことを「タイル型レイアウト」や「カード型レイアウト」と呼びます。このレイアウトの特徴を見ていきましょう。

タイル型レイアウトのメリットと構成要素

3列ずつ、9つのメニューをタイル状に並べている（CSSグリッド）

モバイルサイズでは２つずつ縦に並べている

タイル型レイアウトは画像やテキストといった多くの情報を整理して一度に見せることができるので、散らかった印象はなくなり、整えられた印象になります。レスポンシブWebデザインとも相性が良く、ショッピングサイトの商品一覧ページや画像ギャラリーページなどでよく利用されます。

また、各ボックスの大きさに強弱をつけたり、高さを変えて敷き詰めることもできます。余白や左右のラインを揃えることで、画像のサイズが違っても美しく表現できます。

左上の画像を拡大

左上の画像を拡大しても、左右のラインを揃えることで美しいレイアウトを保っている(grid-column、grid-row)

POINT

余白や整列するラインを揃えることで、要素のサイズを変えてもきれいに表示できる。

タイル型レイアウトの例。

サイズを変えて配置した例。

6-2
CHAPTER

タイル型レイアウトの制作の流れ

「MENU」ページではお店のメニューをタイル型レイアウトで作成します。CSSグリッドを使ってレスポンシブにも対応させましょう。

制作の流れ

01 ページ上部のページタイトルを作成

ページ上部に背景画像とともにページタイトルを表示させます。

モバイルサイズ

02 タイル型レイアウトの設定

CSSグリッドを使って9つのメニューをタイル型に並べていきます。

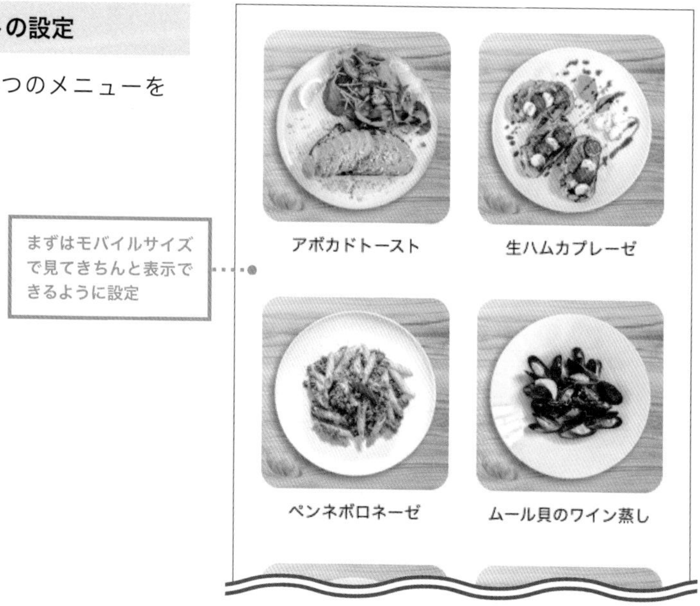

03 レスポンシブに対応させる

CSSグリッドの応用を使ってレスポンシブに対応させます。詳しい場所はサンプルデータを確認するといいでしょう。自動的に画面幅に合わせて要素のサイズや数を変えましょう。

自動的に画面幅を合わせる（CSSグリッド）

画面幅に合わせて1行に表示させる要素の数を変更します。

デスクトップサイズ

POINT

タイル型レイアウトはCSSグリッドを使って実装する。

POINT

画面幅に合わせて表示するにはCSSグリッドの応用を使う。

6-3 CHAPTER ページ全体の見出しを作成しよう

「MENU」ページのファーストビューは、「NEWS」ページと同じく大きな背景画像とページタイトルを掲載します。

ファイルの準備をしよう

CHAPTER 5 の「news.html」を作成したように（P.226参照）今回も複製データを元にHTMLを作成していきます。同じヘッダーとフッターのある「news.html」を複製し、複製したファイルを「menu.html」という名前で保存します。この「menu.html」を編集して「MENU」ページを作っていきましょう。

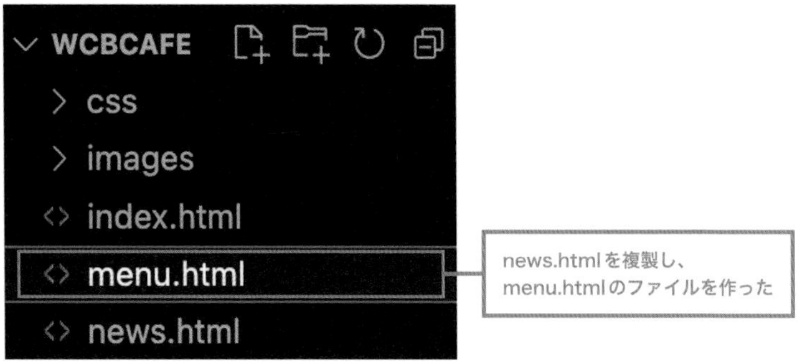

このようなファイル構成になります。

HTMLを編集しよう

共通部分は残し、必要な箇所を編集していきます。

「head」内の「title」を編集する

「MENU」ページ用のタイトルに変更します。「WCB Cafe - MENU」とします。

chapter6/c6-03-1/menu.html

```
<!DOCTYPE html>
<html lang="ja">
    <head>
        <meta charset="utf-8">
        <title>WCB Cafe - MENU</title>
        <meta name="description" content="ブレンドコーヒーとヘルシーなオーガニックフードを提供するカフェ ">
        <meta name="viewport" content="width=device-width, initial-scale=1">
```

タイトルを変更

不要なコンテンツを削除する

「NEWS」ページのコンテンツである<main class="wrapper news-contents">の部分はこのページで不要なので削除します。

chapter6/c6-03-2/menu.html

```
(・・・省略・・・)
    <h2 class="page-title font-english">News</h2>
</div>

<!-- ↓削除↓ -->
<main class="wrapper news-contents">
    <article class="post">
        (・・・省略・・・)
    </article>

    <aside class="sidebar">
        (・・・省略・・・)
    </aside>
</main>
<!-- ↑削除↑ -->

<footer class="page-footer">
(・・・省略・・・)
```

この部分を削除

クラス名を変更する

「cover-news」をつけていたクラス名を「cover-menu」に変更します。

chapter6/c6-03-3/menu.html

```
<body>
    <div class="sub-cover cover-menu"> <!-- ← クラス名変更 -->
        <header class="page-header wrapper">
            <h1 class="align-center">
                <a href="index.html"><img class="logo" src="images/logo.svg" alt="WCB カフェ ホーム"></a>
            </h1>
```

クラス名を変更

ページタイトルを変更

「header」の下に見出しとして表示する部分を「Menu」に変更します。

chapter6/c6-03-4/menu.html

```
<div class="sub-cover cover-menu">
    <header class="page-header wrapper">
        <h1 class="align-center">
            <a href="index.html"><img class="logo" src="images/logo.svg" alt="WCB カフェ ホーム"></a>
        </h1>
        <nav>
            <ul class="main-nav font-english">
                <li><a href="news.html">News</a></li>
                <li><a href="menu.html">Menu</a></li>
                <li><a href="contact.html">Contact</a></li>
            </ul>
        </nav>
    </header>
    <h2 class="page-title font-english">Menu</h2> <!-- ← 見出し変更 -->
</div>
```

ページタイトルを変更

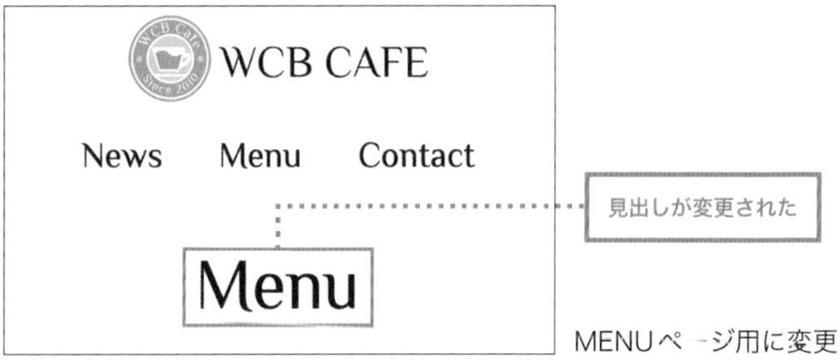

MENUページ用に変更されました。

CSSで装飾しよう

今まで作成してきたCSSのstyle.cssに書き足していきましょう。詳しい場所はサンプルデータを確認するといいでしょう。ページごとに背景画像を変更したいため、「cover-menu」クラスに背景画像を指定します。

chapter6/c6-03-5/css/style.css

```
/* MENU
------------------------------- */
.cover-menu {
    background-image: url(../images/cover-menu-s.webp);
}
```

cover-menuクラスに背景画像を指定

背景画像が入った

ページ上部のコンテンツが完成です。

6-4 タイル型レイアウトを設定しよう

CHAPTER

「CSSグリッド」を使って9つのメニューの画像とテキストをタイル型に並べていきます。

コンテンツを用意しよう

<div class="sub-cover cover-menu"> と <footer class="page-footer">の間にコンテンツを記述します。画像とテキストは「item」というクラスの<div>タグで囲み、さらに9つの「item」を「grid」というクラスのついた<main>タグで囲みます。

<main>タグはこれまで通り、「wrapper」クラスを適用して、画面の両端に余白を加えます。

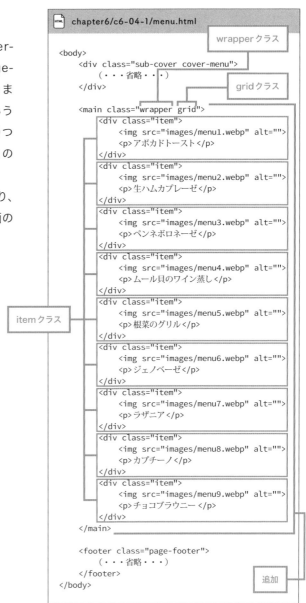

モバイルサイズで確認すると画像とテキストが縦に9つ並んでいる状態です。

chapter6/c6-04-1/menu.html

```
<body>
    <div class="sub-cover cover-menu">
        (・・・省略・・・)
    </div>

    <main class="wrapper grid">
        <div class="item">
            <img src="images/menu1.webp" alt="">
            <p>アボカドトースト</p>
        </div>
        <div class="item">
            <img src="images/menu2.webp" alt="">
            <p>生ハムカプレーゼ</p>
        </div>
        <div class="item">
            <img src="images/menu3.webp" alt="">
            <p>ペンネボロネーゼ</p>
        </div>
        <div class="item">
            <img src="images/menu4.webp" alt="">
            <p>ムール貝のワイン蒸し</p>
        </div>
        <div class="item">
            <img src="images/menu5.webp" alt="">
            <p>根菜のグリル</p>
        </div>
        <div class="item">
            <img src="images/menu6.webp" alt="">
            <p>ジェノベーゼ</p>
        </div>
        <div class="item">
            <img src="images/menu7.webp" alt="">
            <p>ラザニア</p>
        </div>
        <div class="item">
            <img src="images/menu8.webp" alt="">
            <p>カプチーノ</p>
        </div>
        <div class="item">
            <img src="images/menu9.webp" alt="">
            <p>チョコブラウニー</p>
        </div>
    </main>

    <footer class="page-footer">
        (・・・省略・・・)
    </footer>
</body>
```

wrapperクラス

gridクラス

itemクラス

追加

CSSグリッドを使おう

タイル型に並ぶように親要素である「grid」クラスに対して**「display: grid;」**を指定します。

続いて「gap: 2rem 1.5rem;」で子要素間の余白を指定します。最初に指定した値が縦方向の余白、半角スペースで区切った後の値が横方向の余白です。

横幅の指定ができる**「grid-template-columns」**で、値を「1fr 1fr」とすることで、「1：1」の割合で1列に 2つの要素を横に並べられます。幅が固定されず、画面の幅に合わせて自動で伸縮できるので便利です。「1fr 1fr」のように同じ数値が並ぶ時は**「repeat関数」**を使うとスッキリとまとめて指定できます。書き方は**「repeat(繰り返す数 , 要素の幅)」**となります。

例えば「grid-template-columns: repeat(2, 1fr);」を指定すると、「1fr」のボックスが1列に2つ並ぶことになります。表示結果は同じですが、様々な書き方を覚えていくといいですね！

画像の部分には**「aspect-ratio」**で表示させる画像の比率を指定します。画像は正方形で表示したいので比率は1：1です。記述する時は**「1/1」**と書くので注意しましょう。

また、元の画像が正方形でない場合は無理やり正方形の形に歪められてしまうので、**「object-fit: cover」**を一緒に記述しましょう。これは指定したサイズからはみ出した部分を自動的にトリミングするための指定です。

chapter6/c6-04-2/css/style.css

```
/* MENU
------------------------------- */
.cover-menu {
    background-image: url(../images/cover-menu-s.webp);
}
.grid {
    display: grid;
    gap: 2rem 1.5rem;
    grid-template-columns: repeat(2, 1fr);
    text-align: center;
}
.item img {
    aspect-ratio: 1/1;
    object-fit: cover;
    border-radius: 16px;
}
.item p {
    font-size: .875rem;
}
```

追加
タイル型に並べる指定
縦方向の余白
横方向の余白
「1fr」のボックスが1列に2つ並ぶ指定
画像の比率
はみ出した部分をトリミング

うまく1列に2つずつ、9つの要素をタイル状に並べられました。

6-5 CHAPTER レスポンシブに対応させよう

メニューをタイル状に並べられましたが、デスクトップは画面が大きいので、より見やすくなるよう調整していきましょう。

背景画像を変更しよう

ページ上部の背景画像は「NEWS」ページと同様、デスクトップサイズ用に横長のものを設定しましょう。デスクトップ用の指定なので、「@media (min-width: 800px) {」と「}」の間に記述します。

chapter6/c6-05-1/css/style.css

```
/* デスクトップ版
------------------------------- */
@media (min-width: 800px) {
    (・・・省略・・・)
    .sidebar {
        width: 22%;
    }
    .sidebar .heading-medium {
        line-height: 1;
        margin-bottom: 1rem;
    }

    /* MENU */
    .cover-menu {
        background-image: url(../images/cover-menu-l.webp);
    }

    /* フッター */
    .page-footer {
        background-image: url(../images/footer-l.webp);
        padding-top: 12rem;
    }
    * (・・・省略・・・) *
}
```

デスクトップ用の指定を追加

Menuページ用の横長画像が表示されました。

デスクトップサイズ用に画像が変わった

要素を3つずつ並べよう

モバイルサイズでは2つずつ並べていた商品画像を、デスクトップサイズでは3つずつ並べます。モバイルサイズで「repeat(2, 1fr)」と書いていたところを「repeat(3, 1fr)」に変更するだけなので簡単です。合わせて「gap」の値も少し変更し、ゆとりをもたせましょう。

chapter6/c6-05-2/css/style.css

```
/* デスクトップ版
------------------------------ */
@media (min-width: 800px) {
    (・・・省略・・・)

    /* MENU */
    .cover-menu {
        background-image: url(../
images/cover-menu-l.webp);
    }
    .grid {
        gap: 3rem 2rem;
        grid-template-columns:
repeat(3, 1fr);
    }

    (・・・省略・・・)
}
```

追加

デスクトップサイズで確認すると画像が3つずつ並べられました。

文字サイズと余白を調整しよう

あとはモバイルサイズ用に少し小さめに設定していた文字サイズや余白を、デスクトップ用に調整します。

chapter6/c6-05-3/css/style.css

```
/* デスクトップ版
------------------------------ */
@media (min-width: 800px) {
    (・・・省略・・・)

    /* MENU */
    .cover-menu {
        background-image: url(../
images/cover-menu-l.webp);
    }
    .grid {
        gap: 3rem 2rem;
        grid-template-columns:
repeat(3, 1fr);
    }
    .item img {
        margin-bottom: .5rem;
    }
    .item p {
        font-size: 1rem;
    }

    (・・・省略・・・)
}
```

追加（.item img ～ .item p の部分）

余白が大きくなった

余白と文字が大きくなり、大きな画面で見ても見やすく表示されました。

COLUMN ｜ 画像を効果的にトリミングしよう

同じ画像でも、どの部分をトリミング（切り取り）するかによって見え方や伝えたい情報は大きく変わります。デザインの目的によってどの部分に焦点を当てるかを考えるとよいでしょう。

目的に合わせたトリミング

同じ画像でも「全体を見せた引きの写真」と、「一部に寄って焦点を当てている写真」とでは伝えたい情報が変わってきます。

引いて見せることで、画像に映る全体像を主役として表現できます。料理の写真だとコースや定食全体の紹介が可能です。

1つのものをズームアップすると、その被写体を主人公として強調できます。1つの商品に注目して欲しい時に使えます。

空間を活かしたトリミング

画像の主人公となる被写体をあえて中心からずらして空間を作っている画像もあります。大きな背景画像として設置したい時に使えます。

視線の先に空間があると未来や前向きな印象となります。

背後に空間があると、過去を思い返しているような印象になります。

6-6 CHAPTER タイル型レイアウトのカスタマイズ例

このCHAPTERで作成したメニューページのタイル型レイアウトをカスタマイズします。やや複雑な指定が多いので、少しずつ実装していきましょう。

サイズが違う要素を配置しよう

右の左上が完成図です。「同じ大きさで配置していた要素の中で、特に目立たせたい」という部分のみ大きく表示してみましょう。今回はレイアウトの自由度の高いデスクトップサイズのみに対応させるので、メディアクエリーの指定範囲内に追記していきます。

左上の画像を1つだけ大きく表示

HTMLにクラスを追加

HTMLに大きく表示したい要素へ新しく「item-big」というクラスを追加します。この例では最初のメニューを大きく表示します。

chapter6/c6-06-1/menu.html

```
<main class="wrapper grid">
    <div class="item item-big"> <!-- ← item-big クラス追加 -->
        <img src="images/menu1.webp" alt="">
        <p>アボカドトースト</p>
    </div>
    <div class="item">
        <img src="images/menu2.webp" alt="">
        <p>生ハムカプレーゼ</p>
    </div>

    (・・・省略・・・)

</main>
```

クラス名を追加

大きいサイズのグリッドアイテムを指定

グリッドアイテムの範囲を指定するのですが、こちらは少し特殊な指定方法になるので混乱しないよう、1つずつ見ていきましょう。右図にあるように、縦・横に並ぶグリッドラインをベースに範囲を指定します。

使用するプロパティは横の範囲を「grid-column」、縦の範囲を「grid-row」で指定します。

今回、横の範囲はグリッドラインの1～3番目を指定するので、「始まりのライン / 終わりのライン」というようにスラッシュで区切って「grid-column: 1 / 3;」と記述します。

グリッドの1番左端、1番上のラインを1番目と数えます。

chapter6/c6-06-2/css/style.css

```
/* デスクトップ版
------------------------------- */
@media (min-width: 800px) {
    (・・・省略・・・)

    /* MENU */
    .cover-menu {
        background-image: url(../images/
cover-menu-l.webp);
    }
    .grid {
        gap: 3rem 2rem;
        grid-template-columns: repeat(3, 1fr);
    }
    .item img {
        margin-bottom: .5rem;
    }
    .item p {
        font-size: 1rem;
    }
    .item-big {
        grid-column: 1/3;
    }

    (・・・省略・・・)
}
```

追加

横の幅が広がりましたが、1つ分のメニューが下にはみ出ています。

同様に縦のラインも1～3番目を指定するので、grid-rowプロパティを使って「grid-row: 1 / 3;」と記述します。

chapter6/c6-06-3/css/style.css

```
/* デスクトップ版
------------------------------- */
@media (min-width: 800px) {
    (・・・省略・・・)

    /* MENU */
    .cover-menu {
        background-image: url(../images/
cover-menu-l.webp);
    }
    .grid {
        gap: 3rem 2rem;
        grid-template-columns: repeat(3, 1fr);
    }
    .item img {
        margin-bottom: .5rem;
    }
    .item p {
        font-size: 1rem;
    }
    .item-big {
        grid-column: 1/3;
        grid-row: 1/3;
    }

    (・・・省略・・・)
}
```

追加（grid-row: 1/3;）

すべてのメニューが想定通りの場所に配置されました。

画像の高さを揃えよう

今の状態だと大きい画像と小さい画像の高さが揃っていないので、画像に対してサイズを指定しましょう。高さは実際に表示されるサイズを画面で確認しながら微調整して数値を探し指定します。

chapter6/c6-06-4/css/style.css

```
/* デスクトップ版
------------------------------ */
@media (min-width: 800px) {
    (・・・省略・・・)

    /* MENU */
    .cover-menu {
        background-image: url(../
images/cover-menu-l.webp);
    }
    .grid {
        gap: 3rem 2rem;
        grid-template-columns:
repeat(3, 1fr);
    }
    .item img {
        margin-bottom: .5rem;
    }
    .item p {
        font-size: 1rem;
    }
    .item-big {
        grid-column: 1/3;
        grid-row: 1/3;
    }
    .item-big img {
        height: 94.5%;
        width: 100%;
    }

    (・・・省略・・・)
}
```

追加（.item-big img { … } を追加）

高さが揃い、整理された印象になりました。

POINT

ここでの画像の高さの指定の出し方は実際に表示される画面を確認しながら微調整し、数値を探していく。

COLUMN | CSSで画像をトリミングするobject-fitプロパティ

画像の一覧を表示する時などは、画像のサイズが統一されているとすっきりキレイに整って見えます。しかし、必ずしも使用する画像のサイズが同じとは限りません。かといってグラフィックツールを使ってすべての画像をリサイズできない…ということもあるでしょう。そんな時はCSSでトリミングすると楽です。

この縦長の画像を並べ、縦横250pxの正方形の形で表示させてみましょう！

chapter6/col-1/style.css

```
img {
  width: 250px;
  height: 250px;
}
```

CSSで上のように画像に対してサイズを指定すると…

こんな感じでグチャッとつぶれて表示されちゃいます…

そこで画像に対して「object-fit: cover;」を追加すると…

chapter6/col-2/style.css

```
img {
  width: 250px;
  height: 250px;
  object-fit: cover;
}
```

この1行を追加するだけ！

きれいに中央でトリミングされています！簡単ですね！

より詳しい説明は「1行追加でOK！ CSSだけで画像をトリミングできる「object-fit」プロパティー | Webクリエイターボックス」という記事を参照してください。

https://www.webcreatorbox.com/tech/object-fit

CHAPTER

7

外部メディアを利用する

今やSNSを利用しているのは個人だけではありません。
SNSはショップや企業なども積極的に取り入れています。
このCHAPTERではユーザーがコンタクトを取るための、
SNSなどの外部メディアを導入する方法を紹介します。

WEBSITE | DESIGN | HTML | CSS | SINGLE | MEDIA | TROUBLESHOOTING

HTML & CSS & WEB DESIGN
INTRODUCTORY COURSE

※本章で扱うGoogle、Facebook、X、YouTubeのアカウントについてはあらかじめ登録されているものとして進めています。

7-1 CHAPTER お問い合わせページの制作の流れ

「CONTACT」ページではフォームの装飾の他、Googleマップや各種SNSのプラグインを表示します。

作成するページ

ページ上部ではこれまでと同じく、背景画像とともにページタイトルを表示させます。お店の情報と地図、メールアドレス宛のボタン、そして下部にはSNSや動画を横並び（モバイルでは縦並び）で配置しましょう。

モバイルサイズ

ページの下半分は外部メディアを取り入れています。

制作の流れ

01 ページ上部の紹介文を作成

ページ上部に背景画像とともにページタイトルを表示させます。

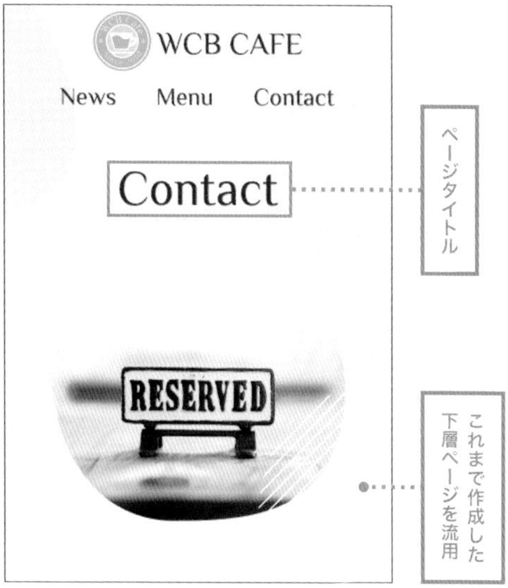

02 地図を表示する

お店の情報とGoogleマップの地図を設置します。

03 メールアドレス宛のボタンを設置

クリックしたらすぐにメールを作成できるようにボタンを用意します。

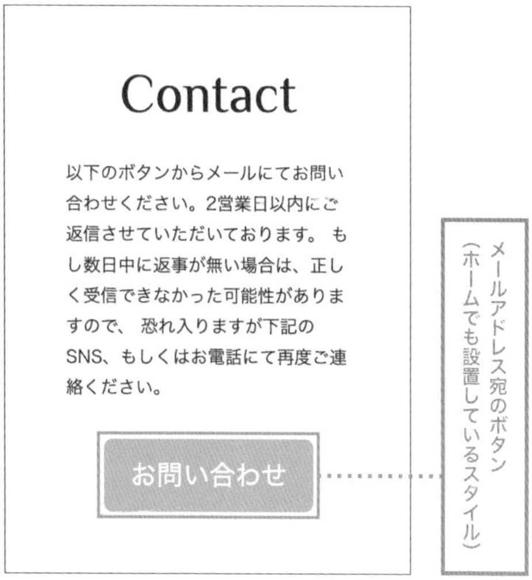

04 Instagramの投稿を挿入

Webサイト上に表示するため、コードを生成してHTMLファイルに記述します。

05 Xプラグインを挿入

X（旧Twitter）もタイムラインを表示させるよう、コードを生成して設置します。

06 YouTube動画を挿入

YouTube動画を2つ、Webページ上に表示させます。

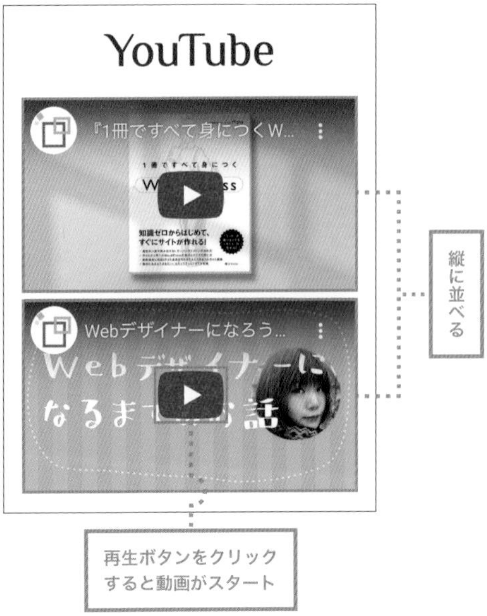

07 レスポンシブに対応させる

メディアクエリーを使ってモバイルサイズでは縦並びにしている地図やSNSプラグインを、デスクトップサイズでは横並びにします。最終的なデザインは右ページのようになります。

デスクトップサイズ

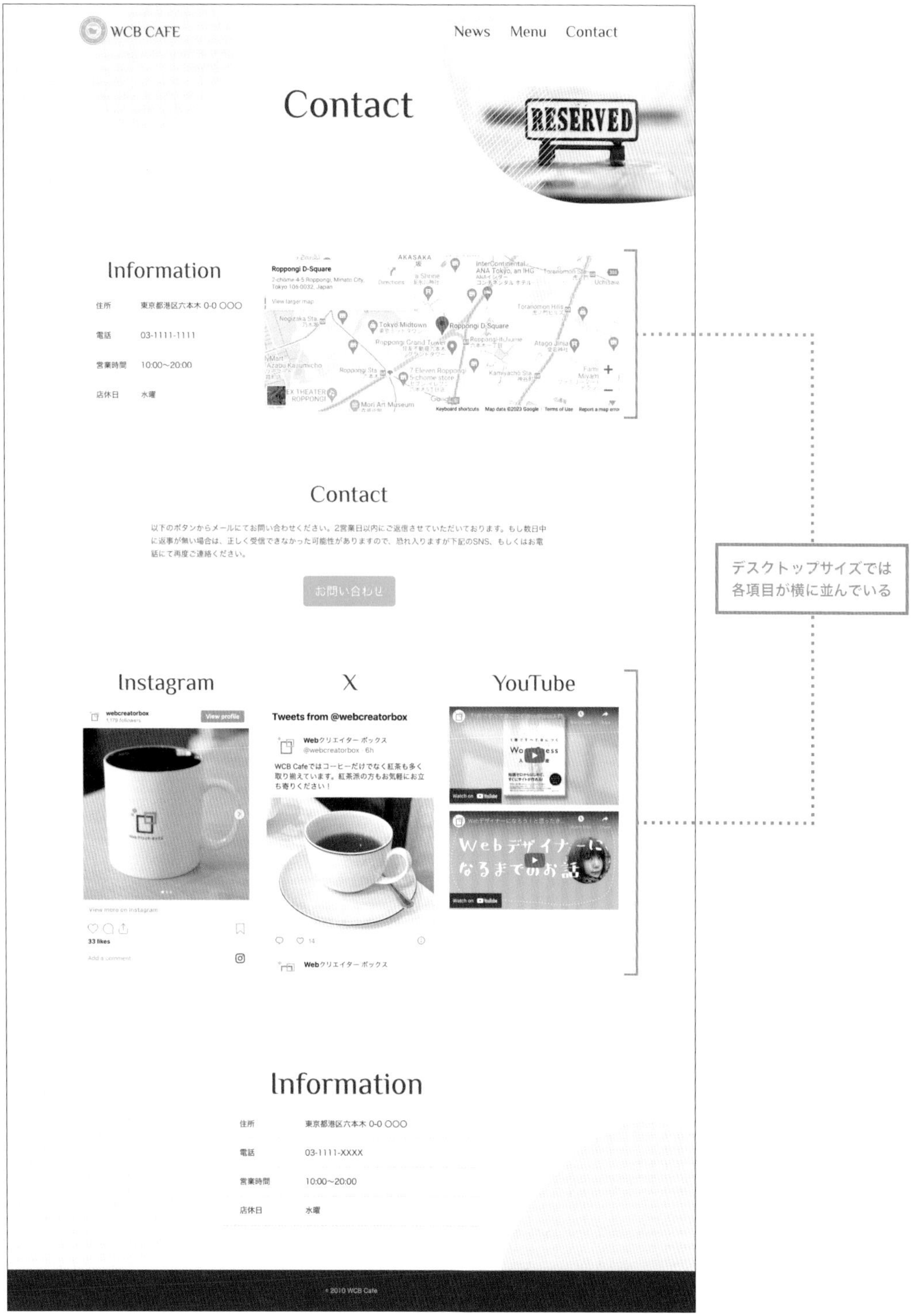
WCB CAFE
News
Menu
Contact
Contact
RESERVED
Information
住所
東京都港区六本木 0-0 ○○○
電話
03-1111-1111
営業時間
10:00〜20:00
店休日
水曜
Contact
以下のボタンからメールにてお問い合わせください。2営業日以内にご返信させていただいております。もし数日中に返事が無い場合は、正しく受信できなかった可能性がありますので、恐れ入りますが下記のSNS、もしくはお電話にて再度ご連絡ください。
お問い合わせ
Instagram
X
YouTube
Tweets from @webcreatorbox
WCB Cafeではコーヒーだけでなく紅茶も多く取り揃えています。紅茶派の方もお気軽にお立ち寄りください！
Information
住所
東京都港区六本木 0-0 ○○○
電話
03-1111-XXXX
営業時間
10:00〜20:00
店休日
水曜
© 2010 WCB Cafe
デスクトップサイズでは
各項目が横に並んでいる

7-2 CHAPTER ページ全体の見出しを作成しよう

「MENU」「NEWS」ページと同じく大きな背景画像とページタイトルを掲載します。

ファイルの準備をしよう

CHAPTER 6の「menu.html」を作成したように今回も複製データを元にHTMLを作成していきます。「menu.html」を複製し、複製したファイルを「contact.html」という名前で保存します。

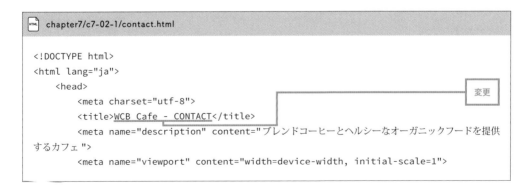

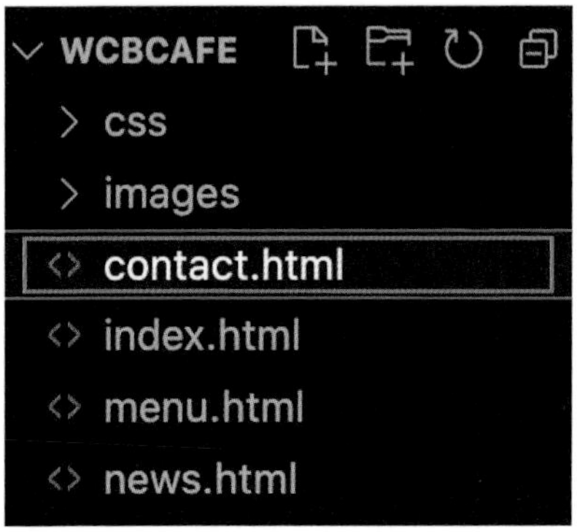

このようなファイル構成になります。

HTMLを編集しよう

共通部分は残し、必要な箇所を編集していきます。

「head」内の「title」を編集する

「CONTACT」ページ用のタイトルに変更します。「WCB Cafe - CONTACT」とします。

chapter7/c7-02-1/contact.html

```
<!DOCTYPE html>
<html lang="ja">
    <head>
        <meta charset="utf-8">
        <title>WCB Cafe - CONTACT</title>
        <meta name="description" content="ブレンドコーヒーとヘルシーなオーガニックフードを提供するカフェ ">
        <meta name="viewport" content="width=device-width, initial-scale=1">
```

変更

不要なコンテンツを削除する

「MENU」ページのコンテンツである <main class="wrapper grid"> の部分はこのページで不要なので削除します。

chapter7/c7-02-2/contact.html

```
(・・・省略・・・)
    <h2 class="page-title font-english">Menu</h2>
</div>

<!-- ↓削除↓ -->
<main class="wrapper grid">
    <div class="item">
        <img src="images/menu1.webp" alt="">
        <p>アボカドトースト</p>
    </div>
    (・・・省略・・・)
</main>
<!-- ↑削除↑ -->

<footer class="page-footer">
(・・・省略・・・)
```

この部分を削除

クラス名を変更する

「cover-menu」をつけていたクラス名を「cover-contact」に変更します。

chapter7/c7-02-3/contact.html

```
<body>
    <div class="sub-cover cover-contact"> <!-- ←クラス名変更 -->
        <header class="page-header wrapper">
            <h1 class="align-center">
                <a href="index.html"><img class="logo" src="images/logo.svg" alt-"WCB
カフェ ホーム"></a>
            </h1>
```

クラス名を変更

ページタイトルを変更する

「header」の下に見出しとして表示する部分を「Contact」に変更します。

chapter7/c7-02-4/contact.html

```
<div class="sub-cover cover-contact">
    <header class="page-header wrapper">
        <h1 class="align-center">
             <a href="index.html"><img class="logo" src="images/logo.svg" alt="WCBカ
フェ ホーム"></a>
        </h1>
        <nav>
            <ul class="main-nav font-english">
                <li><a href="news.html">News</a></li>
                <li><a href="menu.html">Menu</a></li>
                <li><a href="contact.html">Contact</a></li>
            </ul>
        </nav>
    </header>
    <h2 class="page-title font-english">Contact</h2> <!-- ← 見出し変更 -->
</div>
```

変更

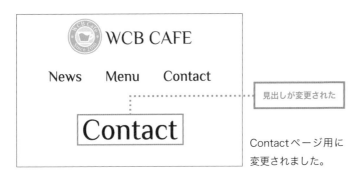

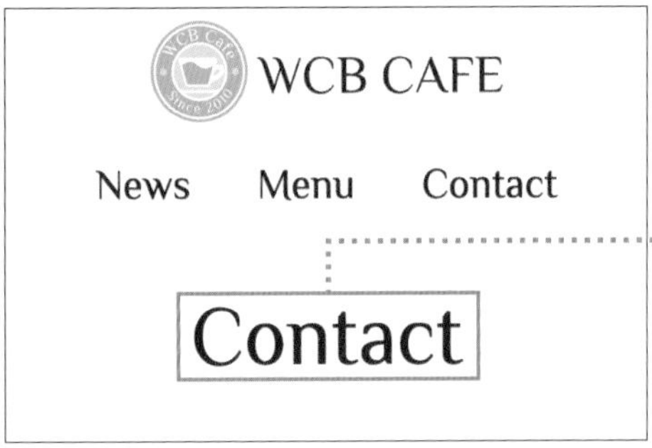

Contactページ用に変更されました。

CSSで装飾しよう

今まで作成してきたCSSのstyle.cssに書き足していきましょう。詳しい場所はサンプルデータを確認するといいでしょう。ページごとに背景画像を変更したいため、「cover-contact」クラスに背景画像を指定します。

chapter7/c7-02-5/css/style.css

```
/* CONTACT
------------------------------ */
.cover-contact {
    background-image: url(../images/cover-contact-s.webp);
}
```

背景画像を指定

背景画像が変わった

ページ上部のコンテンツが完成です。

7-3 CHAPTER 地図を表示しよう

お店の情報と地図を横並びにして表示させましょう。地図はGoogleがインターネット上で提供している地図サービスである「Googleマップ」を埋め込んで使います。

お店の情報を記述しよう

HTMLの<div class="sub-cover cover-contact">の部分と、<footer class="page-footer">の間に、「wrapper」クラスのついた<main>タグを追加します。

その中にお店の情報と地図を囲むための「location」クラスのついた<section>、さらにその中に「location-info」クラスのついた<div>タグを記述し、お店の情報を書きます。

なお、お店の情報はフッター部分に掲載している<table class="info">部分がそのまま使えるのでコピー＆ペーストしてしまいましょう。

地図を表示させるエリアは「location-map」というクラスのついた別の<div>タグ内に書きますが、ひとまず「Google マップ」と仮に書いておきましょう。

chapter7/c7-03-1/contact.html

```
<body>
    <div class="sub-cover cover-contact">
        (・・・省略・・・)
    </div>

    <main class="wrapper">
        <section class="location">
            <div class="location-info">
                <h3 class="heading-medium font-
english">Information</h3>
                <table class="info">
                    <tr>
                        <th>住所</th>
                        <td>東京都港区六本木0-0 ○○○</td>
                    </tr>
                    <tr>
                        <th>電話</th>
                        <td>03-1111-XXXX</td>
                    </tr>
                    <tr>
                        <th>営業時間</th>
                        <td>10:00 ～ 20:00</td>
                    </tr>
                    <tr>
                        <th>店休日</th>
                        <td>水曜</td>
                    </tr>
                </table>
            </div>
            <div class="location-map">
                Googleマップ
            </div>
        </section>
    </main>

    <footer class="page-footer">
        (・・・省略・・・)
    </footer>
</body>
```

追加

お店の情報（フッターからコピー＆ペースト）

仮に記入

お店の情報と地図

お店の情報

お店の情報の表にはすでに
P.201「4-9「footer」部分
を作ろう」で記述したスタ
イルが付与されています。

■ 余白を調整しよう

CSSはすでにある程度スタイルが当てられていますが、余白などの微調整をして全体を整えます。

```css
/* CONTACT
----------------------------- */
.cover-contact {
    background-image: url(../images/
cover-contact-s.webp);
}

/* 店舗情報 */
.location {
    margin-bottom: 3.5rem;
}
.location-info {
    margin-bottom: 2rem;
}
.location-info .info {
    padding: 0;
}
```

chapter7/c7-03-2/css/style.css

追加

Information

住所	東京都港区六本木 0-0 ○○○
電話	03-1111-XXXX
営業時間	10:00〜20:00
店休日	水曜

Googleマップ

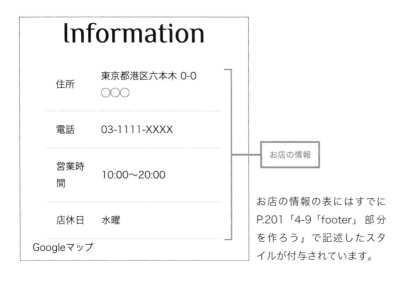

余白が適用され、きれいにお店の情報が表示されました。

Googleマップを表示しよう

地図は**Googleマップ**を使用します。まずはGoogleマップのWebサイト（https://www.google.com/maps/）で表示したい場所の住所を入力します。すると［共有］ボタンが表示されるのでクリックしましょう。続いて表示されるパネルで［地図を埋め込む］をクリックします。

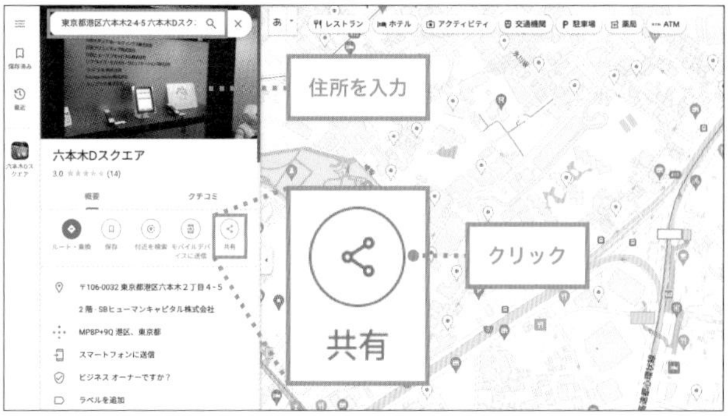

デフォルトでは「中」になっているサイズを「カスタムサイズ」にし、「720 × 320」のサイズに設定しましょう。地図を埋め込むためのコードが表示されるのでコピーし、先程仮に「Googleマップ」と書いておいた部分に貼り付けます。

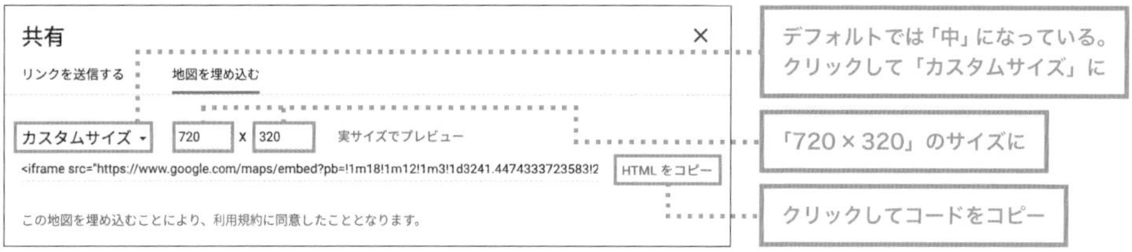

chapter7/c7-03-3/contact.html

```
<main class="wrapper">
    <section class="location">
        <div class="location-info">
                <h3 class="heading-medium font-english">Information</h3>
            <table class="info">
                (・・・省略・・・)
            </table>
        </div>
        <div class="location-map">
                <iframe src="https://www.google.com/maps/embed?pb=!1m18!1m12!1m3!1d3241.4474333723583!2d139.73430457636096!3d35.665983372592227!2m3!1f0!2f0!3f0!3m2!1i1024!2i768!4f13.1!3m3!1m2!1s0x60188b835ec8b0af%3A0x9b0355e3df3a9ebc!2z5YWt5pys5pyoR00CueOCr-0CqOOCog!5e0!3m2!1sja!2s
```

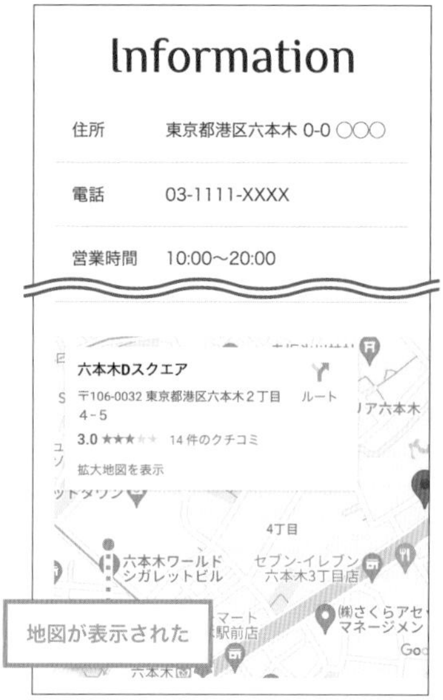

```
jp!4v1692599396785!5m2!1sja!2sjp" width="720"
height="320" style="border:0;" allowfullscreen=""
loading="lazy" referrerpolicy="no-referrer-when-
downgrade"></iframe>
        </div>
    </section>
</main>
```

取得したコードを貼り付け

見栄えを整えよう

このままではGoogleマップを囲っている<iframe>タグが表示エリアからはみ出してお店の情報に重なっているので、幅を「100%」にしてきちんとおさまるようにします。

chapter7/c7-03-4/css/style.css

```
/* ボタン */
.btn {
    display: inline-block;
    font-size: 1.5rem;
    background-color: #0bd;
    color: #fff;
    border-radius: 8px;
    padding: .75rem 1.5rem;
    transition: .5s;
}
.btn:hover {
    background-color: #0090aa;
}

/* iframe */
iframe {
    width: 100%;
}
```

追加

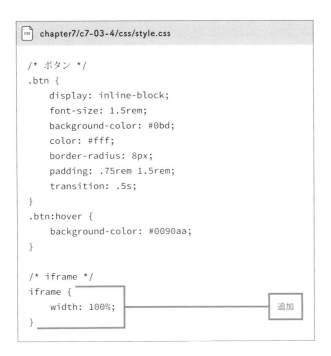

地図が表示領域内におさまった

7-4 CHAPTER メールアドレス宛のリンクを用意しよう

お問い合わせには、フォームを設置していることが多いと思います。ただ、フォームの設置にはプログラミングが必要なので、初心者の方にはハードルが高く感じられるでしょう。そんな時は手軽に導入できるmailtoリンクを使ってみましょう。

お問い合わせ用のメッセージを用意しよう

まずは<section class="location">の下にメッセージエリアとして「email」クラスのついた<section>を用意しましょう。その中に見出しやメッセージ文、ボタンを記述します。

ポイントは「お問い合わせ」のリンク先です。<a>タグの<href>属性に「mailto:メールアドレス」と記述すればOKです。ユーザーがリンクテキストをクリックするとメールアプリが起動し、メールの作成画面が表示されます。なお、半角スペースなどが入るとうまく動作しないので、必ずすべて詰めて記述しましょう。

chapter7/c7-04-1/contact.html

```
<main class="wrapper">
    <section class="location">
        <div class="location-info">
            <h3 class="heading-medium font-english">Information</h3>
            <table class="info">
                (・・・省略・・・)
            </table>
        </div>
        <div class="location-map">
             <iframe src="https://www.google.com/maps/embed?pb=!1m18!1m12!1m3!1d3241.
4474333723583!2d139.73430457636096!3d35.66598337259227!2m3!1f0!2f0!3f0!3m2!1i1024!2
i768!4f13.1!3m3!1m2!1s0x60188b835ec8b0af%3A0x9b0355e3df3a9ebc!2z5YWt5pys5pyoROOCueO
Cr-OCqOOCog!5e0!3m2!1sja!2sjp!4v1692599396785!5m2!1sja!2sjp" width="720" height="320"
style="border:0;" allowfullscreen="" loading="lazy" referrerpolicy="no-referrer-when-
downgrade"></iframe>
        </div>
    </section>

    <section class="email">
        <h3 class="heading-medium font-english">Contact</h3>
        <p>
            以下のボタンからメールにてお問い合わせください。2営業日以内にご返信させていただいております。
            もし数日中に返事が無い場合は、正しく受信できなかった可能性がありますので、
            恐れ入りますが下記のSNS、もしくはお電話にて再度ご連絡ください。
        </p>
```

追加

お問い合わせの説明の文面

```
        <div class="align-center">
            <a class="btn" href="mailto:info@example.com">お問い合わせ</a>
        </div>
    </section>
</main>
```

<a>タグの<href>属性に「mailto:メールアドレス」と記述

見出しやボタンなどはすでにスタイルを記述しているので、文字サイズやフォント、ボタンの装飾などが反映されています。

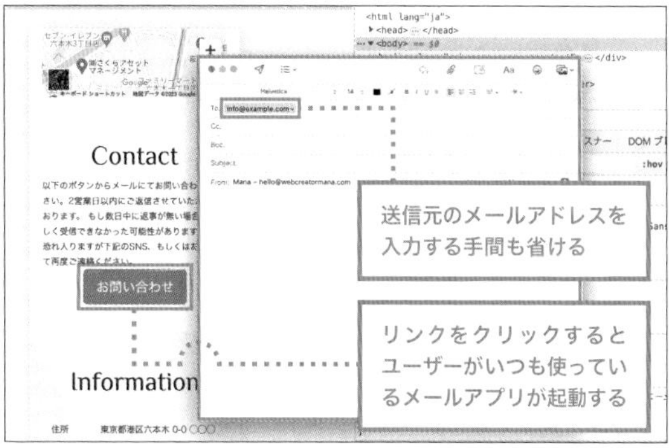

ボタンをクリックすると、ユーザーのデフォルトのメールアプリが開き、すぐにメールで連絡できるようになります。

あとはメッセージ文を囲んでいる枠を装飾しておきましょう。背景色や余白、角丸を指定します。また、P.192「4-7 コンテンツ部分を作ろう」と同様、デスクトップサイズで閲覧しても画面の端までコンテンツが広がらないように、最大幅を指定します。

chapter7/c7-04-2/css/style.css

```
/* CONTACT
------------------------------- */
.cover-contact {
    background-image: url(../images/cover-contact-s.webp);
}

/* 店舗情報 */
.location {
    margin-bottom: 3.5rem;
}
.location-info {
    margin-bottom: 2rem;
}
.location-info .info {
    padding: 0;
}

/* お問い合わせ */
```

```
.email {
    max-width: 916px;
    background-color: #faf7f0;
    border-radius: 48px;
    padding: 1.5rem 2.5rem 2.5rem;
    margin: 0 auto 2rem;
}
.email p {
    margin: 1rem 0 2rem;
}
```

画面の最大値を指定

背景や余白角丸の指定

追加

Webサイトのメッセージ部分が完成です。

COLUMN | mailtoリンクのオプション設定

細かい設定をしたい場合は必要項目を「mailto:メールアドレス?項目」という形式で「?」を使って続けて記述していきます。また、複数の項目を指定する場合は「&」を使ってつなげましょう。

- **件名**：「subject」でメールの件名を指定できます。

```html
<a href="mailto:hello@example.com?subject=件名">お問い合わせ</a>
```

「?」を使って記述

subject

- **本文**：「body」でメール本文を指定できます。

```html
<a href="mailto:hello@example.com?body=本文のテキスト">お問い合わせ</a>
```

- **CC**：「cc」で「mailto」で書いたメールアドレス以外のメールアドレスを送信先として指定できます。複数のメールアドレスを指定する時は「,(カンマ)」でつなぎます。

```html
<a href="mailto:hello@example.com?cc=info@example.com">お問い合わせ</a>
```

CCにこのメールアドレスが入る

- **BCC**：「bcc」で「mailto」で書いたメールアドレス以外のメールアドレスを宛先を伏せて指定できます。複数のメールアドレスを指定する時は「,(カンマ)」でつなぎます。

```html
<a href="mailto:hello@example.com?bcc=info@example.com">お問い合わせ</a>
```

BCCにこのメールアドレスが入る

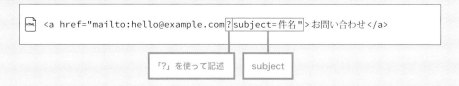

7-5 CHAPTER Instagramの投稿を挿入しよう

Webサイトのページ下部には Instagram、X、YouTube動画を表示させます。まずはInstagramの投稿から挿入しましょう。

SNS部分のレイアウトを組もう

HTMLで最初にそれぞれの埋め込みコードが入るボックスを作っておきます。

お問い合わせメッセージを表示する<section class="email">の下に「sns」というクラスのついた<section>タグを用意します。その中にそれぞれのSNS用に「sns-item」というクラスのついた<div>タグを書きましょう。さらに、プラグインが入る箇所は仮に「Instagramの投稿」「Xの投稿」「YouTube動画」と入れておきます。

chapter7/c7-05-1/contact.html

```
<main class="wrapper">
    <section class="location">
        <div class="location-info">
            <h3 class="heading-medium font-english">Information</h3>
            (・・・省略・・・)
        </div>
        <div class="location-map">
            (・・・省略・・・)
        </div>
    </section>

    <section class="email">
        <h3 class="heading-medium font-english">Contact</h3>
        (・・・省略・・・)
    </section>

    <section class="sns">
        <div class="sns-item">
            <h3 class="heading-medium font-english">Instagram</h3>
            Instagramの投稿
        </div>
        <div class="sns-item">
            <h3 class="heading-medium font-english">X</h3>
            Xの投稿
        </div>
        <div class="sns-item sns-youtube">
            <h3 class="heading-medium font-english">YouTube</h3>
            YouTube動画
        </div>
    </section>
</main>
```

（注記：<section class="sns">〜</section>：追加／「Instagramの投稿」「Xの投稿」「YouTube動画」：仮）

CSSで余白を微調整しておきます。

chapter7/c7-05-2/css/style.css

```css
/* CONTACT
------------------------------ */
(・・・省略・・・)

/* お問い合わせ */
.email {
    max-width: 916px;
    background-color: #faf7f0;
    border-radius: 48px;
    padding: 1.5rem 2.5rem 2.5rem;
    margin: 0 auto 2rem;
}
.email p {
    margin: 1rem 0 2rem;
}

/* SNS */
.sns-item {
    margin-bottom: 2rem;
}
.sns-item .heading-medium {
    margin-bottom: .5rem;
}
```

追加

SNSのコンテンツを挿入する用意ができました。

Instagramのコードを取得

続いてInstagramの投稿をWebページ上に表示させましょう。まずは表示したいInstagramの投稿ページを開きます。右上の［…］をクリックし、表示されたダイアログの［埋め込み］をクリックします。

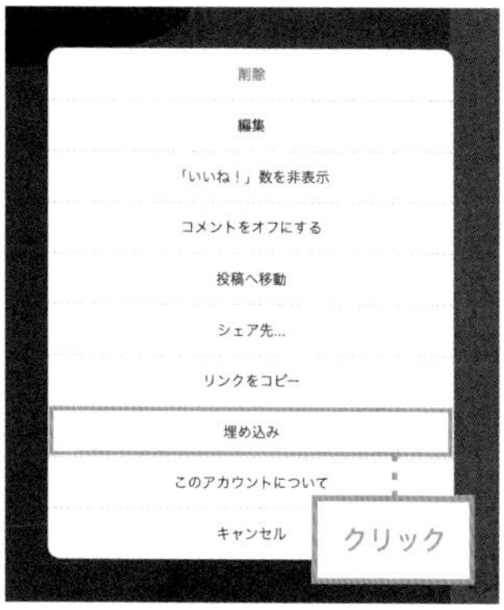

今回は「キャプションを追加」のチェックを外し、画像のみの表示とします。[埋め込みコードをコピー] ボタンをクリックし、P.286で仮に「Instagramの投稿」と書いておいた箇所に貼り付けます。

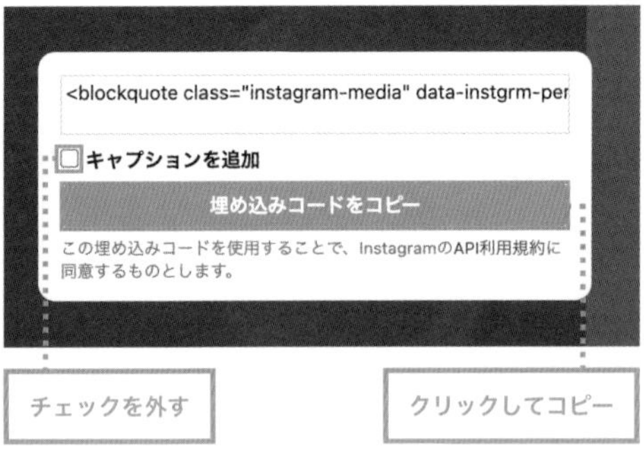

chapter7/c7-05-3/contact.html

```
<section class="sns">
    <div class="sns-item">
            <h3 class="heading-medium
font-english">Instagram</h3>
        <blockquote class="instagram-
media" data-instgrm-permalink="https://
www.instagram.com/p/CLTkDMlhnne/?utm_
source=ig_embed&amp;utm_
campaign=loading" ・・・省略・・・>Webク
リエイターボックス(@webcreatorbox)がシェ
アした投稿</a></p></div></blockquote>
<script async src="//www.instagram.
com/embed.js"></script>
    </div>
    <div class="sns-item">   1
        <h3 class="heading-medium
font-english">X</h3>
        Xの投稿
    </div>
    <div class="sns-item sns-youtube">
        <h3 class="heading-medium
font-english">YouTube</h3>
        YouTube動画
    </div>
</section>
```

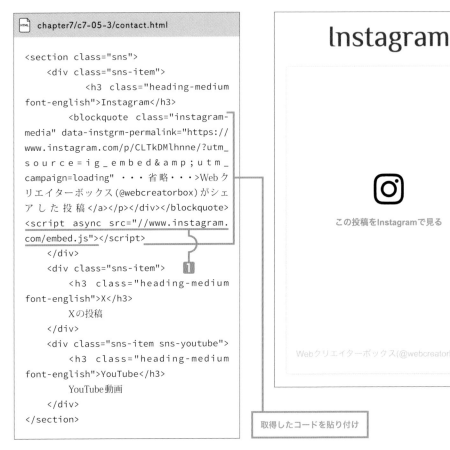

取得したコードを貼り付け

しかし、プレビューを見てみると、右上の画像のようにInstagramの枠は表示されましたが、肝心の写真が見えません。貼り付けた埋め込みコードを一部修正しましょう。

貼り付けた長いコードの中の、最後に記述されている<script async src="//www.instagram.com/embed.js">（1の部分）に「https:」を追加して<script async src="https://www.instagram.com/embed.js">に修正します。

chapter7/c7-05-4/contact.html

```
<section class="sns">
    <div class="sns-item">
        <h3 class="heading-medium
font-english">Instagram</h3>
        <blockquote class="instagram-
media" data-instgrm-permalink="https://
www.instagram.com/p/CLTkDMlhnne/?utm_
source=ig_embed&amp;utm_
campaign=loading" ・・・省略・・・>Webク
リエイターボックス(@webcreatorbox)がシェ
アした投稿</a></p></div></blockquote>
<script async src="https://www.
instagram.com/embed.js"></script>
    </div>
    <div class="sns-item">
        <h3 class="heading-medium
font-english">X</h3>
        Xの投稿
    </div>
    <div class="sns-item sns-youtube">
        <h3 class="heading-medium
font-english">YouTube</h3>
        YouTube動画
    </div>
</section>
```

ここに「https:」を追加

Instagramの投稿が表示された

元のコードはWebサーバーにアップロードした後では問題なく表示されます。ただ本書の学習のようにご自身のパソコン上で操作してプレビューしている現段階では、このようにうまく表示されない場合があります。

7-6 CHAPTER Xプラグインを挿入しよう

続いてX（旧Twitter）の投稿を表示するプラグインを挿入します。コードを取得するページは英語のみですが、簡単な設定なので本書を参考に挑戦してみましょう。

Xプラグインのコードを取得する

Xプラグインの生成ページ（https://publish.twitter.com/）を開くと「Enter a Twitter URL」と書かれた入力欄が表示されます。そこにXのURL（twitter.com/アカウント名）を入力、enterキーを押します。

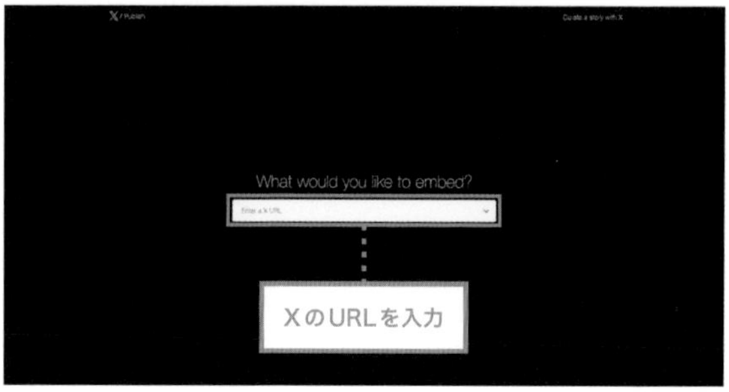

Here are your display optionsの画面になり、何を表示させたいかを選べます。「Embedded Timeline」をクリックしましょう。

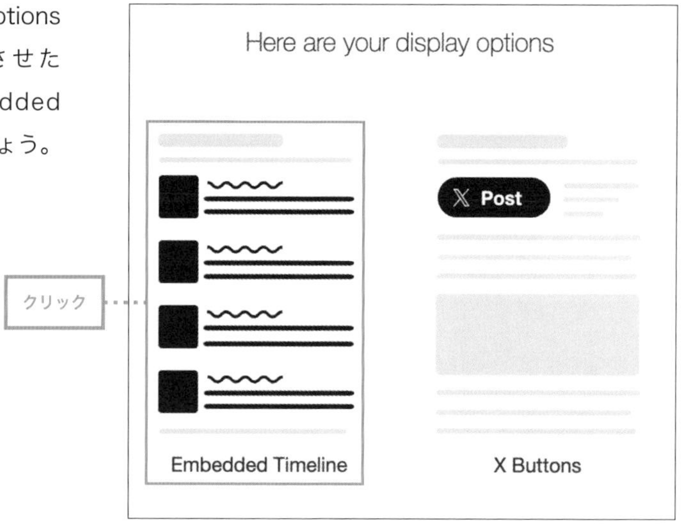

下にコードが表示されていますが、サイズをカスタマイズしたいので［set customization options］リンクをクリックします。

「Height(px)」の欄に「520」と書き、高さを設定します。その他の欄は必要であれば変更してください。

［Update］ボタンをクリックするとコードが表示されるので、さらに表示された［Copy Code］をクリックしコードをコピーしてP.286で仮に「Xの投稿」と書いておいた場所に貼り付けます。

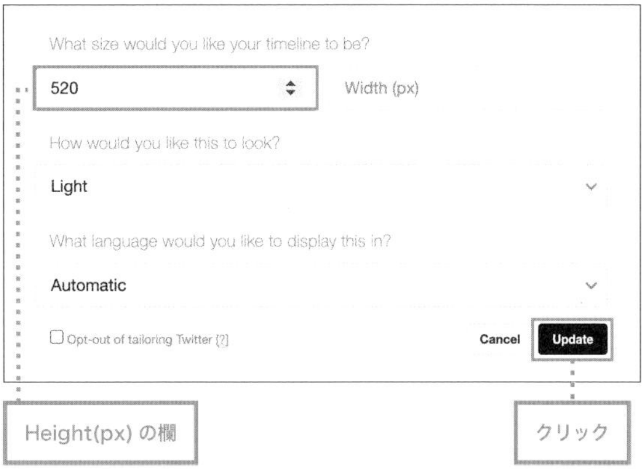

chapter7/c7-06-1/contact.html

```
<section class="sns">
    <div class="sns-item">
        <h3 class="heading-medium font-english">Instagram</h3>
        <blockquote class="instagram-media" data-instgrm-permalink="https://www.instagram.com/p/CLTkDMlhnne/?utm_source=ig_embed&amp;utm_campaign=loading" data-instgrm-version="14" style="
〜〜〜
decoration:none;" target="_blank">Web クリエイターボックス(@webcreatorbox)がシェアした投稿 </a></p></div></blockquote> <script async src="https://www.instagram.com/embed.js"></script>
    </div>
    <div class="sns-item">
        <h3 class="heading-medium font-english">X</h3>
        <a class="twitter-timeline" data-height="520" href="https://twitter.com/webcreatorbox?ref_src=twsrc%5Etfw">Tweets by webcreatorbox</a> <script async src="https://platform.twitter.com/widgets.js" charset="utf-8"></script>
    </div>
    <div class="sns-item sns-youtube">
        <h3 class="heading-medium font-english">YouTube</h3>
        YouTube動画
    </div>
</section>
```

取得したコードを貼り付け

Xのプラグインが表示されました。この設定だけでレスポンシブにも対応しています。

7-7 CHAPTER YouTube動画を挿入しよう

世界最大の動画共有サービスであるYouTubeの動画を表示させましょう。他のプラグインと比べて設定も必要ないので、とても簡単に挿入できます。

YouTube動画のコードを取得する

YouTube動画は簡単に埋め込み用のコードを取得できます。まずはYouTubeのWebサイト（https://www.youtube.com/）から掲載したい動画を表示させます。動画の下にある「共有」ボタンをクリックしましょう。

表示されたパネルで［埋め込む］をクリックします。

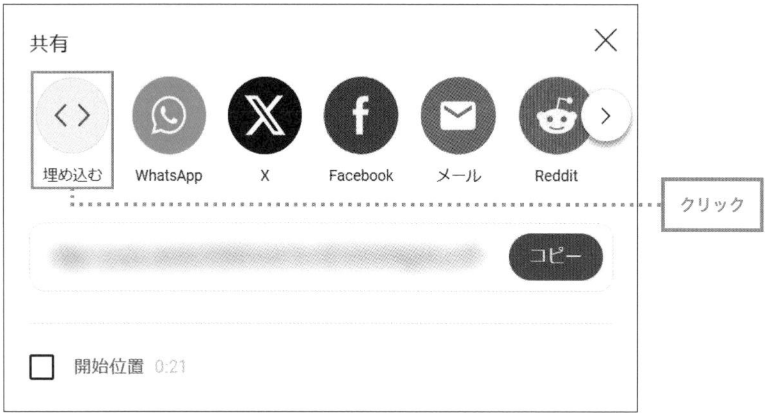

「動画の埋め込み」として出てきたコードをコピーし、P.286で仮に「YouTube動画」と書いておいた場所に貼り付けます。

POINT

もし動画の再生を開始する位置を変更したい場合には右ページ上の画像の［開始位置］にチェックを入れ、何分何秒から開始したいかを入力しよう。

このコードをコピーしてHTMLに張り付け

開始位置（見えない時は下へスクロールすると出てくる）

chapter7/c7-07-1/contact.html

```
<section class="sns">
    <div class="sns-item">
        <h3 class="heading-medium font-english">Instagram</h3>
        <blockquote class="instagram-media" (・・・省略・・・) >
    </div>
    <div class="sns-item">
        <h3 class="heading-medium font-english">X</h3>
        <a class="twitter-timeline" (・・・省略・・・) >
    </div>
    <div class="sns-item sns-youtube">
        <h3 class="heading-medium font-english">YouTube</h3>
        <iframe width="560" height="315" src="https://www.youtube.com/embed/Lbgz0GrOemw" (・・・省略・・・) ></iframe>
        <iframe width="560" height="315" src="https://www.youtube.com/embed/a9DF1TwAeH0" (・・・省略・・・) ></iframe>
    </div>
</section>
```

取得したコードを貼り付け

YouTube動画が表示されます。今回は2つの動画を埋め込みました。

YouTube動画の表示比率を調整する

表示されたYouTube動画は左右が若干見切れていて、本来の比率が保たれていません。そこでCSSで「aspect-ratio: 16/9」を追加してYouTube動画が推奨している比率である16：9で表示させましょう。iframeタグの高さを100%に指定することで縦横比がうまく反映されます。

chapter7/c7-07-2/css/style.css

```
/* SNS */
.sns-item {
    margin-bottom: 2rem;
}
.sns-item .heading-medium {
    margin-bottom: .5rem;
}
.sns-youtube {
    aspect-ratio: 16/9;
}
.sns-youtube iframe {
    height: 100%;
}
```

追加

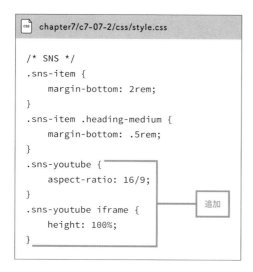

想定通りの横長サイズで表示されました。

7-8 CHAPTER レスポンシブに対応させよう

最後にレスポンシブに対応させます。地図とSNSの部分をデスクトップサイズでも見やすいようにメディアクエリーを使って調整しましょう。

背景画像を変更しよう

ページ上部の背景画像は「Menu」ページと同様、デスクトップサイズ用に横長のものを設定しましょう。デスクトップ用の指定なので、「@media (min-width: 800px) {」と「}」の間に記述します。

chapter7/c7-08-1/css/style.css

```
/* デスクトップ版
------------------------------ */
@media (min-width: 800px) {
    (・・・省略・・・)

    .item img {
        margin-bottom: .5rem;
    }
    .item p {
        font-size: 1rem;
    }

    /* CONTACT */
    .cover-contact {
        background-image: url(../images/cover-
contact-l.webp);
    }

    /* フッター */
    .page-footer {
        background-image: url(../images/footer-l.webp);
        padding-top: 12rem;
    }
    (・・・省略・・・)
}
```

追加

デスクトップサイズで見た画面

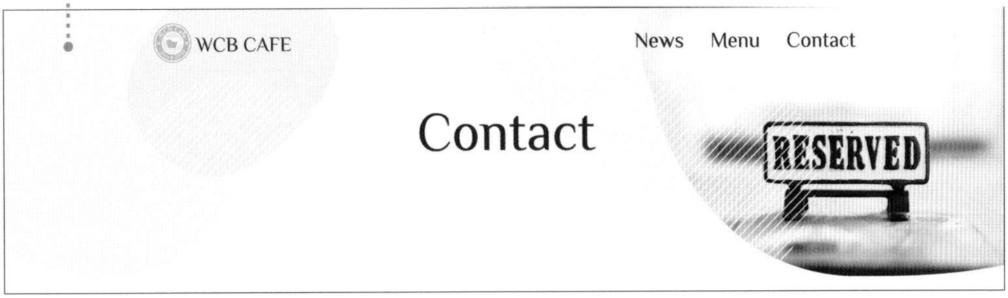

Contactページ用の横長画像が表示されました。

お店の情報と地図を横並びにする

お店の情報と地図は、デスクトップサイズでは要素を横並びにしましょう。本書ではFlexboxを使って横並びにしています。

全体を囲んでいる「location」クラスに「display:flex;」を指定します。お店の情報には幅を32%、地図には64%と指定して、横長の地図を表示させます。あとは余白を調整してバランスを整えます。

chapter7/c7-08-2/css/style.css

```
/* デスクトップ版
------------------------------- */
@media (min-width: 800px) {
    (・・・省略・・・)

    /* CONTACT */
    .cover-contact {
        background-image: url(../
images/cover-contact-l.webp);
    }
    .location {
        display: flex;
        gap: 2rem;
    }
    .location-info {
        width: 32%;
    }
    .location-info .info th {
        padding-left: 2rem;
    }
    .location-map {
        width: 64%;
    }
    (・・・省略・・・)
}
```

追加（.location 〜 .location-map）

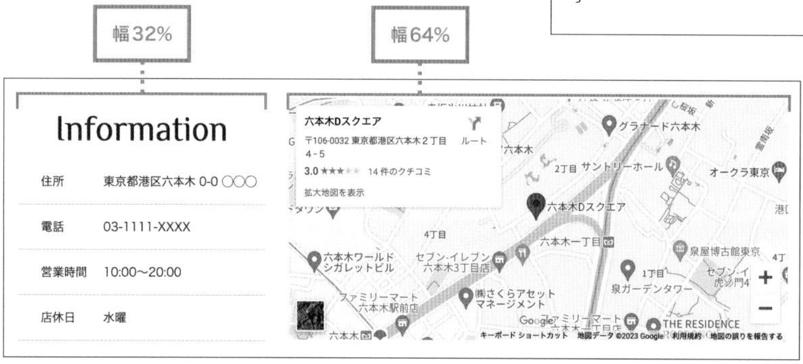

スペースをうまく利用し、バランスよく配置されました。

各SNSを横並びにする

Instagram、X、YouTube動画の３つを横に並べます。こちらも同様に、全体を囲んでいる「sns」クラスに「display:flex;」を加えて横に並べましょう。

Flexboxはデフォルトでは横に並んだ要素の高さを揃えようと、中身を引き伸ばす性質があります。これだとYouTube動画が縦長に伸びで不格好なので、「align-items: flex-start;」を加えて上揃えに設定します。

あとは余白を調整して完成です！

chapter7/c7-08-3/css/style.css

```css
/* デスクトップ版
-------------------------------- */
@media (min-width: 800px) {
    (・・・省略・・・)

    /* CONTACT */
    .cover-contact {
        background-image: url(../images/cover-contact-l.webp);
    }
    .location {
        display: flex;
        gap: 2rem;
    }
    .location-info {
        width: 32%;
    }
    .location-info .info th {
        padding-left: 2rem;
    }
    .location-map {
        width: 64%;
    }
    .email {
        margin-bottom: 4rem;
    }
    .sns {
        display: flex;
        align-items: flex-start;
        gap: 2rem;
        margin-bottom: 0;
    }
    .sns-item {
        flex: 1;
    }
    (・・・省略・・・)
}
```

上揃えにする指定

追加

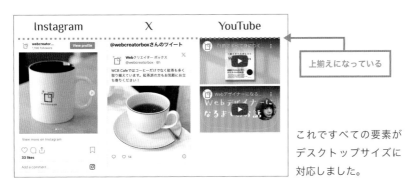

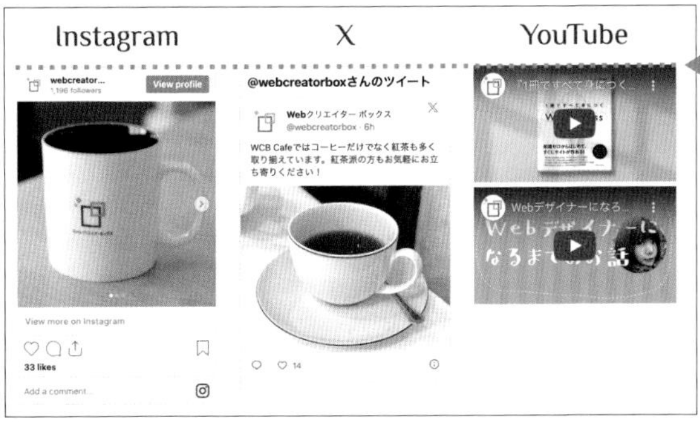

上揃えになっている

これですべての要素が
デスクトップサイズに
対応しました。

7-9 CHAPTER OGPの設定をしよう

SNSで多くの人にWebサイトを見てもらうためにはコツもあります。シェアされた時に大きく見た目が変わるOGPの設定をしましょう。

OGPとは

OGPは「Open Graph Protocol」の略で、SNSでWebサイトがシェアされた時にWebページのタイトルや説明文、画像などの情報を正しく伝えるための仕組みです。

例えばFacebookやXでシェアされた時は、タイムライン上で下の２点のように表示されます。OGPの設定がない（上画像）と、ある（下画像）のでは、見え方が大きく変わります。適切に設定することで、より多くのユーザーにWebサイトを見てもらいやすくなります。

▼OGPの設定がない

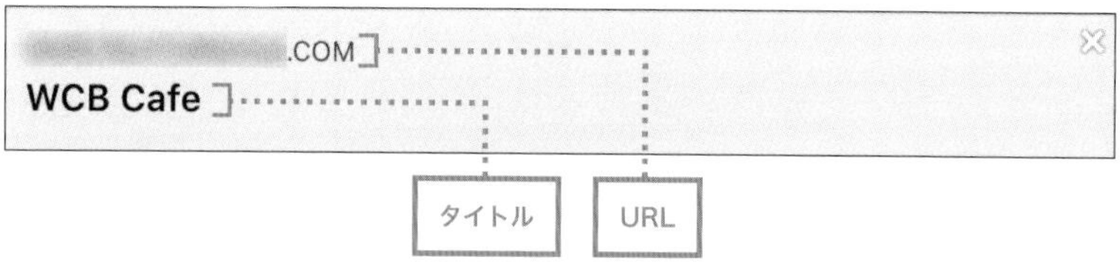

OGP設定をしていない状態。URLとタイトルが表示されます。

▼OGPの設定がある

OGP設定をしている状態。画像やページタイトル、説明文が表示されます。

OGPの設定をしよう

OGPはHTMLファイルの「head」内に指定の<meta>タグを記述することで設定することができます。なお、この例では「http://example.com」という架空のドメインにアップロードしている書き方の例です。

chapter7/c7-09-1/contact.html

```
<meta property="og:url" content="http://example.com/index.html">
<meta property="og:type" content="website">
<meta property="og:title" content="WCB Cafe Home">
<meta property="og:description" content="おしゃれなカフェで癒やされてみませんか？無添加の食材で体の中からリフレッシュ。">
<meta property="og:image" content="http://example.com/images/ogp.jpg">
```

<meta>タグで各項目の設定を入れている

主な設定項目

種類	説明
og:url	WebページのURL
og:type	ページの種類。website（Webサイト）またはarticle（記事）を指定
og:title	Webページのタイトル
og:description	Webページの説明文
og:image	シェアされた時に表示させたい画像のファイルパス

Facebookは画像サイズを**横1200px、縦630px**を推奨しています。事前にSNS上で表示したい画像を用意しておきましょう。

OGPには他にも多くのオプション設定があります。必要であれば公式ドキュメントページ（https://developers.facebook.com/docs/sharing/webmasters/）を見ながらカスタマイズしましょう。

POINT

OGPはサーバーにアップロードした後に機能します。自分のPC上で作成している段階では表示されません。

Meta(Facebook)の確認ツールで確認しよう

きちんと設定できているかは実際にSNSに投稿してみるとわかりますが、何度も投稿するのは気が引けます。そんな時は公式の確認ツールを使いましょう。Webページの URLを入力し、「デバッグ」ボタンをクリックすると設定されている項目が表示されます。エラーがある場合はその箇所を指摘してくれます。

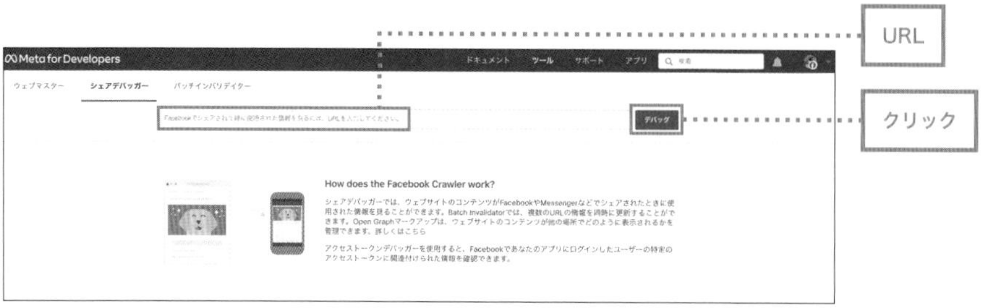

シェアデバッガー - Meta for Developers … https://developers.facebook.com/tools/debug/?locale=ja_JP

最初にチェックする時は「新しい情報を取得」ボタンをクリックしましょう。

Xで確認しよう

Xでも同様に公式の確認ツールが用意されています。Webページの URLを入力し、「Preview card」ボタンをクリックします。

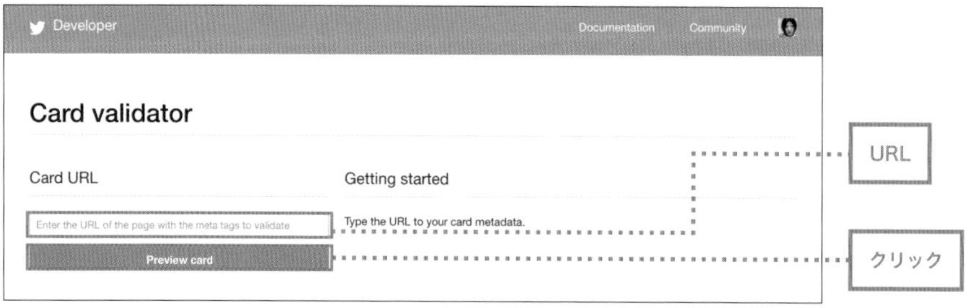

Card Validator | Twitter Developers … https://cards-dev.twitter.com/validator

Xでのオプション設定

X用にもオプション設定が用意されています。画像の表示方法のカスタマイズや、Xユーザー名の記載が可能です。必要であれば公式ドキュメントページ（https://developer.twitter.com/en/docs/tweets/optimize-with-cards/guides/getting-started.html）を参考に設定してみてください。

7-10 CHAPTER 外部メディアのカスタマイズ例

外部メディアでは決められたデザインがそのまま反映されます。カスタマイズ性は低いですが、できる範囲で自分好みのデザインに変更することもできます。細部までデザインを作り込む参考にしてみましょう。

Googleマップをカスタマイズしよう

デモファイル：chapter7/c7-10-1/Demo-map

Googleマップは比較的カスタマイズしやすい外部メディアです。コードを触る必要もないので、クリックしながら手軽に始められます。

完成図。地図のスタイルやアイコンを変更しましょう。

Googleマイマップの作成

まずはGoogleマイマップのページ（https://www.google.com/maps/d/）にアクセスします。Googleのアカウントにログインしていなければログインし、[新しい地図を作成] ボタンをクリックしてスタートします。

デフォルトでは「無題の地図」と書かれているので、そこをクリックして、地図タイトルや説明文を書きましょう。[保存] をクリックします。

ブラウザーの左上に表示されます。

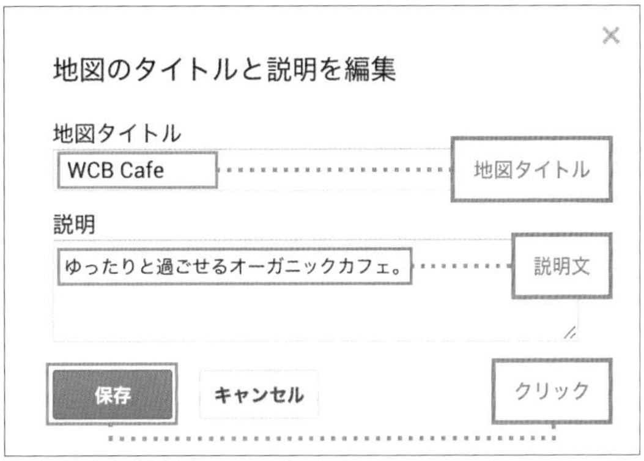

お店の名前や紹介文を書きます。

続いて地図に表示させたい住所を入力し、検索します。その場所にマークがつきました。マークから出ているふき出しの［地図に追加］をクリックすると場所が確定されます。

この地図に追加をすることで、カスタマイズできるようになります。

アイコンを変更しよう

［スタイル］アイコンをクリックしましょう。ここからアイコンの色や種類が選択できます。

［スタイル］をクリックするとカラーパレットや人気のアイコンが表示されます。

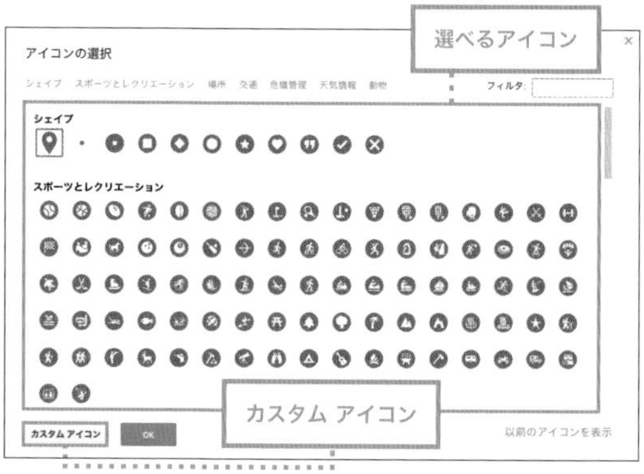

スタイル内の［他のアイコン］ボタンをクリックすると、さらに多くのアイコンから選べるようになります。

アイコンを好みの画像に変更することもできます。「他のアイコン」内の左下にある［カスタム アイコン］ボタンをクリックして表示させたい画像をアップロードしましょう。枠内に画像を直接ドラッグしてアップロードできます。

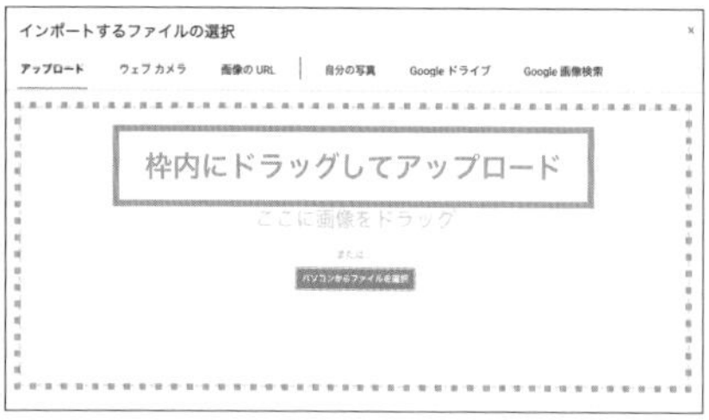

アップロードしたら「OK」を押して確定しましょう。

アップロードした画像に変更されました。

地図のスタイルを変更しよう

地図全体の色を変更しましょう。マイマップの「基本地図」と書かれたところの下向き矢印 ▾ をクリックします。「地図」「航空写真」「地形」「行政区域（薄色）」「モノクロ都市」「シンプルな地図」「大陸（薄色）」「大陸（濃色）」「水域白表示」の9つのスタイルから選択できます。

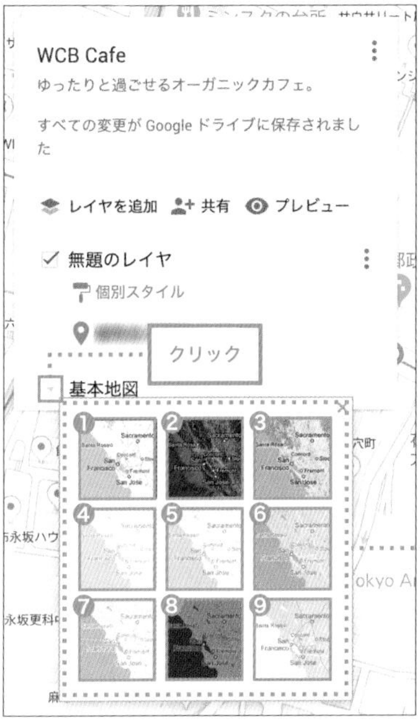

❶ 地図　❷ 航空写真　❸ 地形
❹ 行政区域（薄色）　❺ モノクロ都市　❻ シンプルな地図
❼ 大陸（薄色）　❽ 大陸（濃色）　❾ 水域白表示

見やすいものを選びましょう。

「シンプルな地図」を選びました。

地図を表示させよう

デフォルトでは作成した地図が非公開設定になっています。誰でも閲覧できるよう公開範囲を変更しましょう。

マイマップの中段あたりにある［共有］をクリックし、「地図の共有」を開きます。［このリンクを知っている人なら誰でも表示できる］と［インターネットで検索しているユーザーにこの地図を公開する］をオンにし、［閉じる］ボタンをクリックします。

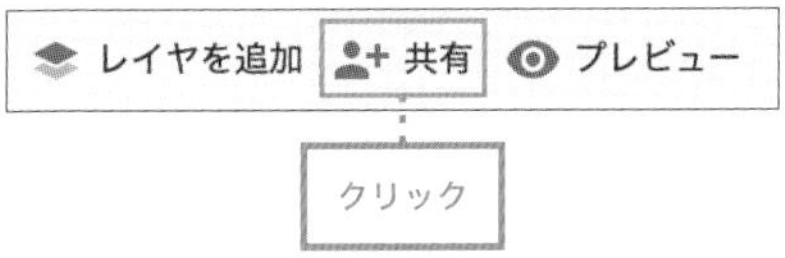

［共有］をクリックします。

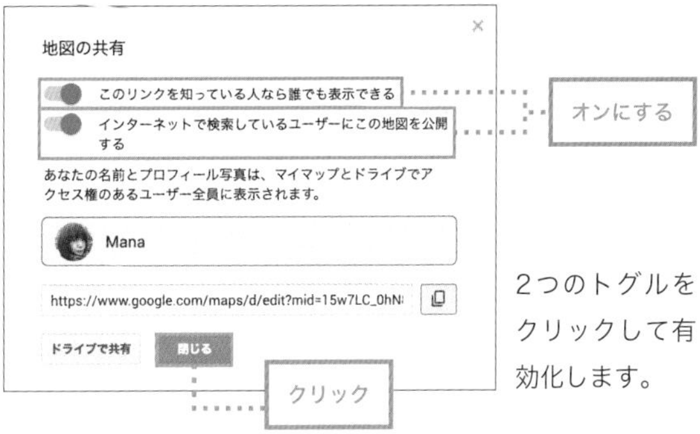

2つのトグルをクリックして有効化します。

続いてHTMLに書き込むためのコードを取得します。マイマップのタイトルの右側にある3つの点をクリックし、[自分のサイトに埋め込む] をクリックすると埋め込みコードが表示されます。なお、この際、「ヘッダーにはオーナーのプロフィール写真と名前を含めてください（プロフィール写真は、ドライブで常に全画面表示モードで表示されます）」はクリックして無効化しておくといいでしょう。

これをHTMLファイルの表示させたい箇所に貼り付ければ完成です。

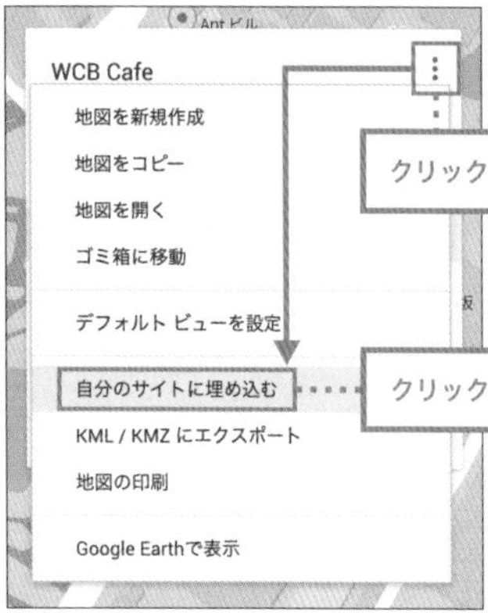

[自分のサイトに埋め込む] をクリックします。

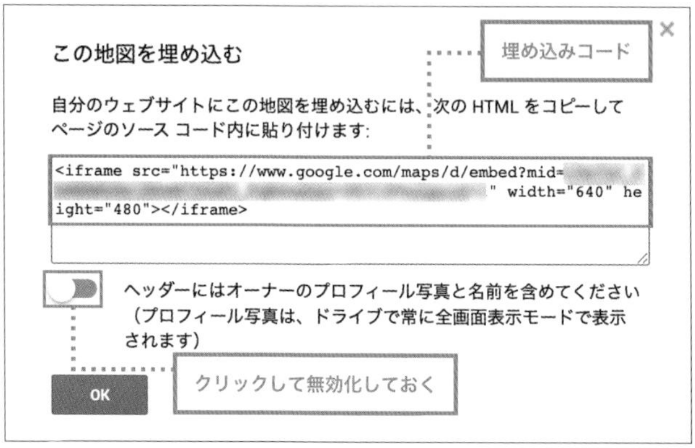

表示されたコードをコピーして利用します。

chapter7/c7-10-1/contact.html

```
<section class="location">
    <div class="location-info">
        <h3 class="heading-medium font-english">Information</h3>
        <table class="info">
            (・・・省略・・・)
        </table>
    </div>
    <div class="location-map">
        <iframe src="https://www.google.com/maps/d/embed?mid=15w7LC_0hN8BHD6b1XEsNC5S
aE5_FqN4&ehbc=2E312F&noprof=1" width="720" height="320"></iframe>
    </div>
</section>
```

取得したコードを貼り付け

埋め込みコード内の幅（width）と高さ（height）は表示したいサイズに合わせて修正しましょう。

CHAPTER

8

うまくいかない時の解決方法

独学で一番困るのは、直面した問題を自分一人で解決できないこと、解決に時間がかかってしまうことです。そういった困難な戦いを少しでも楽にできるよう、本章ではよくある問題の解決方法を紹介します。また、HTMLタグとCSSプロパティの一覧もまとめているので困った時に参照してください。

WEBSITE | DESIGN | HTML | CSS | SINGLE | MEDIA | TROUBLESHOOTING

HTML & CSS & WEB DESIGN
INTRODUCTORY COURSE

8-1 CHAPTER チェックリスト一覧

Webサイトの制作中に、なぜかうまく表示されないことはよくあります。最初のうちは簡単なミスを見落としがちです。このチェックリストでは筆者がWebサイト制作を教えている生徒から実際によく質問される項目をまとめています。

□ 記述したコードが反映されない

- □ ファイルは保存されていますか？
- □ 作業中のファイルとプレビューしているファイルは同じものですか？

□ よくわからないけど表示が変になっている

- □ 正しいタグや属性の記述になっていますか？
- □ リファレンスサイトを確認しましょう：
  HTML 要素リファレンス | MDN https://developer.mozilla.org/ja/docs/Web/HTML/Element
- □ 開始タグと閉じタグの数は一致していますか？
- □ 閉じタグは正しい場所に記述されていますか？
- □ HTMLの文法エラーがないかチェックしましょう（P.057参照）。

□ CSSが適用されない

リストを確認し、何がうまくいかない原因なのか、1つひとつ解決していきましょう！

- □ HTMLでCSSファイルを読み込む指定はしていますか？
- □ CSSファイルへのファイルパスは合っていますか？

□ 特定の箇所のCSSが適用されない

- □ HTMLで指定したクラス名やタグ名と、CSSのセレクター名は一致していますか？
- □ クラス名やタグ名、セレクター名にスペルミスはありませんか？
- □ 値の後に「;（セミコロン）」は記述していますか？
- □ 正しいプロパティ、値の記述になっていますか？
  リファレンスサイトも確認しましょう：
  CSS リファレンス | MDN https://developer.mozilla.org/ja/docs/Web/CSS/Reference

□ 画像が表示されない

- □ 画像のファイルパスは合っていますか？
- □ 指定している画像の拡張子は合っていますか？
- □ 画像は正常に保存されていますか？　＊画像ファイル自体が破損している可能性もあります。

□ プレビューで見ると謎の余白がある

- □ デベロッパーツールで余白がある部分を検証しましょう。「margin」や「padding」など、余白の指定が適用されていませんか？
- □ HTMLファイルに全角スペースが混ざっていませんか？　＊テキストエディターの画面で ⌘ + F（Windowsなら Ctrl + F）キーで文字検索ができます。ここに全角スペースを入力すると発見できます。

8-2 CHAPTER エラーメッセージを読み解く

Webサイトが意図した表示ではない時は、エラーをチェックできるツールも利用しましょう。ここではよくあるエラーメッセージの意味と、解決方法を紹介します。

HTML

HTMLの文法は右の「Nu Html Checker」のサイトで確認できます。テキストエリアにHTMLコードをすべてコピー＆ペーストし、「Check」ボタンをクリックします。赤い「Error」がついた場所は修正する必要があります。

なお、エラーメッセージに書かれている内容はそっけなく、最初のうちはわかりづらく感じるかもしれません。以下に代表的なエラーとその解決方法を記載しておきます。

https://validator.w3.org/nu/#textarea

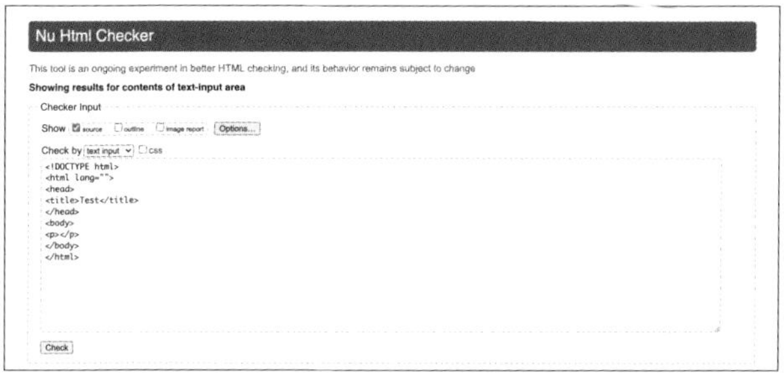

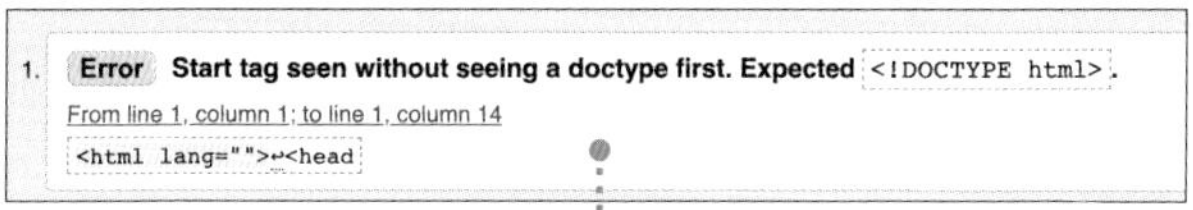

エラーが出た様子

Start tag seen without seeing a doctype first. Expected <!DOCTYPE html>

原因 Doctype宣言がない。

解決方法 HTMLファイルの1行目に<!doctype html>を記述する。

An img element must have an alt attribute, except under certain conditions.

原因 <img>タグにalt属性の記述がない。

解決方法 <img>タグに「alt=""」を追加する。

Duplicate ID ○○

原因 id名が重複している。

解決方法
- それぞれ異なるid名にする。
- id名ではなくクラス名で指定する。

Unclosed element ○○

原 因 閉じタグの必要なタグに閉じタグがない。

解決方法 指摘されている箇所に閉じタグを追加する。

○○ is obsolete. Use CSS instead.

原 因 属性に「border」や「align」など、現在のHTMLの規格では非推奨とされているスタイルに関する記述がある。

解決方法 CSSファイルに必要なスタイルを記述する。

No space between attributes.

原 因 属性の間にスペースがない（例：<img src="cat.jpg"alt="猫">)。

解決方法 属性と属性の間に半角スペースを入れる（例：<img src="cat.jpg" alt="猫">)。

Duplicate attribute ○○

原 因 1つのタグに対して属性が重複している（例：<h2 class="title" class="mb">)。

解決方法 属性を1つにまとめる（例：<h2 class="title mb">)。

Element ○○ not allowed as child of element ▲▲ in this context.

原 因 親要素の中に指定してはいけない子要素が記述されている。

解決方法 HTMLの文法を見直して、正しいタグに修正する。

Element ○○ is missing a required instance of child element ▲▲.

原 因 必須のタグが記述されていない。

解決方法 HTMLの文法を見直して、必要なタグを追加する。

CSS

CSSの文法も、HTMLと同じく「Nu Html Checker」で確認できます。テキストエリアの上の「CSS」にチェックを入れ、テキストエリアにCSSコードをコピー＆ペーストして確認しましょう。「Check」ボタンをクリックします。赤い「Error」がついた場所は修正する必要があります。

次のページに代表的なエラーとその解決方法を記載しておきます。

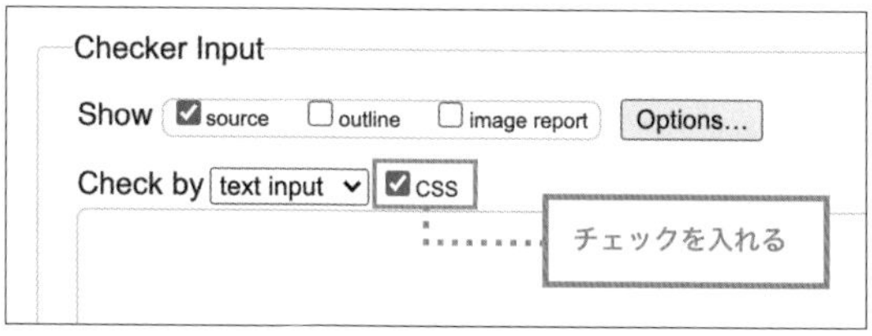

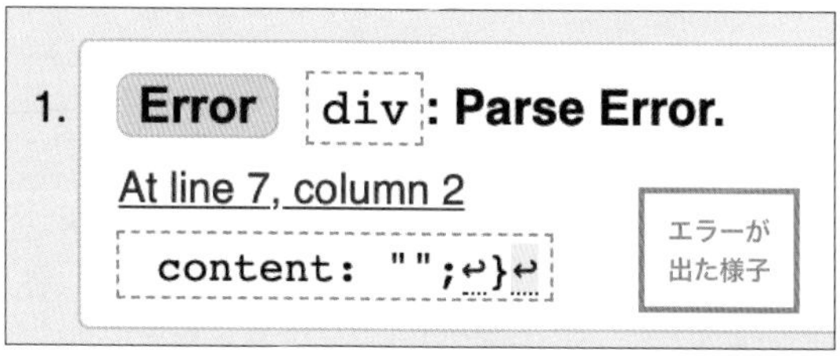

Parse Error.

原因
- 指摘されている部分、またはその前のブロックにカッコ（「{」または「}」）がない。
- 「:（コロン）」がない。
- 値がない。
- 記号が全角になっている。

解決方法
- カッコやコロン、値など、不足しているものを追加する。
- 記号を半角にする。

Missing a semicolon before the property name ○○.

原因　指摘されている箇所、またはその前の値の後に「;（セミコロン）」がない。

解決方法　「;（セミコロン）」を追加する。

Property ○○ doesn't exist.

原因　プロパティ名が間違っている。

解決方法　正しいプロパティ名を記述する。

○○ is not a ▲▲ value.

原因　値の記述方法が間違っている。

解決方法　正しい値を記述する。

You must put a unit after your number.

原因　単位が記述されていない。

解決方法　0以外の数値には単位が必要。「px」や「%」、「rem」など、適切な単位を記述する。

@import are not allowed after any valid statement other than @charset and @import.

原因　「@import」の記述が適切な場所に記述されていない。

解決方法　「@import」をCSSファイルの1行目に記述する。

8-3 CHAPTER 制作に関する質問ができるサイト

セルフチェックをしたり、検索しても問題がどうにも解決できなかった…という時は、質問サイトで聞いてみるのも1つの手です。ただし質問する際はマナーを守って利用しましょう。

質問する時に心がけたいこと

質問する前に、まずは**15分は自分で解決を試みてください。**自力で問題解決することで、今後のスキルアップにもつながります。15分以上かかっても解決しない場合はQ&Aサイトを利用して質問してみましょう。

回答しやすい質問文を書く

回答する人が答えやすいように、今直面している問題の詳しい情報を伝えましょう。スムーズに解決できるだけでなく、正しい理解にもつながります。まずは、

- 何が問題なのか。
- 何がわかっていて何がわからないか。
- 何を試したか。

を簡潔にまとめて投稿しましょう。また、以下のテンプレートも活用してみてください。

> Webサイトの制作中に発生した問題で困っています。原因または解決策をご存じの方はいらっしゃいませんか？ このサイトでも関連するワードで検索しましたが、解決できませんでした。よろしくお願いします。
>
> - **何を実現したいのか**
>   例：デスクトップサイズでdivの横幅を500pxにしたい。
> - **発生している問題、エラーの内容**
>   例：メディアクエリーが適用されない（該当箇所のコード貼り付け）。
> - **試したこと、調べたこと**
>   例：デベロッパーツールで確認すると、メディアクエリー内のコードに打ち消し線があった。スペルミスはなく、CSSの文法チェックでも問題はなかった。
> - **補足情報（スクリーンショット画像、ブラウザーのバージョンなど）**
>   例：Chrome、Safariで確認済み。どちらも適用されていなかった（モバイルサイズとデスクトップサイズのスクリーンショット画像を添付）。

回答者へ感謝を忘れずに伝える

回答者はあなたの質問を閲覧し、無償で解決しようとしてくれています。教えてもらえることが当然と思わないようにしましょう。

質問は具体的かつ明確に書いていますか？ 攻撃的な文体になっていませんか？ たとえ回答内容で解決しなかった場合でも、自分の悩みに時間を割いてくれたことに感謝し、お礼を伝えましょう。

問題が解決したら報告する

回答者へのお礼はもちろん、解決した旨を報告することで、今後同じ問題が発生した人へのアドバイスになります。回答者にとっても解決するまでの流れを見ることで勉強にもなります。質問を投げっぱなしにしないよう心がけましょう。

質問サイト

以上を理解した上で、質問サイトへ投稿しましょう。日本では以下の2つの人気の質問サイトがあります。

Stack Overflow

世界中で人気のプログラマー向け質問サイトの日本語版です。Web制作向けだけではなく、多くのプログラミング言語に対応しています。なお、投稿数は海外版（https://stackoverflow.com/）の方が圧倒的に多いので、英語に苦手意識のない方はそちらを利用するとよいでしょう。

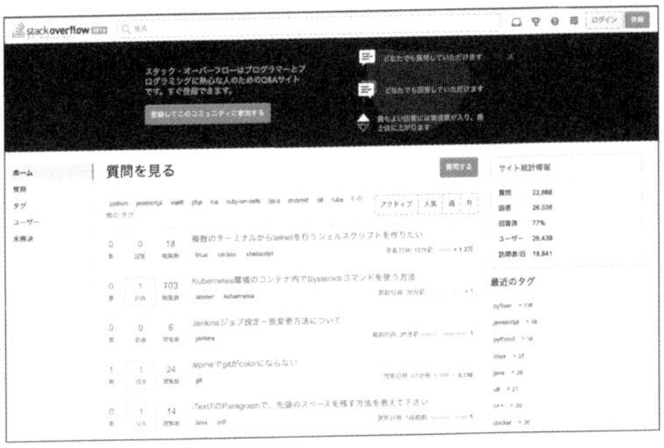

https://ja.stackoverflow.com/

teratail

質問の仕方がわからない人の為に、質問のテンプレートが用意されています。

また、初心者マークをつけることも可能です。経験の浅い方でも安心して利用できます。

https://teratail.com/

8-4 CHAPTER よく使うHTMLタグ一覧

使用頻度の高いタグをまとめました。特に基本構造やコンテンツ内で使うタグは覚えておくとよいでしょう。

基本構造、head内

タグ	用途
html	HTML文書だということを表す。HTML文書において基点となる要素
head	HTML文書のヘッダ部分。ブラウザーには表示されない。この中に検索エンジンのための説明文やCSSファイルへのリンク、ページタイトルなどを記述する
meta	言語や説明文など、ページの情報を記述
title	ページタイトル。この部分がブラウザーのタブやブックマークした時のページタイトルとして表示される
link	参照する外部ファイル、主にCSSファイルを読み込む時に使う
body	HTML文書のコンテンツ部分。この中に書かれたものがブラウザーに表示される

コンテンツ内

タグ	用途
h1 ～ h6	見出しを表示。数字の順に記述する
p	文章の段落
img	画像を表示。src属性で表示させたい画像を指定する
a	リンクを貼る。リンク先はhref属性で指定
ul	番号のない箇条書きリスト
ol	番号付き箇条書きリスト
li	リストの各項目
br	改行
strong	強い重要性要素。一般的に太字で表示される
blockquote	引用文
small	著作権表示や法的表記
span	意味をもたないテキスト要素を囲む。CSSで一部分のみ装飾する時に使う
audio	音声のデータを埋め込むために使用する
video	動画のデータを埋め込むために使用する
script	スクリプトデータを埋め込んだり参照する。通常JavaScriptのコードに使う

表

タグ	用途
table	表を示すタグ。表全体を囲む
tr	表の1行を囲む
th	表の見出しとなるセルを作成する
td	表のデータとなるセルを作成する

フォーム

タグ	用途
form	フォームを作成する
<input type="text">	1行テキスト入力欄
<input type="radio">	ラジオボタン。選択項目のうち1つだけ選択可能
<input type="checkbox">	チェックボックス。複数の項目を選択可能
<input type="submit">	送信ボタン
select	セレクトボックス
option	セレクトボックスの選択項目を作成
textarea	複数行テキスト入力欄
label	フォームのラベル。フォームのパーツと項目の名前を関連付けられる

グループ分け用

タグ	用途
header	ページ上部にある要素。主にロゴやページタイトル、メインナビゲーションメニューを囲む
nav	メインのナビゲーションメニュー
article	ページ内の記事となる部分。そこだけを見ても独立したページとして成り立つような内容を囲む
section	1つのテーマをもったグループ
main	ページのメインコンテンツ部分
aside	本文ではない補足情報。メインコンテンツとは関連性が低い情報に使う
footer	ページ下部にある要素。多くの場合コピーライトやSNSリンクなどを含んでいる
div	意味を持たないエリア全体を囲む。CSSで装飾をする時に使う

8-5 CHAPTER よく使うCSSプロパティ一覧

使用頻度の高いプロパティをまとめました。値によって見え方が大きく変わるので、１つひとつ確認するとよいでしょう。

文字や文章の装飾

プロパティ	用途	値
font-size	文字サイズを指定	数値 … 数値に px や rem 、% などの単位をつける キーワード … xx-small 、x-small 、small 、medium 、large 、x-large 、xx-large の7段階で指定。 medium が標準サイズ
font-family	フォントの種類を指定	フォント名 … フォントの名前を記述。日本語名やフォント名にスペースが含まれる場合は、フォント名をシングルクォーテーション ' またはダブルクォーテーション " で囲って指定 キーワード … sans-serif（ゴシック系）、serif（明朝系）、cursive（筆記体）、fantasy（装飾系）、monospace（等幅）から指定
font-weight	文字の太さを指定	キーワード … normal（標準）、bold（太字）、lighter（一段階細く）、bolder（一段階太く） 数値 … 1 ～ 1000の任意の数値
line-height	行の高さを指定	normal … ブラウザーが判断した行の高さで表示 数値（単位なし）… フォントサイズとの比率で指定 数値（単位あり）… px、em、% 等の単位で数値を指定
text-align	テキストを揃える位置を指定	left … 左揃え、right … 右揃え、center … 中央揃え、justify … 両端揃え
text-decoration	テキストに下線や打ち消し線などの飾りを指定	none … 飾りなし、underline … 下線、overline … 上線、 line-through … 打ち消し線、blink … 点滅
letter-spacing	文字の間隔を指定	normal … 標準の文字の間隔 数値 … 数値に px や rem、% などの単位をつける
color	文字に色をつける	カラーコード … ハッシュ # で始まる3桁もしくは6桁のカラーコードを指定 色の名前 … red 、blue などの決められた色の名前を指定 RGB値 …「rgb」から書き始め、赤、緑、青の値を「 ,（カンマ)」で区切って指定。透明度も含める場合は「rgba」から書き始め、赤、緑、青、透明度の値を「 ,（カンマ)」で区切って指定。透明度は０～１の間で記述する
font	フォントに関するプロパティをまとめて指定	font-style 、font-variant 、font-weight 、font-size 、line-height 、font-family の値を指定

背景の装飾

プロパティ	用途	値
background-color	背景色を指定	カラーコード … ハッシュ # で始まる3桁もしくは6桁のカラーコードを指定 色の名前 … red 、blue などの決められた色の名前を指定 RGB値 …「rgb」から書き始め、赤、緑、青の値を「 ,（カンマ)」で区切って指定。透明度も含める場合は「rgba」から書き始め、赤、緑、青、透明度の値を「 ,（カンマ)」で区切って指定。透明度は０～１の間で記述する
background-image	背景画像を指定	url … 画像ファイルの指定 none … 背景画像を使用しない
background-repeat	背景画像の繰り返し表示の仕方を指定	repeat … 縦・横ともに繰り返して表示 repeat-x … 横方向に繰り返して表示 repeat-y … 縦方向に繰り返して表示 no-repeat … 繰り返さない
background-size	背景画像の大きさを指定	数値 … 数値に px や rem 、% などの単位をつける キーワード … cover 、contain で指定
background-position	背景画像を表示する位置を指定	数値 … 数値に px や rem 、% などの単位をつける キーワード … 横方向は left（左）、center（中央）、right（右）、縦方向は top（上）、center（中央）、bottom（下）
background	背景関連のプロパティをまとめて指定	background-color、background-image、background-repeat、background-attachment、background-position の値を指定

幅と高さ

プロパティ	用途	値
width	幅を指定	数値 … 数値に px や rem 、% などの単位をつける auto … 関連するプロパティの値によって自動設定
height	高さを指定	数値 … 数値に px や rem 、% などの単位をつける auto … 関連するプロパティの値によって自動設定

余白

プロパティ	用途	値
margin	要素の外側の余白。半角スペースで区切って上・右・下・左（時計回り）の順で指定	数値 … 数値に px や rem 、% などの単位をつける auto … 関連するプロパティの値によって自動設定
margin-top	要素の外側・上部分の余白	数値 … 数値に px や rem 、% などの単位をつける auto … 関連するプロパティの値によって自動設定
margin-bottom	要素の外側・下部分の余白	数値 … 数値に px や rem 、% などの単位をつける auto … 関連するプロパティの値によって自動設定
margin-left	要素の外側・左部分の余白	数値 … 数値に px や rem 、% などの単位をつける auto … 関連するプロパティの値によって自動設定
margin-right	要素の外側・右部分の余白	数値 … 数値に px や rem 、% などの単位をつける auto … 関連するプロパティの値によって自動設定
padding	要素の内側の余白。半角スペースで区切って上・右・下・左（時計回り）の順で指定	数値 … 数値に px や rem 、% などの単位をつける auto … 関連するプロパティの値によって自動設定
padding-top	要素の内側・上部分の余白	数値 … 数値に px や rem 、% などの単位をつける auto … 関連するプロパティの値によって自動設定
padding-bottom	要素の内側・下部分の余白	数値 … 数値に px や rem 、% などの単位をつける auto … 関連するプロパティの値によって自動設定
padding-left	要素の内側・左部分の余白	数値 … 数値に px や rem 、% などの単位をつける auto … 関連するプロパティの値によって自動設定
padding-right	要素の内側・右部分の余白	数値 … 数値に px や rem 、% などの単位をつける auto … 関連するプロパティの値によって自動設定

線

プロパティ	用途	値
border-width	線の太さを指定	数値 … 数値に px や rem 、% などの単位をつける キーワード … thin（細い線）、medium（普通の太さ）、thick（太い線）
border-style	線の種類を指定	none … 線を非表示、solid … 1本の実線、double … 2本の実線、 dashed … 破線、dotted … 点線、groove … 立体的な谷型の線、 ridge … 立体的な山型の線、inset … 囲まれた部分が凹んで見える立体的な線、 outset … 囲まれた部分が浮き上がって見える立体的な線
border-color	線の色を指定	カラーコード … ハッシュ # で始まる3桁もしくは6桁のカラーコードを指定 色の名前 … red 、blue などの決められた色の名前を指定
border	線の色・スタイル・線の太さをまとめて指定	border-width 、border-style 、border-color の値を指定
border-top	要素上部の線の色・スタイル・線の太さをまとめて指定	border-width 、border-style 、border-color の値を指定
border-bottom	要素下部の線の色・スタイル・線の太さをまとめて指定	border-width 、border-style 、border-color の値を指定
border-left	要素左の線の色・スタイル・線の太さをまとめて指定	border-width 、border-style 、border-color の値を指定
border-right	要素右の線の色・スタイル・線の太さをまとめて指定	border-width 、border-style 、border-color の値を指定

リスト

プロパティ	用途	値
list-style-type	リストマーカーの種類を指定	none … リストマーカーを非表示、disc … 黒丸、circle … 白丸、 square … 黒四角、decimal … 数字、decimal-leading-zero … 0を付けた数字、 lower-roman … 小文字のローマ数字、upper-roman … 大文字のローマ数字、 cjk-ideographic … 漢数字、hiragana … ひらがな、katakana … カタカナ、 hiragana-iroha … ひらがなのいろは、katakana-iroha … カタカナのイロハ、 lower-alpha 、lower-latin … 小文字のアルファベット、 upper-alpha 、upper-latin … 大文字のアルファベット、 lower-greek … 小文字の古典的なギリシャ文字、hebrew … ヘブライ数字、 armenian … アルメニア数字、georgian … グルジア数字
list-style-position	リストマーカーの表示位置を指定	outside … ボックスの外側に表示 inside … ボックスの内側に表示
list-style-image	リストマーカーに使う画像を指定	url … 画像ファイルの画像のURL none … 指定しない
list-style	リストマーカーの種類、位置、画像をまとめて指定	list-style-type 、list-style-position 、list-style-image の値を指定

レイアウト組み（Flexbox）

プロパティ	用途	値
display	Flexboxを使って子要素を並べる	flex
flex-direction	子要素の並ぶ向きを指定	row（初期値）… 子要素を左から右に配置 row-reverse … 子要素を右から左に配置 column … 子要素を上から下に配置 column-reverse … 子要素を下から上に配置
flex-wrap	子要素の折り返し方法を指定	nowrap（初期値）… 子要素を折り返しせず、１行に並べる wrap … 子要素を折り返し、複数行に上から下へ並べる wrap-reverse … 子要素を折り返し、複数行に下から上へ並べる
justify-content	水平方向の揃えを指定	flex-start（初期値）… 行の開始位置から配置。左揃え flex-end … 行末から配置。右揃え、center … 中央揃え space-between … 最初と最後の子要素を両端に配置し、残りの要素は均等に間隔をあけて配置 space-around … 両端の子要素も含め、均等に間隔をあけて配置
align-items	垂直方向の揃えを指定	stretch（初期値）… 親要素の高さ、またはコンテンツの一番多い子要素の高さに合わせて広げて配置 flex-start … 親要素の開始位置から配置。上揃え flex-end … 親要素の終点から配置。下揃え center … 中央揃え、baseline … ベースラインで揃える
align-content	複数行にした時の揃えを指定	stretch（初期値）… 親要素の高さに合わせて広げて配置 flex-start … 親要素の開始位置から配置。上揃え flex-end … 親要素の終点から配置。下揃え、center … 中央揃え space-between … 最初と最後の子要素を上下の端に配置し、残りの要素は均等に間隔をあけて配置 space-around … 上下端にある子要素も含め、均等に間隔をあけて配置
gap	子要素同士の余白を指定	数値 … 数値に「px」や「rem」、「%」などの単位をつける

レイアウト組み（CSSグリッド）

プロパティ	用途	値
display	CSSグリッドを使って子要素を並べる	grid
grid-template-columns	子要素の幅を指定	数値 … 数値に「px」や「rem」、「%」、「fr」などの単位をつける
grid-template-rows	子要素の高さを指定	数値 … 数値に「px」や「rem」、「%」、「fr」などの単位をつける
gap	子要素同士の余白を指定	数値 … 数値に「px」や「rem」、「%」などの単位をつける

INDEX 索引

一覧

CSSプロパティ一覧 …… 313
HTMLタグ一覧 …… 312

タグ

<a> …… 065
<article> …… 084
<aside> …… 085
<div> …… 085
<footer> …… 085
<form> …… 073
<h1> …… 059
<h2> …… 059
<h3> …… 059
<h4> …… 059
<h5> …… 059
<h6> …… 059
<header> …… 083
<img> …… 062
<input> …… 074
<label> …… 081
<li> …… 067,068
<main> …… 084
<nav> …… 083
<ol> …… 068
<option> …… 079
<p> …… 061
<section> …… 084
<select> …… 079
<style> …… 090
<table> …… 069
<td> …… 069
<textarea> …… 080
<th> …… 069
<tr> …… 069
<ul> …… 067

記号・数字

% …… 096,133
.html …… 039
1カラム …… 174
2カラム …… 222,224
3カラム …… 245

A

Adobe Illustrator …… 035,046
Adobe Photoshop …… 046
AI …… 048
align-contentプロパティ …… 159
align-itemsプロパティ …… 158
Alpha値 …… 106
alt属性 …… 062
Androidデバイス …… 026
aspect-ratio …… 259

B

background-colorプロパティ …… 108
background-imageプロパティ …… 124
background-positionプロパティ …… 128
background-repeatプロパティ …… 125
background-sizeプロパティ …… 126
backgroundプロパティ …… 129
border …… 136
border-colorプロパティ …… 144
border-styleプロパティ …… 143
border-widthプロパティ …… 142
borderプロパティ …… 144

C

Cacoo …… 035
checked属性 …… 076
class …… 149
class属性 …… 149
colorプロパティ …… 108
colspan属性 …… 071
CSS …… 039,088,089,092,094,308
CSS Flexboxチートシート …… 171
CSSグリッド …… 160,259

D・E・F

display: grid; …… 259
Doctype（ドクタイプ）宣言 …… 054
ECサイト …… 018
em …… 134
Facebook …… 300
Figma …… 035,046
Firefox …… 029,045
Flexbox …… 154
flex-directionプロパティ …… 155
flex-wrapプロパティ …… 156
float …… 168
font-familyプロパティ …… 099
font-sizeプロパティ …… 097
font-weightプロパティ …… 101
footer …… 201
for属性 …… 081
fr …… 162
FTPソフト …… 041
F型 …… 164
Fの法則 …… 165

G

gapプロパティ …… 162
GIF …… 039
Google Chrome …… 029,044
Google Fonts …… 104
Googleマイマップ …… 301
Googleマップ …… 280,301
grid-template-columns …… 259
grid-template-columnsプロパティ …… 161
grid-template-rowsプロパティ …… 163

H

height …… 136
heightプロパティ …… 132
href属性 …… 089
HTML …… 039.050,057,088,307
HTML5 …… 054
HTML Living Standard …… 054
HTMLの基本文法 …… 057

I・J

ID …… 149
id属性 …… 081,150
ID名 …… 150
index.html …… 053,178

Instagram …… 286
InVision …… 035
iOSデバイス …… 026
IoTデバイス …… 027
JPG …… 039
justify-contentプロパティ …… 157
Justinmind …… 035

L・M・N

line-heightプロパティ …… 102
list-style-imageプロパティ …… 147
list-style-positionプロパティ …… 147
list-styleプロパティ …… 148
mailto …… 285
margin …… 136
marginプロパティ …… 136
Meta …… 300
Microsoft Edge …… 029,045
Moqups …… 035
Nu Html Checker …… 307,308

O・P

object-fit: cover …… 259
object-fitプロパティ …… 268
OGP …… 298
padding …… 136
paddingプロパティ …… 137
Philosopher …… 176,186,193
placeholder属性 …… 075
PNG …… 039
px …… 096,134

R

rel属性 …… 089
rem …… 096,134
repeat関数 …… 259
ress.css …… 170,179
RGB値 …… 106
rotateプロパティ …… 219
rowspan属性 …… 071

S

Safari …… 029,045
scaleプロパティ …… 218
Sketch …… 035,046
SNS …… 019,286
src属性 …… 062
StatCounter …… 029
style属性 …… 091
SVG …… 039

T

text-alignプロパティ …… 103
transition …… 198
transition-duration …… 198
transition-property …… 198
transitionプロパティ …… 197
translateプロパティ …… 220

U・V・W

USBデバイス …… 027
UTF-8 …… 056
vh …… 134
viewport …… 182
Visual Studio Code …… 042
VSCode …… 042
vw …… 134
Web …… 024
WebP …… 039
Webクライアント …… 024
Webサーバー …… 024
Webサイト …… 016
Webデザイン …… 014
Webフォント …… 104
Webブラウザー …… 028
width …… 136
widthプロパティ …… 132
Wireframe.cc …… 035

X・Y・Z

X …… 290
Xプラグイン …… 290
YouTube動画 …… 292
Z型 …… 164
Zの法則 …… 165

あ

アイコン …… 302
アクセントカラー …… 116
値 …… 058,094
アニメーション …… 197,200,218
イージング …… 200
入れ子 …… 058
色のイメージ …… 112
色の名前 …… 107
色の比率 …… 116
色の持つ印象 …… 111
インターネット …… 024
ウェアラブルデバイス …… 026
エラーメッセージ …… 307
欧文フォント …… 186
オーディオデバイス …… 027
お問い合わせ …… 270
オンラインストアサイト …… 018

か

開始タグ …… 057
拡張子 …… 052
箇条書きリスト …… 067
画像 …… 062
カテゴリー …… 233
カバー画像 …… 188
カラーコード …… 106
カラーピッカー …… 107
カラム …… 174,206
カラムレイアウト …… 174
寒色 …… 111
疑似クラス …… 186,195,196
記号 …… 205
記事 …… 240
キャッチコピー …… 188
ギャラリーサイト …… 038
行間設定 …… 102
クラス …… 149
クラス名 …… 149
グラフィックツール …… 046
グリッドアイテム（子要素） …… 160
グリッドギャップ …… 160
グリッドコンテナー（親要素） …… 160
グループ …… 082
グループ化 …… 138
グレイッシュ・トーン …… 115
コーディング …… 030
コード …… 028,051,092
コーポレートサイト …… 016
ゴシック体 …… 100
コピーライト …… 204
コメントアウト …… 072,139
コンテンツ …… 192,243
コントラスト …… 023

さ

サーバー …… 040
彩度 …… 110
サイドバー …… 237
サイトマップ …… 032,033

サブゴール …… 031
色相 …… 110
色相環 …… 110
識別子 …… 081
ジャンプ率 …… 098
終了タグ …… 057
ショッピングサイト …… 018
シングルカラム …… 174
シングルカラムページ …… 176
人工知能 …… 048
ストレージデバイス …… 027
ストロング・トーン …… 113
スプリットスクリーン …… 223
スマートデバイス …… 026
絶対単位 …… 133,134
絶対値 …… 096
絶対パス …… 064
セル …… 070
セレクター …… 094
セレクトボックス …… 079
線 …… 142
センス …… 015
装飾 …… 097
装飾系フォント …… 100
送信ボタン …… 078
相対単位 …… 133
相対値 …… 096
相対パス …… 063
ソーシャル・ネットワーキング・サービス …… 019
ソースコード …… 068
属性 …… 058
速度 …… 200
ソフト・トーン …… 114

た

ダーク・トーン …… 115
ダークグレイッシュ・トーン …… 115
ターゲットユーザー …… 031
タイトル …… 232
タイミング …… 200
タイル型 …… 160
タイル型レイアウト …… 250,252,258,264
タグ …… 050,057
ダル・トーン …… 115
単位 …… 096
暖色 …… 111
チェックボックス …… 077
チェックリスト …… 306
地図 …… 278,303
中性色 …… 111
ディープ・トーン …… 114
テキストエディター …… 041,042,051,092
デザインカンプ …… 036
デザインの目的 …… 014
デスクトップファースト …… 180
デバイス …… 026
デベロッパーツール …… 180,182
特殊文字 …… 205
特設サイト …… 016
ドメイン …… 040
トランジション …… 197
トリミング …… 263,268

な

ナビゲーションメニュー …… 083

は

背景 …… 124
背景画像 …… 203
配色 …… 110
配色ツール …… 135
配色例 …… 117
ハイパーリンク …… 025
番号付きリスト …… 068
日付 …… 232,233
ビビッド・トーン …… 114
表 …… 069,201
ファーストビュー …… 034
ファイルパス …… 063
ファビコン …… 215,216,217
フォーム …… 073,080,081
フォント …… 099,100
フッター …… 085
不明なデバイス …… 027
ブライト・トーン …… 113
ブラウザー …… 028,044
プログラミング …… 080
プロパティ …… 094
プロモーションサイト …… 016
文章 …… 192
ページ内リンク …… 153
ベースカラー …… 116
ペール・トーン …… 113
ヘッダー …… 083
ペルソナ …… 032
ポートフォリオサイト …… 017
ボタン …… 194,197

ま

見出し …… 098,192,238
見出しタグ …… 059
明朝体 …… 100
無彩色 …… 109,111
明度 …… 110
メインエリア …… 230
メインカラー …… 116
メインゴール …… 031
メインコンテンツ …… 084
メールアドレス …… 282
メディアクエリー …… 208
メディアサイト …… 018
文字コード …… 056
文字サイズ …… 209,240
モバイルサイズ …… 223
モバイルデバイス …… 026
モバイルファースト …… 180

や

ユーザビリティ …… 020
要素 …… 057,096
横並び …… 296
余白 …… 136,138,140

ら

ライト・トーン …… 113
ライトグレイッシュ・トーン …… 114
ラジオボタン …… 076
ラベル …… 081
リスト …… 067,146,239
リストマーカー …… 146
リセットCSS …… 169,234
リンク …… 025,065
レイアウト …… 154,164,166
レスポンシブ …… 206,208,240,260,295
レスポンシブWebデザイン …… 180,206
ロゴ …… 186,216

わ

ワイヤーフレーム …… 034,036